矿区生态风险
评估与防范研究

王仰麟　常　青　谢苗苗　吴健生　彭　建／著

Ecological Risk Assessment and
Prevention in Mining Areas

科学出版社
北京

内 容 简 介

本书以保障矿区土地生态安全为目标，基于景观生态、土地复垦以及环境管理等理论，面向可持续土地管理开展适应我国国情的矿区生态风险识别、分类、评估与防范研究。

本书既有一定的理论知识，又具较强的实用性，可作为资源环境、土地资源管理、土地利用工程、矿产资源管理等专业及其相近、相关专业的本科生和研究生学习参考书，也可供广大从事土地资源与土地整治、资源环境、矿产资源管理等专业的科研工作者等参考阅读。

图书在版编目（CIP）数据

矿区生态风险评估与防范研究／王仰麟等著 . —北京：科学出版社，2016. 6

ISBN 978-7-03-048715-5

Ⅰ . ①矿… Ⅱ . ①王… Ⅲ . ①矿区环境保护–环境生态评价–研究 Ⅳ . ①X322

中国版本图书馆 CIP 数据核字（2016）第 129212 号

责任编辑：林 剑／责任校对：邹慧卿
责任印制：张 伟／封面设计：无极书装

科 学 出 版 社 出版
北京东黄城根北街 16 号
邮政编码：100717
http://www.sciencep.com

北京京华虎彩印刷有限公司 印刷
科学出版社发行 各地新华书店经销

*

2016 年 6 月第 一 版 开本：720×1000 B5
2016 年 6 月第一次印刷 印张：15 1/4
字数：320 000
定价：**99.00 元**
（如有印装质量问题，我社负责调换）

作者简介

王仰麟（1963-），男，汉族，陕西合阳人，理学博士，北京大学城市与环境学院教授，博士研究生导师。长期从事综合自然地理学、景观生态学与区域可持续发展等领域研究；主持国家自然科学基金重点项目 2 项、面上项目 2 项、国家科技支撑计划课题及任务 2 项、国土资源部公益性行业科研专项课题 1 项、"973" 课题子项目 1 项，承担省部级科研项目 20 余项；在国内外重要学术期刊发表论文百余篇；获省部级以上科技奖励 4 次。

常青（1978-），女，汉族，内蒙古丰镇人，理学博士，中国农业大学观赏园艺与园林系副教授，硕士研究生导师，美国密西根州立大学访问学者。主要从事景观生态与土地利用、景观复育与效益评估、韧性城乡生态规划设计等领域研究。主持或参加国家自然科学基金、国土资源部公益性行业科研专项、地方委托科研项目多项；发表学术论文 20 余篇，参编《景观生态工程》等著作。

谢苗苗（1982-），女，汉族，河北保定人，理学博士，中国地质大学（北京）土地科学技术学院副教授，硕士研究生导师，奥地利萨尔茨堡大学访问学者，任 Society of Urban Ecology 中国分会理事，国际期刊 *Change and Adaptation in Socio-Ecological Systems* 编委。主要从事景观生态学与生态重建方面的研究；主持国家自然科学基金、中欧生物多样性项目等多项科研课题，发表学术论文 20 余篇，参编《土地利用工程学》等多部著作。

吴健生（1965-），男，汉族，湖南人，理学博士，北京大学深圳研究生院城市规划与设计学院教授，博士研究生导师，任中国生态学会景观生态专业委员会理事，国际景观生态学会中国分会理事。长期从事遥感与 GIS、景观生态与土地利用、数字城市与城市安全等领域教学及科研工作；主持或参加国家自然科学基金项目、国土资源部公益性行业科研专项、国家科技支撑计划课题及任务、深圳市科技创新项目等科研项目多项；发表学术论文 60 余篇，参编著作 2 部；获得省部级科技奖励 7 项。

彭建（1976-），男，汉族，四川彭州人，理学博士，北京大学城市与环境学院副教授。主要从事景观生态与土地利用研究；主持国家自然科学基金 3 项、地方委托科研项目多项；发表相关学术论文 60 余篇。

前　言

我国矿产资源丰富，是世界矿业大国。矿产资源的开采与利用有效地促进了我国社会经济的快速发展，但同时也不可避免地带来了自然资源耗竭、生态系统退化、环境污染及地质灾害等矿区资源环境问题，直接威胁到区域生态安全与可持续发展。受矿藏位置不可选择性的影响，矿区生态环境保护及生态风险规避显得尤为重要。生态风险评估和防范在欧美等国家（地区）矿区土地复垦与环境管理中地位突出，是矿业开采区域解决资源环境问题的决策基础，并已在法律层面得到认可。开展矿区生态风险评估与防范研究，既是生态风险研究的重要趋势，也是符合我国矿区生态环境保护与可持续发展的实践需求。

为了满足矿区生态风险管理的需要，作者基于多年来已开展的矿区生态风险识别、分类、评估与防范研究成果，编著《矿区生态风险评估与防范研究》一书。全书共分为6章。第1章绪论和第2章矿区生态风险研究体系，以矿区土地复垦与生态环境治理为目标，基于景观生态、土地复垦以及环境风险管理等多学科理论，结合国内外生态风险研究成果，构建面向可持续土地管理的矿区生态风险评估与防范研究体系与技术框架。第3章矿区生态风险识别与分类，针对我国矿区的主要生态环境问题，综合多种信息源、技术与管理手段，提出矿区土地损毁生态风险的识别流程与分类体系，设定生态风险识别指标与流程。第4章矿区生态风险评估，在矿区生态风险识别与分类的基础上，围绕生态脆弱性、景观生态风险及综合生态风险建立多层次、多指标的评估模型，构建基于土地损毁的矿区综合生态风险评价技术体系。第5章矿区生态风险防范和第6章全国矿区生态风险类型与防范，结合我国矿区的分布特点以及土地复垦、管理目标，提出我国矿区生态风险防范技术体系；并针对典型矿区构建生态风险过程防范与分级防范模式，最终形成我国矿区生态风险评估与防范框架与技术体系。

本书主要完成人包括王仰麟、常青、谢苗苗、吴健生、彭建。各章主要完成人员如下：第1章，王仰麟、常青、刘丹、张月朋；第2章，王仰麟、常青、潘雅婧；第3章，王仰麟、刘小茜、韩忆楠、宋治清、谢苗苗、彭建；第4章，常青、吴健生、彭建、李雪、宗敏丽、乔娜；第5章和第6章，谢苗苗、孙琦、马萧、高云、张泽民、郑悦。全书由常青统稿、编排和校核。

本书既有一定的理论知识，又有较强的实用性，可作为高等院校矿产资源管理、土地资源管理、资源环境等专业的本科生和研究生的学习参考书,也可供广大从事矿产资源、土地资源与资源环境管理专业的工作者参考阅读。

本书中的部分阶段成果已在国内外刊物上先行发表,还有部分成果没有公开发表,我们以此作为承担国土资源部公益性行业科研专项(200911015-2)的部分成果,不妥之处,请各位同行和读者批评指正。

作　者
2016 年 3 月

目　　录

1 绪 论

1.1 从矿区生态环境问题到矿区生态风险管理

中国是矿产资源大国（周锦华等，2007）。矿产资源是我国国民经济发展的重要支柱。目前，我国95%以上的能源、80%以上的工业原料、70%以上的农业生产资料都来自矿产资源（阎敬等，1999；王广成和闫旭骞，2006）。矿产资源的开采利用，在促进我国社会经济快速发展的同时，不可避免地引发了一系列的生态环境问题（彭建等，2005；常青等，2012）。

由于矿产资源分布特征及其不可移动性的限制，矿业生产往往限定在特定区域内进行，地表或地下挖损是矿产资源开发的第一步。长期大量的地表及地下挖掘活动已对矿区土地资源产生严重破坏。据统计，目前我国因矿产资源开发而损毁的土地资源约2亿亩[①]，每年还在以数十万公顷的速度在毁坏（刘立艳，2012）。其中，沉陷地面积已累计达1200万亩，并且每一年新增约60万亩；矸石山堆放总量超过60亿t，占地105万亩以上[②]，这些被损毁的土地中40%~60%是耕地[③]。我国人多地少，人均耕地只有0.11hm²。大量可利用土地资源的损毁与占用，使得我国人地矛盾更加尖锐。加之我国矿区多位于生态脆弱区或敏感区（白中科等，1999），长期土地损毁不仅直接改变了区域生态系统中光、热、水、气、土等结构要素，破坏了动植物区系，强烈干扰甚至打破区域生态平衡，进而引发诸如土壤退化与污染、大气及水环境污染、水土流失、土地荒漠化等生态环境问题（王玉平等，2002；李秋元等，2002；徐友宁等，2007，2008；翟丽梅等，2008；朱丽和秦富仓，2008；常青等，2012；姚峰等，2013），危及当地居民的人身安全、健康及生存质量。

---

① 1亩≈666.7m²。数据来源于：中国土地矿产法律事务中心2010年编写的《低碳发展与土地复垦政策法律研究报告》。

② 2014北京国际土地复垦与生态修复研讨会中国工程院院士、煤矿生态环境保护国家工程实验室主任袁亮发言稿。

③ 2014北京国际土地复垦与生态修复研讨会国土资源部耕地保护司副司长刘仁芬发言稿。

这些矿区生态环境问题也曾发生于世界发达国家。20 世纪 70 年代，环境风险管理在欧美各国发展迅速，并已成为保障人群健康与生态系统安全的重要手段（周平和蒙吉军，2009）。从 20 世纪末期，欧美、澳大利亚等发达国家（地区）开始在矿产资源开发与生产过程中引入生态风险管理手段，并将其作为矿业开采区域生态系统管理的重要工具，且具有法律条例依据（付在毅和许学工，2001）。矿区风险管理的核心是对探矿、施工和开采到最终关闭整个过程中可能产生的环境影响进行研究，有针对性地提出相应措施帮助采矿公司尽可能地减少采矿施工、作业和报废过程中所造成的环境影响（邵霞珍，2005）。

作为一门年轻、不断发展的实用技术，中国矿区生态风险研究工作正处于起步阶段。在中国现行的生态环境管理体制中，对污染物的生态风险控制还没有具体的、可操作的规定。

生态风险评价在建设项目管理中的应用往往仅限于具体个例（王仰麟等，2011）。在中国现行的《土地复垦条例》中，虽然要求编制土地复垦方案并纳入采矿许可和用地审批中，土地复垦方案要求必须进行土地损毁预测，但对于土地损毁引发的潜在生态环境问题发生风险并没有明确规定。党的十八大提出，"节约资源和保护环境是我国的基本国策"，要把资源消耗、环境损害和生态效益纳入经济社会发展评价体系，坚持预防为主、综合治理，从源头上扭转生态环境恶化趋势，解决损耗群众健康的环境问题。这进一步明确了矿区生态风险研究工作的重要性和必要性。矿区生态环境、土地复垦管理工作及相关基础研究要从事后的恢复和治理向事前风险预防转变，最大限度地减少矿业开发对原生生态系统的扰动，避免生态系统向不可逆转生态系统状态的转化。

因此，加强矿区生态风险研究，分析适合中国国情的矿区生态风险评估技术与防范体系，对于提升矿区土地复垦效果、促进矿区生态环境管理工作具有重要意义，是保障未来矿区生态安全，提高矿区可持续发展能力的当务之急。

1.2　矿区生态风险研究进展

1.2.1　基本内涵

生态风险是一定区域内由外界自然变化或人类活动引起的生态系统结构、功能与生态过程，甚至生态系统稳定性和可持续性的可能损伤或不利影响（付在毅和许学工，2001；殷贺等，2009；张思锋和刘晗梦，2010）。

作为以矿山生产作业区为核心的一个相对独立区域，矿区的辐射范围包括矿山职工及矿区农民所在地，甚至包括依托矿业演替而形成的乡镇、县市及工业小区（李晋川和白中科，2000）。结合矿区特点与生态风险概念，矿区生态风险可理解为"由矿业生产活动直接或间接引发该区域内生态系统发生不利变化的可能性"（常青等，2012）。这些不利变化包括对矿区内各类生态系统结构与功能上的损伤或影响，其发生与发展过程会威胁到矿区甚至外围更大区域内的人类及其他生物的生存和发展。

1.2.2　研究概况

1.2.2.1　发展概况与地位

通过在数据库 Web of Science（包含 SCI，SSCI，CPCI，BP 和 DII 等）中以"ecological risk"为主题词进行期刊论文检索，截至 2015 年 2 月，相关文献已达 8150 篇。其中来自中国地区（不含台湾省）的有 2902 篇，占总数的 35.6%。在中国知识基础设施工程（China National Knowledge Infrastructure，CNKI）数据库中，以"生态风险"为主题词进行检索，截至 2015 年 2 月，相关的期刊论文共有 13808 篇文献，其中来自核心期刊的有 8381 篇，占总数的 60.7%。通过分析以上论文数量的年际变化发现，国内外生态风险研究相关论文数量自 1980 年以来一直保持逐年增加趋势，尤其从 20 世纪 90 年代开始增长幅度十分明显（图 1-1），这表明生态风险研究已十分活跃。但我国生态风险研究起步相对较晚，基本于 90 年代末期起步，2000 年以后才有较为迅速的发展，相关论文研究成果数量增长明显。

在 Web of Science 数据库中，以"ecological risk"为主题词，检索与"min-"或者"mining"或者"mine"相关的期刊论文，截至 2015 年 2 月有 226 篇，其中来自中国地区的有 141 篇，所占比重为 62.4%。在 CNKI 数据库中，以"生态风险"主题词，检索与矿区相关论文，截至 2015 年 2 月，共检索到文献 524 篇。总体来看，国外矿区生态风险研究占国外生态风险研究的 1.6%，而中国矿区生态风险研究论文的比例已超过国外，占到 3.8%（图 1-1）。

进一步统计分析矿区生态风险相关文献显示，国外矿区生态风险研究始于 20 世纪 90 年代，而我国矿区生态风险研究始于 90 年代末期，并于 2004 开始明显超过国外，呈逐年增加的趋势（图 1-2）。进一步对我国矿区生态风险文献数量进行统计，以四年为一个时间段，发现 1999~2002 年这一时期内发表论文数仅占总量的 3%，2003~2006 年、2007~2010 年发表论文数分别占到 8% 和 32%，2011~2014 年发表论文数量比例增长至 57%（图 1-2），可见国内矿区生态风险研究成果主要集中在近五年。

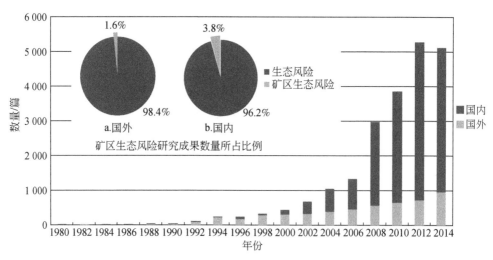

图 1-1 生态风险研究成果数量年代分布

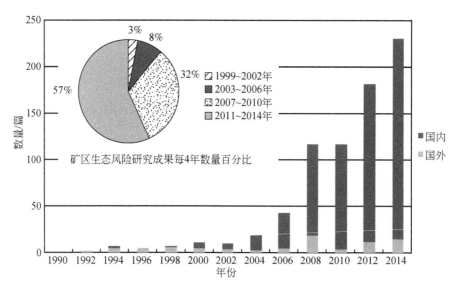

图 1-2 矿区生态风险研究成果数量年代分布

1.2.2.2 研究领域及相关学科

利用文献分析法对以上文献的关键词进行分类统计,结果发现国内外生态风险研究涉及的热点包括"自然保护区""城市""森林/草地""河流/湖泊""生态脆弱区"以及"矿区"(图 1-3)。其中,研究比重处于前三位的有河流、湖泊等水环境（45%）、城市（24%）及森林、草地等植被环境（14%），而矿区生态风险研究占到11%。进一步分析矿区生态风险的研究领域发现，金属矿和煤矿的生态风险研究占绝对优势，分别为64%和23%，两者共占矿区生态风险研究文献总数的87%；而稀土与其他矿产等生态风险研究比例分别为5%和8%，均不足10%（图1-3）。可见，目前矿区生态风险研究的热点区域仍是金属矿和煤矿。

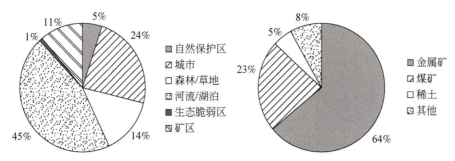

图1-3　生态风险研究领域的关键词统计

利用文献分析方法对以上文献涉及的相关学科进行分类统计，发现国外矿区生态风险研究涉及学科比例较为均衡。国外文献发表以"ecological risk"为主题词并与与"min-"或者"mining"或者"mine"相关的论文，涉及学科比例最高的为"Environmental sciences & Ecology"，比例达到34%；其次为"Engineering"和"Toxicology"，两者比例分别为13%和11%，"Mining & Mineral Processing"比例约7%（图1-4）。国内发表文献与矿区生态风险有关的论文涉及学科比例最高的为"环境科学与资源利用"，其比例占到53%；其次为矿业工程（21%），

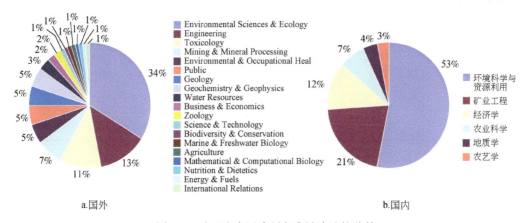

a.国外　　　　　　　　　　　　　　　b.国内

图1-4　矿区生态风险研究成果涉及的学科

两者占到总数的74%，因此说明国内生态风险研究相对集中于环境科学和矿业工程领域，仍未形成多学科交叉、平衡发展的综合研究体系。

1.2.2.3 科研资助来源

根据CNKI数据中矿区生态风险相关论文基金资助情况进行统计，矿区生态风险研究获得基金资助总数为397篇，基金论文比例为75.8%，其中获得省级基金资助论文123篇，占基金论文总数的65%；国家级基金论文占基金论文总数的31%；部级和其他基金论文分别占基金论文总数的2%、2%（图1-5）。以上数据说明生态风险研究能获得高级别资金的资助，且总体基金论文率较高，国家和地方的关注度较高。

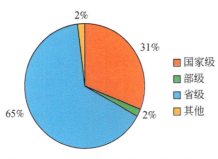

图1-5 矿区生态风险研究基金资助分布

1.2.3 热点方向

根据文献数据库中检索到的相关论文的关键词，梳理矿区生态风险研究的热点方向。具体来讲，将检索的矿区生态风险相关论文导入Endnote文献分析软件中，提取其关键词。经关键词出现次数统计发现，重金属、煤矸石、分布及来源、土壤、沉积物和污染等关键词出现频率较高（表1-1），其中重金属、煤矸石、分布及来源等关键词综合反映了矿区生态风险源研究及特征，土壤、沉积物和污染等关键词反映了矿区生态风险受体及风险后果。因此，采用反向层次递推分析，根据不同关键词所代表的生态风险研究内涵，将研究内容归纳为风险因子、暴露分析、生态终点、风险分析、风险评价、风险防范以及风险管理等七个主题词；将七个研究内容进一步整合为"风险识别""风险分析与评价"以及"风险防范与管理"三个研究方向。

表1-1 矿区生态风险热点研究内容"关键词"概览

研究方向	研究内容	关键词	数量	
风险识别	风险因子	重金属	88	187
		煤矸石	11	
		矿区	25	

续表

研究方向	研究内容	关键词	数量	
风险识别	风险因子	铅锌锰矿	13	187
		煤矿	14	
		粉煤灰	5	
		分布	11	
		来源	14	
		源解析	6	
	暴露分析	土壤	23	38
		沉积物	15	
	生态终点	土壤污染	8	20
		污染	12	
风险分析与评价	风险分析	潜在生态风险	16	20
		风险	4	
	风险评价	GIS	8	80
		生态风险评价	30	
		评价	21	
		潜在生态风险评价	14	
		污染评价	7	
风险防范与管理	风险防范	景观格局	3	3
	风险管理	生态修复	6	10
		充填复垦	4	

经关键词数量统计，矿区生态风险识别相关研究比例占到 68%（图 1-6），说明目前矿区生态风险研究主要集中在风险因子、暴露分析、生态终点的定性识别分析方面，其中与风险因子有关的关键词数量占到 52%。以风险分析与评价为代表的定量研究数量约为 28%，而风险防范与管理实践相关研究数量只有 4%。可见，目前矿区生态风险研究热点主要集中在"风险识别"和"风险分析与评价"方面，风险防范与管理研究相对较弱。

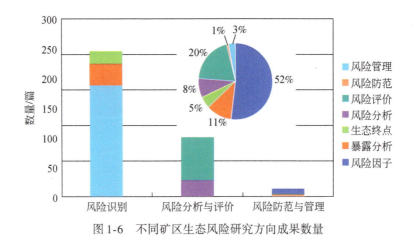

图 1-6 不同矿区生态风险研究方向成果数量

1.2.3.1 矿区生态风险识别

(1) 生态风险识别研究现状

生态风险识别是在进行评价前，认识并确定区域内存在的危险源，查找、列举和描述风险事件、风险源、风险后果等风险要素的过程，包括风险源识别、风险受体识别、暴露—响应过程识别和生态终点识别（孙洪波等，2009；王仰麟等，2011；韩忆楠等，2013）。

在国内外生态风险研究中，风险识别通常作为风险评价体系和方法的一个或几个环节，很少单独提出进行研究（韩忆楠等，2013）。例如，Hunsaker 等（1990）提出的区域生态评价概念模型中，将风险评价总结为五个环节，虽然没有明确提出风险识别的概念，但其中"终点选取"和"风险源的定性和定量描述"两个环节即属于风险识别内容。PETAR（procedure for ecological tiered assessment of risks）方法中提出"三级风险评价"：初级评价（即定性评价）、半定量评价和局地定量评价，其中"初级评价"即是对风险源、风险受体和评价区域的识别（Rosana and Sverker，2004）。同样，Landis 构建的相对风险评价模型所包含的 9 项内容中，也并未提出"识别"的概念，而是将区域选择、划分和风险源、受体与评价终点等风险识别内容直接融合到风险评价模型中（Landis，2005）。

国内学者也通常将风险识别作为生态风险评价的前期准备工作。例如，付在毅等（2001）在辽河三角洲湿地生态风险评价研究中，进行风险受体识别、生态终点识别、风险源识别以及暴露和危害分析，构建生态风险评价模型；姚兰（2010）针对洞庭湖区域生态环境风险，将环境风险因子识别与风险评价指标选取相结合；但他们均未明确界定生态风险识别的具体概念。焦锋（2011）提出了较为具体的风险识别概念模型以及构建方法，采用加权打分法来对驱动力、风险源、风险因子和评价终点进行分析，确定其危害强度，但这一方法极易与风险评价相混淆。

由此可见，生态风险识别被认为是生态风险研究的第一步，对于生态风险评价以及后期的风险管理极为关键。然而，目前风险识别在生态风险研究中通常被作为风险评价的前期准备工作，或直接融入风险评价过程中，对于风险识别的内涵尚缺乏共识的界定，单独的风险识别仍缺乏系统性研究。

（2）矿区生态风险识别研究的紧迫性

目前，针对矿区生态系统而言，对单一生态风险源的研究目前已趋于成熟和完善，且研究多围绕风险的治理和防范这一重心进行，如重金属污染的监测和治理、采矿塌陷区的监测和治理、边坡的修复技术等。对矿区单一风险源的识别以风险源的空间定位和定量监测为主，而综合性的生态风险识别研究仍然较少，并多以生态风险定性分析（马喜君等，2006）为主。高铁军等（2005）在采矿塌陷区进行风险识别时，将塌陷区修复中可能遇到的风险进行分类和分析，以此作为风险识别的研究内容。常青等（2012）针对矿区土地破坏生态风险构建了风险因果链作为风险评价的基础，并探讨了风险源、风险受体和生态终点的选取和定量表征方法，在矿区生态风险综合识别与评价方面做出了有益的拓展。

因此，矿区生态风险识别内容往往体现在单一风险源的识别中，仍缺乏系统性和针对性。而进行科学、有效的风险识别是开展矿区风险研究的基础，对矿区风险评价研究至关重要。同时，由于自身生态环境的脆弱性、矿业生产过程的复杂性和特殊性，矿区生态风险识别往往包含多种风险源、风险受体，比单一环境中的风险识别更为复杂，因此提高对多风险源的综合风险识别的关注度和研究力度非常必要。加之目前生态风险识别缺乏系统、独立的研究体系，进一步凸显了矿区生态风险识别研究的紧迫性。

1.2.3.2 矿区生态风险评价

矿区生态风险评价旨在一定的地域范围内，描述和评估矿业活动对生态系统结构、功能乃至生态过程产生的不利作用的可能性和大小。目前开展的矿区生态风险评价研究，主要包括单一生态风险评价和综合生态风险评价两个方面，特别是煤矿区和土壤重金属污染分别是两者关注的热点。

(1) 土壤重金属污染潜在生态风险评价

矿区评价方法较为成熟，目前多数研究采用 Hakanson 潜在生态风险指数进行度量（李海霞等，2008；王莹和董霁红，2009；葛元英等，2008）。而且，矿区土壤重金属污染生态风险评价的研究范围也十分广泛，不仅涉及煤矿、金属矿与非金属矿等不同矿种区，而且对矿区内采掘区、废弃物堆积地与复垦区的重金属污染生态风险均有研究：①矿区环境普遍受到重金属污染，对土壤微生物、酶活性等理化性质影响明显（胡学玉等，2007）。以 Hakanson 潜在生态风险指数来看，Cd 和 Hg 是矿区重金属污染生态风险普遍的贡献因子（王莹和董霁红，2009；葛元英等，2008；Hakanson，1980）。②矿区重金属污染高风险区多分布在矿山废水处理厂、排水沟附近以及尾矿坝、废渣堆附近（寇士伟等，2011），以潜在生态风险指数大小为例，在冶炼厂排污口的重金属污染风险>尾矿坝或矸石堆>复垦区（李海霞等，2008）。③复垦区土壤重金属污染潜在生态风险大小受不同复垦方式的影响（王莹和董霁红，2009；葛元英等，2008），煤矸石充填复垦土壤的综合污染指数平均值和生态风险指数均大于粉煤灰充填复垦土壤（王莹和董霁红，2009），这主要与复垦土壤母质性质及其重金属含量、煤矸石自燃以及复垦时间长短等因素有关（樊文华等，2011），有研究表明复垦 12～13 年的土壤受母质（粉煤灰或煤矸石）的影响最重（樊文华等，2011；胡振琪等，2003）。④矿区河流普遍受到重金属污染（陈翠华等，2008；杨歌等，2007），其下游潜在生态风险指数低于上游，这说明由于重金属经长距离迁移和形态转化，其污染生态风险有随距离减弱的特征（杨歌等，2007）。

(2) 煤炭矿区综合生态风险评价

与矿区土壤重金属污染潜在风险评价相比，我国矿区综合生态风险评价主要集中在煤炭矿区。我国煤炭资源大部分处于干旱、半干旱的生态脆弱区，在这些脆弱区进行煤矿开采存在很大生态风险，如地形地貌破坏、"三废"污染、水土流失及盐渍化、重金属污染等是普遍存在的煤矿区生态环境问题。随着煤矿区生态风险分析的不断深入（程建龙等，2004；寇士伟等，2011；僮祥英等，2011），其定量评价方法的探讨已成为矿区生态风险研究的热点之一。程建龙等于 2004 年提出了露天煤矿生态风险评价方法，此研究认为挖损、压占等土地破坏是煤矿区主要的风险源，植被和土壤系统是主要的风险受体；并基于风险度和生态损失度构建了综合生态风险指数来定量表征矿区生态风险值。此方法虽然在前人研究（Xu et al.，2004）的基础上提出了适合煤矿区的生态损失度指数，但对于表征风险源的风险度并没有给出可操作性的度量方法，使得此方法至今难以在实证研究中加以运用。贾媛与曹玲娴、张思锋等在 2011 年先后构建了煤矿区生态风险评价指标体系，以矿区生态系统健康和承载力为目标层，以生态弹性力、环境承载力和资源承载压力度为准则层提出了 12 个具体指标及指标值的确定方法；运用此法能够明确矿区每个煤矿的生态风险等级，但由于受到指标获取单元的限制，此法很难对煤矿区各类生态风险等级与分布进行空间化。李昭阳等（2011）基于 GIS 和景观格局指数（景观干扰度和景观脆弱度）提出空间化煤矿区景观生态风险的定量评价方法，并以吉林省各大煤矿进行了案例研究。此研究为矿区生态风险评价定量化和空间化方法做出了一定贡献，但在指数选择及其表征生态学含义方面存在不足，未能与矿区综合生态风险评价很好地结合。

综上可见，目前多数矿区单项生态风险评价仍停留在某一片区重金属污染风险值的等级评估上，缺乏与所在区域自然地理背景条件的相互耦合关系研究，这就不可避免地导致了矿区重金属污染生态风险评价研究成果未能推广到更大尺度的区域综合生态风险上。同时，矿区生态风险综合评价则多以生态风险定性或半定量分析为主，定量评价方法研究仅见煤矿区，且缺乏对矿区生态风险源、风险受体及其暴露与危害评价的普适性的综合分析与评价模型；评价方法多以矿区单个煤矿生态风险等级划定为主，缺乏对矿区综合生态风险空间差异的可视化和定量化，这与风险源、受体及相互作用关系都具有空间异质性的矿区特点是不相匹配的，也不利于矿区生产者或管理者对未来生态风险的发生做出积极的预警和防范。

因此，从矿区生态风险源的特殊性入手，综合现有矿区生态风险分析与评价研究成果，构建可操作性强的矿区生态风险评价方法与指标体系，定量化和空间化矿区生态风险，是矿区生态风险评价十分紧迫的任务之一。

1.2.3.3　矿区生态风险防范与管理

生态风险防范与管理包含风险防范和风险管理两部分。生态风险防范是有目的、有意识地通过计划、组织、控制和检查等活动来阻止、防范风险损失的发生，削弱损失发生的影响程度，而生态风险管理（ecological risk management, ERM）是根据生态风险评价的结果，依据恰当的法规条例，选用有效的控制技术，进行削减风险的费用和效益分析，确定可接受风险和可接受的损害水平，进行政策分析及考虑社会经济和政治因素，决定适当的管理措施并付诸实施，以降低或消除事故风险度，保护人群健康与生态系统的安全。周平和蒙吉军（2009）提出了基于风险来临前、风险到来时和风险过后的区域生态风险管理的基本框架。

风险防范重在避免环境灾难的可能性，针对的是在科学上尚未获得确凿证据的环境风险，而风险管理重在通过一系列管理措施，降低或消除风险。生态风险防范与管理研究工作在我国还处于起步阶段，尤其是针对特定破坏过程的矿区生态风险防范与管理研究，我国相关理论技术研究还比较薄弱。多数研究是从矿区生态风险空间差异的定性分析入手，提出环境保护与治理、土地复垦政策的调整与优化建议（李昭阳等，2011；韩武波等，2012），尚缺乏完备的矿区土地破坏生态风险识别、评价、防范机制与管理系统。

生态风险管理从风险前的防范与预警、风险过程中的响应与对策以及风险后的恢复与重建几个方面来规避、减轻和转移风险。其中，风险后的矿区土地复垦与生态环境恢复是生态风险管理非常重要的一个环节，但目前我国土地复垦率仅为 25% 左右，与世界先进国家矿区 70%~80% 的土地复垦率相比，仍有很大的差距（王莉和张和生，2013）。矿区土地复垦研究要早于矿区生态风险研究，国外早在 20 世纪初期就进行过一些简单的土地破坏修复措施（何书金等，1996）；20世纪 70 年代，各国相继颁布了有关矿区的法律法规，如美国颁布了《露天采矿管理与复垦法》，一方面对正在开采的煤矿进行监督，另一方面对废弃矿区土地进行复垦；20 世纪 90 年代，矿区土地复垦研究基本形成理论体系，相关的土地复垦法律也比较健全。国内土地复垦起步于 20 世纪 50 年代左右，早期的矿区土地复垦主要是采用填埋、剥离、覆土等简单措施将废弃矿区土地恢复成可耕种的土地；到了 20 世纪 80 年代，国内开始注重可持续发展和矿区的生态环境问题，颁布了一系列与矿区土地复垦、环境保护有关的法律法规；此后，国内学者也对此展开了大量研究，在科学理论和实践应用方面都取得了卓越的成果。李晋川等（2009）对平朔露天煤矿土地复垦与生态重建进行了系统的研究，形成了适合黄土高原类似矿区土地复垦与生态重建的相关技术体系，包括矿区生态系统受损分析、生态重建障碍因子分析、人工生态系统重建规划与设计、土地重塑工艺、土壤重构工艺和植被重建工艺；李树志（2000）论述了煤矿开采对土地破坏的特点，提出了煤矸石充填复垦、粉煤灰充填复垦、平整土地与修建梯田复垦、疏排法复垦、挖深垫浅复垦、生态农业复垦以及生物复垦等土地复垦技术方法。

综上，目前国内矿区土地复垦研究相对比较成熟，但与矿区生态风险之间仍缺乏系统性的联系，而科学、高效地进行土地复垦是开展生态风险管理工作的一个不可或缺的环节，因而在今后的研究中应有机结合矿区土地复垦与矿区生态风险研究，构建完善的风险前—风险中—风险后的矿区生态防范与管理系统。

1.3 矿区生态风险研究目的与意义

借助已有区域生态风险研究成果，结合矿区生态脆弱性与特殊性，借助定性与定量相结合的分析方法以及多学科交叉研究成果，开展矿区生态风险评估与防范研究，强调矿区生态风险识别、评价与防范管理的有机衔接，构建集成矿区生态风险源识别分类、评价与防范的综合研究体系；并结合典型矿区案例实践分析，形成一套切实可行的矿区生态风险识别分类、定量评价与防范管理技术方法。

生态风险评估和防范在欧美等国家（地区）矿区土地复垦与环境管理中地位突出，是解决环境问题的决策基础，并已在法律上得到认可。而我国矿区生态风险评估与防范研究仍处于起步阶段，理论、技术研究薄弱，尚缺乏矿区生态风险评估与防范管理的有效手段。矿区生态风险多以单一矿区土壤重金属污染风险等级评价或煤矿区综合生态风险定性或半定量分析为主，缺乏与所在区域自然地理条件的相互耦合以及风险等级的空间异质性分析，研究成果未能推广到整个矿区，不利于生态风险的预警和防范（常青等，2012）。因此，开展矿区生态风险评估与防范研究，是对我国生态风险研究领域的补充和拓展，有助于完善区域生态风险研究理论体系与技术方法。

生态环境已被国家列为制约社会与经济发展的重要因素。矿区生态环境保护更是我国一项十分紧迫的任务。近年来，我国土地复垦与生态环境治理工作虽取得了一些成效，但要解决历史遗留废弃土地与新增损坏土地带来的生态环境问题仍需要一个艰难的长期过程。在矿产资源开发过程中引入生态风险管理手段，有利于从源头控制，变末端治理为全过程管理，是实现清洁生产、循环利用和污染物零排放的重要基础。但目前对于矿区潜在生态环境问题的认识还很薄弱，缺乏行之有效的矿区生态风险识别、评估、预警及预防手段。因此，开展矿区生态风险评估与防范研究，既是生态风险研究的趋势，也是符合我国矿区生态环境保护与可持续发展的实践需要。

2 矿区生态风险研究体系

矿区生态风险是由矿业生产活动引发的直接或间接引发该区域内生态系统发生不利变化的可能性，它与矿区自然地理条件、矿业生产/工艺特点密切相关。综合目前国内外矿区生态风险研究热点领域，本研究围绕矿区生态风险中的首要风险源——土地损毁，面向土地利用及风险管理，开展矿区生态风险评估与防范研究。针对我国矿区凸显的土地损毁问题，面向土地管理构建矿区生态风险评估与防范研究体系，旨在识别我国矿区生态风险源，进行矿区生态风险综合评估，并据此明确矿区生态风险防范技术，进而保障矿区生态安全，促进矿区社会经济与生态可持续发展，为推进矿区生态文明建设奠定基础。

2.1 矿区生态风险的特殊性与研究视角

受矿藏不可移动性和矿业生产活动及工艺特点的影响，从矿藏勘探到矿石采掘、冶炼加工等整个矿产开发过程，都会对矿区生态系统产生直接和间接的危害或影响，作用过程极为复杂（常青等，2012）。矿区生态风险源及作用方式复杂多样，风险传递过程具有距离衰减性和累积延续性等特点，如何有针对性地选择和分析矿区生态风险源、风险受体及其相互间的作用关系，就成为矿区生态风险研究的首要难题。

2.1.1 矿区生态风险的特殊性

矿区属于典型生态脆弱型和矿产资源型相结合的区域，其内在风险因素及发展方向既有别于农业、湿地等自然或半自然生态系统，也不同于现代化大都市，它在生态环境、经济和社会发展等方面独具特色（程建龙等，2004；潘雅婧等，2012）。矿区生态风险的特殊性主要包括风险源的复杂多样性、空间影响边界的模糊性、空间距离的衰减性与时间累积的延续性等方面（潘雅婧等，2012）。

（1）风险源的复杂多样性

矿产资源复杂的、多程序的开采及处理过程会形成多种风险源，通过多种途径对生态系统造成风险。以大气污染为例，煤矿开采造成的大气污染具有多源性，包括露天爆破一次会产生大量烟尘；煤炭在装卸、堆放和运输过程中产生大量煤尘；排土场废弃土石露天堆积、风化破碎会产生大量粉尘，加重大气粉尘污染等。因此，在分析、评价一种矿区生态风险类型时，其风险源可能是多样的，这大大增加了矿区生态风险研究的难度。

（2）空间影响边界的模糊性

矿区生态风险是面源风险，而非点源风险。尽管矿区作业范围边界清晰且有限，但矿区生态风险类型却具有空间分布上的延展性，导致矿区生态风险的空间影响边界具有模糊性特征。例如，煤矿开采过程中会排放大量煤尘、二氧化硫、二氧化碳、一氧化碳等有毒气体和热辐射，以及成分复杂且含有大量重金属等污染物质的废水，这些物质具有明显的流动性。这就意味着矿区风险源的影响范围具有扩展性，空间影响边界并不与矿区作业范围边界重合。除了能确定已经发生污染和破坏的地区是矿区生态风险评价应重点关注的区域外，确切的生态风险影响范围随区域和生态系统相对于污染源的方向以及地区风向、地势特征等多因素而异。因此，在进行矿区生态风险研究前必须对矿区进行充分的了解和认识，通过一定的数理方法，明确研究区的空间范围，避免工作的盲目性。

（3）空间距离的衰减性

距离矿区开采地越近的地方，通常遭受风险的威胁越大；反之越小。以煤炭开采造成的粉尘污染为例，以产生粉尘的作业点源为起点，粉尘随空气流动向四周扩散，由于重力及如树林等障碍物的作用，粉尘在运输过程中不断沉积到地面，因此一般情况下，与风险点源距离越近，遭受风险危害的可能性和程度越大，反之越小。金属矿藏开采导致的水污染问题亦有此特点。这种衰减受诸多因素影响，规律复杂，定量的描述需要更进一步的深入研究。

（4）时间累积的延续性

煤炭矿区的风险属于持久型、累积型风险，因此其危险性不是对应时间"点"的风险发生概率，而是时间"轴"上的风险累积概率（贾媛和曹玲娴，2011）。例如，露天煤矿的开采会构成一个新的凹坑-高丘特殊地貌类型，容易发生塌陷等现象。但是这个过程需要时间的累积，当这种地貌类型经历一段时间的发展而达到一定程度时，才会导致塌陷现象的发生。风险类型的时间累积直接影响风险的发生概率。

综上，矿区生态风险评估与防范研究应在明确矿区边界范围的基础上，正确识别并确定区域内的风险源，强调以适当的机理模型表达由不同风险源引起的多种胁迫因子的空间距离衰减性及时间累积延续性，对其进行风险分析与评价，从而定量表征矿区生产活动对生态系统及其组分产生不利作用的可能性及其大小，并依据评价的结果进行生态风险防范与管理，依据恰当的法规条例，选用有效的控制技术来规避、减轻和转移风险。而正由于矿区生态风险具有特殊性，矿区生态风险研究需要进一步完善研究体系并开展多学科、多领域合作，建立适应矿区特点的、具有充足和客观的科学支撑的研究模型。

2.1.2 矿区生态风险的研究视角

综合国内外研究热点可知，"风险识别""风险分析与评价"与"风险防范/管理"构成矿区生态风险研究的主题，也符合国际风险管理的基础理论与实践要求。受矿藏不可移动性和矿业生产活动特点的影响，从矿藏勘探到矿石采掘、冶炼加工等整个矿产开发过程，都会对矿区生态系统产生直接和间接的危害或影响，作用过程极为复杂。此外，值得注意的是，化学品风险、污染排放风险、突发环境事故风险以及建设项目风险[①]四类风险在矿区内均可发生。加之我国矿区多位于生态脆弱区或敏感区（白中科等，1999），进一步加剧了矿区生态风险评估与防范研究的复杂性。

矿区的生态脆弱性及其生态风险的特殊性要求在进行相关研究时，明确矿区边界范围，正确识别区内风险源，并以适当的机理模型表达由不同风险源引起的多种胁迫因子的空间距离衰减性及时间累积延续性，从而定量表征矿区生产活动对生态系统及其组分产生不利作用的可能性及其大小，以此进行生态风险防范与管理。其中，如何有针对性地选择和分析矿区生态风险源、风险受体以及相互间的作用关系，就成为矿区生态风险研究的首要难题。

---

① 针对新型化学品或新型工业品可能导致的未知风险开展的实验室环境风险评估与管理；针对常规排放源开展环境受体可接受风险值的环境风险评估与管理，如美国的《清洁水法》涉及的环境风险管理制度，欧盟的排污许可制度等；针对可能发生危险环境事故的突发环境事件风险评估与管理，如《单一欧洲法令》要求对化工厂开展风险评估，或者企业为规避风险自发开展风险评估与管理；针对建设项目开展的生态风险评估与管理（郭飞和吴丰昌，2015）。

　　以矿业生产过程为纽带构建因果链模型为例（图2-1），分析矿区生态风险源及其与风险受体之间的作用关系，矿山开采引起的生态环境破坏，主要由以下三类过程引起：一是开采活动对土地的直接破坏，如露天开采毁坏地表土层和植被，地下开采会导致地层塌陷而引起土地和植被破坏；二是矿山开采过程中的废弃物，如金属矿山尾矿、煤矸石山与粉煤灰堆等需大面积堆置场地，从而导致过量占用土地和破坏原有生态系统；三是以上土地破坏产生的酸性、碱性、毒性或重金属等成分污染土地及周边环境。也就是说，与其他区域不同，土地挖损、占用与塌陷等土地损毁是矿区生态风险源的起源，废水、废气及重金属等土地污染均来自于土地损毁，属于次生或间接风险源。

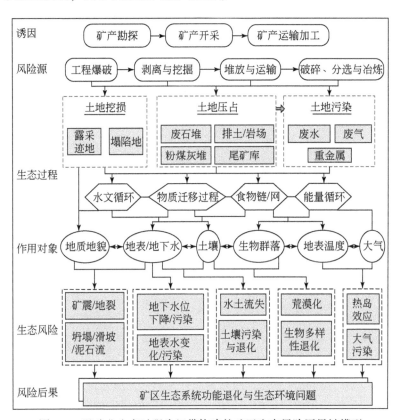

图2-1　以矿业生产过程为纽带构建的矿区生态风险因果链模型

　　因此，围绕矿区生态风险首要风险源——土地损毁，面向土地利用及风险管理，开展矿区生态风险评估与防范研究，应成为矿区生态风险研究的核心。

2.2 矿区生态风险研究体系

2.2.1 研究框架

本研究拟以矿区土地复垦与生态环境治理为目标，构建面向可持续土地利用管理的矿区生态风险评估与防范研究框架；基于景观生态、土地利用、土地复垦以及环境管理理论，开展多学科、多领域合作研究，建立适应矿区特点的矿区生态风险识别与分类、评估与防范技术体系（图2-2）。

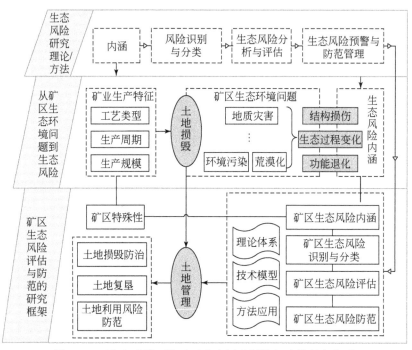

图2-2 面向土地管理的矿区生态风险评估与防范研究体系

1）矿区生态风险识别与分类体系。结合矿区土地管理目标，提出矿区生态风险识别流程，建立基于土地损毁的矿区生态风险分类体系，为矿区土地利用及风险管理提供参考。

2）矿区生态风险综合评估技术。构建基于土地损毁的矿区生态风险评价指标体系，并针对典型煤炭矿区，围绕生态脆弱性、景观生态风险及综合生态风险建立多层次、多指标的评估模型，为我国矿区生态风险综合定量评估提供方法与技术体系。

3）矿区生态风险防范技术与策略。综合区域脆弱性与土地损毁危险度，面向土地管理构建我国矿区生态风险防范技术体系，针对典型矿区构建生态风险过程防范与分级防范模式，为开展矿区生态风险防范提供理论框架与技术参考。

2.2.2　研究内容

2.2.2.1　矿区生态风险识别与分类

1）基于矿区主要生态环境问题，结合国内外生态风险识别研究的现状，综合各种信息源、技术与管理手段，针对矿区土地损毁过程，确定威胁矿区生态安全的风险来源、风险产生的条件，分析风险特征，并确定风险影响范围与作用方式；从而提出矿区土地损毁生态风险的识别流程与分类体系。

2）重点研究煤炭矿区土地损毁生态风险的识别理论与方法，设定生态风险识别指标与流程。综合研究影响我国煤炭矿区土地损毁生态风险的因素属性，参考国际风险分类标准，结合我国国情与典型矿区特征，提出土地损毁威胁矿区生态安全的风险分类体系。

2.2.2.2　矿区生态风险评估

1）矿区生态风险评估的原理与方法。根据矿区生态脆弱性及矿区生态风险特征，分析矿区生态风险评估的矿区类型、风险类型，梳理矿区生态风险评估的研究视角，整合构建矿区生态风险评价方法集。

2）矿区生态风险评价体系与模型。针对矿区主要生态风险类型，特别是涉及矿区土地可持续利用与生态环境整治的关键生态风险因素，辨识评价生态风险的主要指标，进行评价指标筛选，建立各类矿区生态风险评价体系与评价模型。具体包括：矿区生态脆弱性评价体系与模型；矿区景观生态风险评价体系与模型；基于土地损毁的矿区综合生态风险评价体系与模型；矿区土地塌陷生态风险评价体系与模型。

3）典型矿区生态风险评价体系实践。在以上矿区生态风险评价体系研究的基础上，基于吉林辽源、山西平朔、重庆松藻等典型煤炭矿区，建立多层次、多指标的矿区生态风险评价指标体系；参考相关研究成果与专家经验，考察案例区各项评价指标的取值范围，制订相应风险评价技术流程，为我国矿区生态风险评估提供参考和技术支撑。

2.2.2.3 矿区生态风险防范

1）基于风险管理相关理论，结合矿区生态系统演变特征，提出矿区土地损毁生态风险防范框架，梳理区域生态风险防范及矿区生态恢复与重建模式，整合包括区域生态风险防范与矿区生态环境保护与治理等技术在内的防范技术集，提出根据避免、最小化、恢复和补偿在内的不同防范层次的生态风险防范途径，构建典型矿区生态风险的过程防范与分级防范模式。

2）基于风险分类与评估，针对矿区生态风险发生、发展以至转变消亡等基本过程，以及矿区高、中、低等不同等级生态风险区域，建立矿区生态风险的过程防范与分级防范模式。以内蒙古胜利露天煤矿为例，针对开采前、基建期、生产期和退役期的主导生态风险，提出过程防范的主导策略与防范技术；以吉林辽源矿区为研究区，针对高、中、低风险等级与各风险等级的贡献类型，提出不同层次上的风险防范策略，形成矿区土地破坏生态风险的分级防范。

3）在分析我国矿区分布、开采现状与生态环境问题的基础上，进行矿产聚集区的生态风险要素分析，包括区域脆弱性与土地损毁危险度，结合生态风险识别将我国矿区分为 11 个生态风险分区，并提出各个分区的风险防范策略；采用文献综合法建立全国重点矿区自然地理特征、生态脆弱性问题与生态风险识别的资料库与查找表，基于此提出特定矿区生态风险防范技术的选取流程，以黄土高原区露天煤矿、黄淮平原井工煤矿、西南丘陵高原区采煤塌陷地、江南丘陵山地区金属矿和华北平原区采石场边坡为例进行防范技术的选取。

2.2.3 研究技术路线

基于矿区生态风险特殊性，以土地损毁为切入点，开展面向土地管理的矿区生态风险评估与防范研究，关键步骤包括：①构建矿区生态风险识别技术，提出矿区生态风险分类体系；②基于此，开展矿区生态风险评估，包括针对风险受体的矿区生态脆弱性评估、针对风险后果的景观生态风险评估和基于土地损毁的综合生态风险评估，并进行案例实践和风险制图；③综合风险识别、分类与评估，通过整合区域生态风险防范与矿区生态环境保护与治理等技术，提出矿区生态风险防范的层次、途径与模式，最终形成我国矿区生态风险分区防范技术以及典型矿区生态风险过程防范与分级防范技术。

具体实施路线如图 2-3 所示。

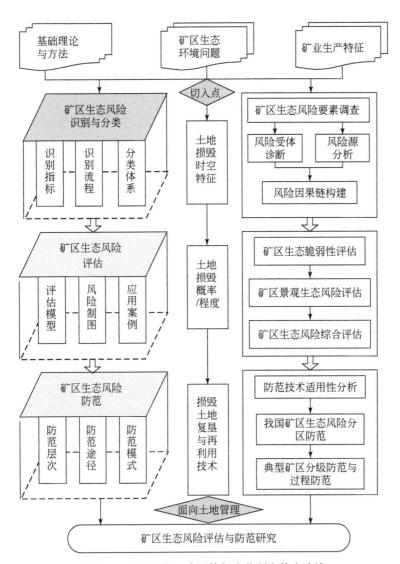

图 2-3　矿区生态风险评估与防范研究技术路线

3 矿区生态风险识别与分类

基于采矿造成的生态环境问题，结合国内外生态风险识别研究现状，综合各种信息源、技术与管理手段，针对矿业生产中的土地损毁过程，提出矿区生态风险的识别理论方法与技术手段；针对典型煤炭矿区，确定威胁矿区生态安全的风险来源、风险产生条件，分析风险特征，并确定风险影响范围与作用方式，进而提出典型矿区土地损毁生态风险的识别流程与分类方法。

3.1 采矿对生态系统的影响

以煤矿为例分析采矿对生态系统产生的多方面影响。一般而言，煤炭开采工艺可分为露天开采和井工开采两种。这两种开采方式均会对当地生态环境造成严重破坏，是制约当地社会经济发展的重要因素之一。从作用对象角度来看，我国煤矿区面临的主要生态环境问题可归纳为六个方面：土地损毁、植被破坏、水体污染和破坏、大气污染、重金属污染、水土流失和土地沙漠化（范英宏等，2003）。根据煤矿开采对生态系统的影响方式，可将以上六类归纳为直接影响和间接影响两类。

3.1.1 直接影响

直接影响指煤炭开采中发生的影响，是即时性的、直接作用于生态系统组分并造成扰动和破坏。其中，露天煤矿开采主要通过挖损对矿区生态系统产生直接影响。挖损是因采矿、挖沙、取土等生产建设活动致使原地表形态、土壤结构、地表生物等直接摧毁。井工开采对地表土壤、水文及植被的直接破坏较小，但由于对地层的挖掘，会对地下水储藏条件造成直接破坏，且采空区会引起地表塌陷和地面沉降等间接影响，改变地形地貌。露天开采和井下挖掘的废土废渣，会直接压占土地。压占则是生产活动直接改变原有土地利用类型，或因堆放剥离物、废石、矿渣、粉煤灰、表土、施工材料等改变地表属性而产生植被、土壤或水体破坏。因此，不论是露天或井工开采以及废弃物压占，都会直接导致原有土地功能的丧失、植被破坏、地质层序和局部地貌发生改变、河道及集水区发生变化、地下水储藏条件改变等。

3.1.2 间接影响

间接影响指煤炭开采中具有滞后性的生态系统影响，往往在开采活动进行一段时间后才显现出来，可归纳为土地质量退化和环境污染两个方面。

1）土地质量退化包括水土流失、土壤盐渍化、土地退化和沙漠化等。其中，露天煤炭开采由于地表挖损与压占导致植被破坏，大量表土裸露，水土保持能力下降。甚至在局部地段形成"洼地"或废弃渣土形成"低丘"，水土流失和土壤侵蚀进一步加剧，发生土地质量退化现象，在干旱及半干旱地区可能导致沙漠化加剧，在其他地区可能引起土壤盐渍化、盐碱化等。而井工开采造成的地面塌陷同样也可导致水土流失等现象，且塌陷区土质疏松不稳定，难以恢复原有植被，也不适宜建造设施。此外，在塌陷区上的原有建筑可能会由于地表的缓慢沉降而受到影响，如墙体开裂、地面倾斜等，威胁到居民的生命财产安全。

2）环境污染通常包括固体废弃物污染、废水污染和废气污染。煤矿开采产生的大量煤矸石不仅压占土地，导致土壤破坏甚至污染，使得植被难以生长，还容易因自燃而产生大量烟尘，释放硫氧化物、碳氧化物等有毒有害气体。废水污染主要包括疏排水、矸石山淋溶水、选煤废水等，其中可能含有多重污染物质，包括悬浮颗粒物、重金属元素、有机物及放射性物质。废水直接排放会污染地表水体，也可能下渗入土壤，通过土壤水的运移进入地下水，对土壤和地下含水层造成污染。废气污染主要包括开采时工程作业和运输时产生的粉尘污染及矿石燃烧产生的二氧化硫、一氧化碳等有毒有害气体污染。粉尘污染除对当地植被产生不良影响外，还会直接对人体健康造成损害，在煤矿区及煤炭城市，尘肺病及白血病等疾病的发病率显著高于其他地区。

此外，重金属污染作为煤矿区一项重要的间接污染类型，常与"三废"污染并提。重金属污染主要来自于煤矸石山的淋溶作用和废水排放。煤矸石经过风化、自燃及淋溶作用，所含的重金属元素会随水分迁移而对周边的土壤、地表水和地下水产生污染，并在生物富集作用下通过食物链对动植物产生毒害。如果食用这些动植物或长期饮用受污染的水，也会对人体健康产生不良影响。

3.2 矿区生态风险识别方法

3.2.1 风险识别的理论方法

生态风险识别是在风险事故发生前，对自然过程或人类活动对生态系统可能产生的不利影响的潜在过程或事件进行系统认识，确定其来源、性质、发生概率、所处环境和后果等过程，包括风险源识别、风险受体识别、暴露—响应过程识别和生态终点识别（王仰麟等，2011）。风险识别是风险研究的基础，能否科学、有效地对多风险源及相应的风险受体之间复杂的暴露—响应过程进行分析，对该系统的风险评价研究至关重要。通过风险识别，才能够构建风险评价体系，进行风险评价，从而达到风险管理和风险防范的最终目的（韩丽和戴志军，2001）。

在矿区范围内，由于采矿活动的强烈干扰，生态系统内的组成、结构和过程不同于其他自然生态系统或半人工系统，其风险类型、风险源和风险的暴露过程都有异于一般区域生态风险。因此，在采矿区，一般区域生态风险识别的方法不可简单套用，需针对矿区特定的风险源及其暴露与响应机制，结合开采工艺及流程的特点，在传统区域生态风险识别的基础上总结归纳出适用于矿区的生态风险识别方法。

矿区生态风险识别是矿区生态风险评价研究中的重要一环，它是建立在对矿区生态系统扰动的观察和监测之上，为进一步构建矿区生态风险评价体系而进行的，通常被囊括在矿区生态风险评价研究之内（Hunsaker et al.，1990；Landis，2005）。依据矿区生态风险特征与采矿工艺流程之间的关系，理论上，可将矿区生态风险识别与分类归纳为自上而下的、自下而上的途径以及两者相结合的综合途径三种，分别对应基于风险诱因和指示标志法、基于事件逻辑和风险过程分析法及基于风险后果的风险识别方法（王仰麟等，2011）。基于风险诱因和指示标志的识别方法，主要环节包括调查与研究、询问与交谈、查阅有关记录、现场观察、获取外部信息、工作任务分析、安全检查等；基于事件逻辑和风险过程分析方法，主要方法包括事件树分析、因果链分析、SWOT 风险受体分析、PESTLE 社会经济技术与法律条件分析、数据推理方法、依赖度模型、事件连续性分析、决策模型分析等；基于风险后果的风险识别方法，主要包括危害分析、事故树分析、FMECA 故障模式影响与危害程度分析、AFD 预期故障确定、适应不当或后果分析等。

矿产采掘业是对自然生态环境进行直接破坏的产业。在不同的矿种、不同的开采方式和不同的自然环境背景下，采矿对生态环境的影响方式和程度不尽相同。因此，矿区土地损毁生态风险的识别，是立足于矿产采掘业的自身特性，着眼于土地系统在采矿活动中及其后所受到的不利影响，综合考虑各个生态系统组分及生态系统中各个生态过程的风险识别，是对矿区生态风险的定性认识，目的是确定并认识研究区域内的风险源和风险受体，并对风险源作用于风险受体的暴露—响应过程进行分析，确定生态终点，为后续的风险评价工作提供平台和框架。

具体而言，开展矿区生态风险研究，往往源于认识到某种胁迫或行为对生态过程造成的危害。矿区土地损毁生态风险的识别与分类，需要着重结合矿业生产的特点，通过风险受体识别、生态过程识别和生态终点识别等基本过程（Rosana and Sverker，2004），对威胁矿区生态系统健康和稳定的风险源进行分析和诊断，确定其产生条件、发展机制、因果链联动效应等的过程。同时还强调利用遥感影像观测等空间数据分析方法，对风险源进行空间定位，并确定引起或发生土地损毁生态风险空间特征的过程。风险识别包括确定相对应的生态终点、分析风险源特征、认识潜在危害、分析影响机制及预测后果，同时需要收集多方面的数据，以及与风险利益相关者进行讨论，在此基础上通过构建风险因果链模型及诱因—承灾体—后果模型或暴露—响应模型，来确定风险的形成机制、作用机理以及各部分之间联系的不确定性等，这些过程为进一步进行风险评价提供了基础（图3-1）。

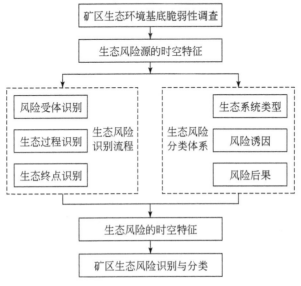

图 3-1　矿区生态风险识别与分类研究思路

3.2.2　风险识别的技术手段

矿区生态风险识别中，常用的技术方法主要包括实地观测、遥感监测、采样分析和问卷调查等，针对不同的风险源采用不同的识别技术。

（1）实地观测

实地观测主要是对生态系统的自然要素进行考察和监测，确定其健康属性，判断是否发生土地损毁问题；用于判断是否发生地质灾害并定量测量发生和发展的程度，对土壤、大气和地表水的现状进行观测等。实地观测能够提供矿区土地损毁的第一手资料，并对整个矿区的生态环境建立基本了解，是矿区生态风险识别和后续评价工作的基础。矿区的空气质量可以通过当地的气象监测设备直接获得。由于大气自身的流动性以及开采工艺特点，对某些矿种如煤炭而言，针对燃煤地区大气污染的研究远多于针对采矿区大气污染的研究，而在采矿区则更关注于矿区工人及附近居民的健康状况。

（2）遥感监测

遥感监测是以遥感技术为主要数据来源与"3S"技术相结合的综合技术手段。充分发挥遥感技术在矿区生态风险识别中的空间分析可行性、时效性和动态监测能力等优势，基于遥感数据对地质、地下水和工程建筑设施等要素特征进行遥感识别。主要关注的特征包括：地表扰动强度、土地占用方式与范围、植被盖度、土壤侵蚀强度、土地类型、地质裂缝与塌陷、地下水埋深与地表水污染状况等。在获取数据的基础上，运用数据综合分析方法，对矿区土地损毁生态风险的发生空间特征进行分析。很多生态退化的定量表征通过实地检测和局部遥感分析很难发现其特征，如地貌形态简单化、地表物质类型复杂化、生境破碎化、生态系统发生逆向演替、地表侵蚀速度加快等，需要从更大的空间尺度上进行判定和分析。

针对矿山开采领域，遥感技术除应用于探矿和定位之外，也可用于矿山管理、塌陷区识别（魏也纳，2010）、土地利用管理（张明亮等，2011）及植被变化识别等方面。同时，遥感技术也可以与煤炭开采监管相结合，在 GIS 技术的支持下可判断非法矿山与越界矿山，并评价矿山开发与保护规划的执行情况（康高峰等，2008）。

（3）采样分析

采样分析主要针对污染类风险源，由于其无法直接通过观测或遥感手段获取具体信息，需要进行采样分析进一步进行实验室内的物理、化学分析和测定。主要关注特征是污染物种类和污染物浓度，并参考相关污染物的控制标准判断是否存在污染物超标。

对土壤及水体中的重金属污染的识别，需进行实地采样，在实验室内进行化学测定，通常采用酸液消煮和 ICP-AES 测定的方法提取重金属元素，得到重金属含量之后，常采用的环境质量评价方法包括指数平均叠加、模糊数学、矢量算子、潜在因子法等方法（李海霞等，2008），其中又以瑞典学者 Hakanson 提出的 Hakanson 潜在风险指数法在国内的应用最为广泛，具有横向可比性（郭平等，2005）。此外，也可以生长生活在矿区的动植物为风险受体，通过调查重金属污染对动植物的影响分析矿区污染情况。由于水体中的有害物质会通过食物链在鱼类体内富集，而人类食用了这种受污染的鱼类也会遭受毒害，因此对矿区鱼类的检测也是重金属污染的一种识别方法，如对塌陷区水域生存的鱼类进行肝细胞 DNA 损伤（闫永峰和王兵丽，2010）、鱼类形态性状指标和脏器系数的研究（闫永峰等，2010）等。

（4）问卷调查

问卷调查是通过访问关注矿区动态的组织或个人来获取风险认知的方法。根据调查对象的不同，可以分为针对当地居民和工人的调查及针对关注此区域或问题的专家调查，两者相结合能够获得更完善、更有科学性的调查结果。问卷调查与访谈往往可以获得其他定量分析方式所不能获取的数据，调查结果可应用多种统计方法及软件进行分析，可以弥补统计数据在时间不连续等方面的不足。

3.3 矿区生态风险识别

3.3.1 风险识别流程

矿区生态风险识别一般主要包括以下几个关键步骤（图3-2）。

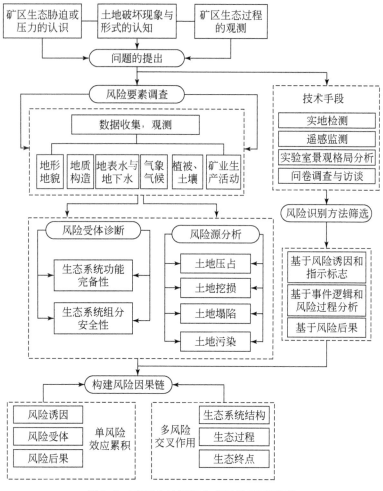

图 3-2　矿区土地损毁生态风险识别流程

（1）问题的提出

这是问题的发现与提出阶段，通过对矿区的地质地貌、气候、土壤、植被、采矿活动干扰情况等方面进行综合调查，从采矿活动对矿区生态系统影响方面进行监测与分析，对矿区生态风险进行初步预判。认识风险的可能诱因，包括观察到某种生态损失或破坏的现象，增加了对某种胁迫或危害的认识，以及观测到某个生态过程等。特别需要结合矿区自身的自然环境基底、开采方式、土地损毁现状、未来开采规划等情况进行分析与归纳。

（2）风险识别方法筛选

从理论方法和技术方法出发，采用不同的技术手段，结合前期分析结果，选择适用的方法进行风险识别。风险识别所采用的方法与后续的风险评价工作密切相关，在不同的评价体系下，其风险识别过程也不尽相同。

（3）风险要素调查

进行矿区生态风险识别之前，需要先对该矿区进行综合调查，认识矿区生态环境的特征及采矿活动的特点和扰动方式。内容包括地形地貌、地质构造、地表水与地下水、气象气候、植被、土壤以及矿业生产活动等。通过资料收集、遥感影像分析、现场调研、实地测量与监测、问卷调查、入户访谈等方式获取数据，并了解矿区自身特点，为后续的风险源识别工作奠定理论依据和数据基础。并且，通过全面收集多方面数据，广泛征求受到矿区生态风险影响的组织或个人的意见，调查煤炭矿区的自然环境、采矿生产活动的特点，以及该矿区所面临的典型生态环境问题，明确与矿业生产活动相关的风险源的特征，分析潜在危害和影响机制。

（4）风险受体诊断

针对各风险源及其相应的生态过程，确定风险受体。矿区生态风险受体是暴露于胁迫因子下的单个或一组物种、生态系统的功能特征、特殊生境等。在矿区生态风险识别的研究中，通常以生态系统及其内部组分为风险受体。由于风险源的暴露作用，生态系统及其组分的功能和健康极易受到影响，而不同的受体对于各类风险作用的响应有所差异，因此在研究中需要对这些风险受体进行综合诊断，甄别不利影响的性质，明确具有敏感或脆弱特征的风险受体，以便进行有针对性的风险识别。

（5）风险源分析

在综合调查的基础上，立足于各矿区自身特点，对其主要风险源进行识别。识别风险源，并进行分类，列举其表现形式，确定其发生和发展特征，甄选识别指标。由于人类采矿活动对矿区生态系统起主导作用，因此在矿区生态风险识别中，应侧重关注人类生产活动对自然生态系统的影响和破坏，风险源识别工作也要围绕着采矿活动对生态系统的扰动展开。

（6）构建风险因果链

构建包含各风险要素逻辑关系及多风险交叉作用链条的因果链模型，图示化风险的"诱因—受体—后果"关系及"暴露—响应"过程，确定风险的形成机制、作用机理及各部分间联系的不确定性等。

3.3.2 风险要素调查

结合区域生态环境特征及人类活动的影响范围和空间属性、影响扰动方式等基础信息，对矿区生态风险进行综合调查，在此基础上甄别风险源属性，开展矿区生态风险的识别与分类。对矿区生态风险要素调查是进行风险识别和风险分类的基础。通过对主要生态组分进行详细的灾害和扰动调查，发现矿区生态环境中存在的土地损毁问题及人为扰动的影响，识别可能影响生态系统健康的土地损毁风险源，并对风险源进行调查和分类，对风险源的影响机理进行分析。

在调查中，应基于调查区的生态环境条件选择观察线路，确定地质环境条件控制点，做好沿途观察与描述。调查包括地形地貌、地质构造、岩（土）体工程地质、地表水与地下水、环境因素，以及人类工程经济活动等内容。

（1）地形地貌调查

地形地貌调查以资料收集为主，并结合遥感影像，确定工作区地貌单元的成因和形态类型，并密切关注因地貌形态改变而引发或伴生的滑坡、崩塌、泥石流灾害等的相关地形地貌特征，如斜坡形态、类型、结构、坡度等；调查人工地形地貌的形态、规模及其稳定性条件，如人工边坡、露天采矿场、排土场及尾矿堆放地、水库和大坝、堤防、蓄水池等。本部分可参照《岩土工程勘察规范》（GB 50021—2001）、《岩土体工程地质分类标准》（DZ 0219—2002）等规范中的相关条文进行。

（2）地质构造调查

地质构造调查以资料收集为主，并结合遥感影像，分析区域内地质构造特点、构造格架、构造优势面及组合、主要构造运动期次及性质，以及新构造运动及地貌特征。应收集区域断裂的活动性、活动强度和特征、区域地应力资料，区域内地震活动、地震加速度或基本烈度资料，分析区域内新构造运动、现今构造活动、地震活动以及区域地应力场特征。核实调查主要活动断裂的规模、性质、方向、活动强度和特征及其地貌地质证据，分析活动断裂与滑坡、崩塌、泥石流灾害的关系。调查各种构造结构面、原生结构面和风化卸荷结构面的产状、形态、规模、性质、密度及其相互切割关系，分析各种结构面与边坡的几何关系及其对边坡稳定性的影响。本部分可依据《崩塌、滑坡、泥石流监测规范》（DZ/T 0221—2006）及《地质灾害分类分级》（DZ 0238—2004）等规范中的相关条文进行。

（3）岩（土）体工程地质调查

区域地层以资料收集为主，收集调查区地层层序、地质时代、成因类型、岩性特征和接触关系。具体包括对岩体和土体两种性质的工程地质调查。区域工程岩组以调查为主，包括岩体产状、结构和工程地质性质，对岩体风化特征应进行调查，调查风化层的分布、风化带厚度及其与岩性、地形、地质构造、水、植被和人类活动的关系；调查斜坡不同地段的差异风化与滑坡、崩塌、泥石流灾害的关系，以及对矿区生产和生活的影响。对土体工程地质进行调查应包括土体分布、成因类型、厚度及其与斜坡结构和稳定性的关系，测试分析土体颗粒组分、矿物成分、密实度、含水率及渗透性。本部分可参照《地下水监测规范》（SL/T 183—2005）及《区域水文地质工程地质环境地质综合勘查规范（比例尺 1∶50 000)》（GB/T 14158—1993）中的相关条文进行。

（4）地表水与地下水调查

地表水与地下水调查以资料收集为主。应结合遥感解译等资料，核实调查地表水入渗情况、产流条件、分布、冲刷作用，以及地表水的流通情况。对威胁矿山及周边县城、矿区重要公共基础设施、主要居民点的水土流失、泥石流沟等应进行小流域面积、流量、泥位核实评估，分析可能形成的土地损毁风险。核实调查地下水基本特征，包括地下水类型、性质、水位及动态变化、流量等分布及动态情况。核实调查水文地质结构，包括含水层分布、类型、富水性、透水性、地下水位变化趋势，主要隔水层的岩性、厚度和分布。现场分析地下水的流向、径流和排泄条件、地下水与边坡稳定性的关系。

（5）环境因素调查

环境因素调查包括气候和植被等因素的调查。气候因素应调查发生区扬尘、滑坡等事件的前期和临界降水量值、风力大小。植被调查应结合遥感影像，确定植被的分布、类型、覆盖率、历时变迁与原因，以及与土地损毁的关系。

（6）人类工程经济活动调查

人类工程经济活动以资料收集和核实方式调查为主。了解区域社会经济活动，包括城市、村镇、乡村、经济开发区、工矿区、自然保护区的经济发展规模和趋势及其与地质灾害的关系。了解大型工程活动及其地质环境效应，包括水电工程、矿业工程、铁路工程、公路工程、地下工程与地质灾害的关系。

3.3.3 风险源分析

依据采矿活动对矿区土地损毁方式，将矿区生态风险源划分为土地压占、土地挖损、土地塌陷和土地污染四类。为明确各类矿区土地损毁生态风险源所对应的风险源亚类，应确定该破坏发生时所处的矿业生产工艺阶段，明确其破坏土地的表现形式，选择合适的破坏程度指标开展风险源分析（表3-1），对可能的风险源进行筛选。

表 3-1　矿区生态风险源特征

风险源类型	风险源亚类	发生阶段	表现形式	破坏程度指标
土地压占	排土场压占	基础建设期 开采期	地表空间占用 原地貌改变 土地功能变化	排土场面积 排土场边坡坡度
	尾矿库压占	开采期 复垦期		尾矿库安全等级 尾矿排弃量
	建筑物、构建物压占	基础建设期		压占面积
土地挖损	岩层爆破	开采期	地质层序变化 土壤结构变化	岩土挖掘量
	矿石挖掘			挖损面积 挖损深度 矿石采掘量
	露采场表土剥离			表土剥离量
土地塌陷	采空区及井道塌陷	开采期 复垦期	地表形成负地形 积水	塌陷面积 塌陷深度 塌陷地块密度 塌陷积水面积 塌陷积水深度
	过采地下水引发地面沉陷			
	回填物松散引发地面沉陷			

续表

风险源类型	风险源亚类	发生阶段	表现形式	破坏程度指标
土地污染	废气排放	开采期	大气质量恶化	大气中污染物浓度
	地表扬尘	基础建设期 开采期 复垦期		
	可燃物燃烧污染	开采期 复垦期		
	洗选矿废水排放	开采期	水环境恶化 土壤环境受损	污染物排放浓度
	矿石淋溶水污染	开采期 复垦期		土壤中污染物浓度 水体中污染物浓度
	尾矿库溃坝污染	复垦期		

（1）土地压占

土地压占指矿业生产活动对原有土地利用类型的改变，或因堆放剥离物、废石、矿渣、表土、施工材料等，造成土地原有功能丧失的过程，在矿区的基础建设期、开采期和复垦期都有发生。其主要风险亚类包括排土场压占，尾矿库压占，建筑物、构建物压占等；主要表现为地表空间占用、原地貌改变及土地功能变化。衡量压占破坏程度的指标包括排土场面积、排土场边坡坡度、尾矿排弃量、尾矿库安全等级、压占面积等。

（2）土地挖损

土地挖损指因采矿、挖沙、取土等生产建设活动致使原地表形态、土壤结构、地表生物等直接摧毁，土地原有功能丧失的过程，通常发生在矿产开采过程中，主要表现为地层层序变化和土壤结构变化。其主要风险亚类包括露采场表土剥离、岩层爆破、矿石挖掘等。用以衡量挖损破坏程度的常用指标包括岩土挖掘量、挖损深度、挖损面积、矿石采掘量、表土剥离量等。

（3）土地塌陷

土地塌陷指因矿区地下开采导致地表沉降、变形，造成土地原有功能部分或全部丧失的过程，通常发生在矿产开采期和复垦期，主要表现为地表形成负地形和积水。其主要风险亚类包括采空区及井道塌陷、过采地下水引发地面沉陷、回填物松散引发地面沉陷等。破坏程度衡量指标包括塌陷面积、塌陷深度、塌陷地块密度、塌陷积水面积、塌陷积水深度等。

（4）土地污染

土地污染指因矿区生产建设过程中排放的污染物，造成土壤原有理化性状退化、土地原有功能部分或全部丧失的过程，通常发生在矿业开采期和复垦期，主要表现为土壤环境受损、水环境恶化、大气质量恶化等。其主要风险亚类包括废气排放、地表扬尘、可燃物燃烧污染、洗选矿废水排放、矿石淋溶水污染、尾矿库溃坝污染等。通常以各类污染物浓度和污染物扩散面积来衡量污染的破坏程度。

3.3.4 风险受体分析

为确定是否存在不利于生态系统稳定和健康的不利因素，明晰对生态系统可能产生不利影响的要素特征，应进行矿区生态风险受体诊断。风险受体的诊断和识别包括生态系统功能完备性和生态组分安全性两个方面。表3-2为生态系统功能完备性的常用诊断指标，包括生物多样性、生态系统服务和生态系统健康3个方面；表3-3列出了生态组分安全性诊断方法的适用性，方法包括实地观测、遥感监测、采样分析和问卷调查，分别适用于不同生态组分的诊断指标，在实际工作中可以根据矿区的特点和数据的可获得性进行选择。

表 3-2　生态系统功能完备性

	指标项目	生态环境问题	常用指标（单位）
生态系统功能	生物多样性	物种灭绝 生物量减少 物种类型减少 生物链断裂	物种多度（无） 物种丰富度（无） 景观连通性（无） 物种优势度（无）
	生态系统服务	生物生产量降低 气候变化 景观破碎化 极端气候事件增加	生态系统服务价值（元/a） 土壤质量等级（无） 气温及降水变率（%） 植被覆盖度（%） 植被初级生产力 $[g/(m^2 \cdot a)]$

续表

	指标项目	生态环境问题	常用指标（单位）
生态系统功能	生态系统健康	水源污染 土壤污染 生物病虫害增加 沙漠化与盐渍化	生态脆弱性（无） 资源使用寿命（年） 污染物浓度（%） 开采周期与回采率（年,%） 土地退化面积比例（%）

表 3-3　生态系统组分安全性

风险受体	不利效应	实地观测	遥感监测	采样分析	问卷调查
大气	有毒有害气体排放	√		√	
	产生粉尘/颗粒物	√	√	√	
土壤	土壤养分丧失			√	
	土壤质量下降	√	√	√	
	土壤环境恶化	√		√	
	水土流失	√	√		√
生物	植被覆盖度降低		√		
	第一性生产力下降		√	√	
	生物多样性降低	√			
地质/地貌	滑坡	√	√		√
	泥石流	√	√		√
	地貌形态改变		√		√
	矿震	√	√		
	塌陷区积水	√	√		
	地面沉降	√	√		
	裂缝	√			
	尾矿库安全隐患	√	√	√	√
水文/水环境	水环境污染	√	√	√	√
	水系破坏	√			√
	地下水位下降	√			√

3.3.5 风险因果链分析

风险因果链是风险识别与评价中常用的分析方法，在面对存在多重风险途径和多种生态过程时具有较强的有效性。构建因果链的优势在于能够建立风险源及其风险后果的关系假设，以及风险源与其产生后果的过程和原因之间的关系，同时能够确定不同诱因之间的相互作用关系等。

以典型煤炭矿区土地损坏为例，矿区生态风险因果链的模型由风险要素层和多风险相互作用关系链组成（图3-3）。风险要素层包括风险源、风险受体、生态过程、生态终点；而具体每个要素层面的内容和作用关系与矿业生产工艺流程、区域生态系统特征、观测研究时间长度等要素相关。具体风险因果链构建过程如下。

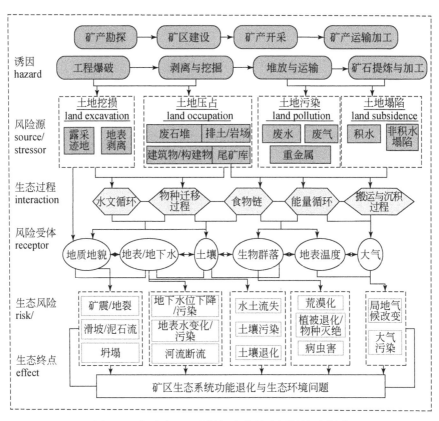

图 3-3　典型矿区土地损毁生态风险因果链示意图

1）熟悉矿区特点：详细了解矿区生产规模及工艺流程，绘制工艺流程图与功能分区图。

2）调查风险诱因：收集诱发造成不利影响的矿业开采活动与案例，进行调查、统计，分析可能发生的后续影响。

3）确定风险源：调查与风险诱因有关的土地损毁形式及其影响因素，明确风险源。

4）明确风险受体：调查和分析矿区范围内的生态系统要素及其相关生态过程，确定受胁迫的生态系统组分。

5）确定潜在生态终点：调查和分析生态受体受到干扰和胁迫等不利影响后已经表现或在未来可能表现的状态。

6）分析单个风险的逻辑：根据经验与已有研究，从某一生态后果出发，或从某一关键风险受体出发，分析单个风险链条的要素和风险发生逻辑。

7）明晰多风险交叉作用关系：调查与风险诱因有关的所有风险源与风险后果，分析多种类型风险之间的响应关系。

8）构建风险因果链图：从生态终点开始，逐级找出所依赖的生态过程、直接原因、单链条重要性等，按其逻辑关系画出因果链图。

3.4 矿区生态风险分类

3.4.1 基于风险发生学特征的风险分类方法

矿区生态风险的重要特点在于其发生的非原生性，人类活动在整个过程中起到了决定性作用，这些风险并非地球物理系统在理想的自然运作工程中所具有的，而是随着人类的出现逐渐产生并暴露的风险，由人类活动直接引起而产生、暴露和危害的风险类型。按照风险的成因分为自然过程诱发类风险、适应不当类风险和工程修建类风险三类。

（1）自然过程诱发类

自然过程诱发类风险是指风险的发生是开始于某种自然过程，其受体是矿业生产中变得脆弱的地表生态系统，对生态系统的服务功能产生不利影响的风险类型。例如，在矿产开采、运输和储存等生产过程中由突降暴雨引发的水土流失、滑坡、崩塌等，由于气候干燥引起的地表扬尘等（图 3-4），由于降水诱发的煤矸石自燃等。

（2）适应不当类

适应不当类矿区土地损毁生态风险，是指由于人类对生态系统规律认识的局限性和人类活动的不合理性、工程设计的不成熟度等，增加了系统对外界胁迫的脆弱性，或采取的适应性对策不当致使系统脆弱性增加等，由此对生态系统产生不利影响的风险类型。在矿产开采、运输和储存等生产过程中，这种由不合理的人类活动方式或管理策略所引起的风险主要包括以下几种：污水不合理排放、过度开采地下水、防火防爆设施不全（图3-5，图3-6）。

（3）工程修建类

工程修建类矿区土地损毁生态风险，是指人类为满足自己生产和生活需要，通过修建各种工程设施对自然地表进行改造和破坏，直接或间接诱发的对生态系统的结构和功能产生不确定的不利影响的风险类型。在矿产开采、运输和储存等生产过程中，离不开对地表覆盖的巨大改变，包括地表剥离、尾矿堆积、工程道路修建、旅游业开发等（图3-7）。

图3-4 露天煤矿剥离区地表扬尘
（山西平朔）

图3-5 洗煤厂浓烟排放引起的空气污染
（山西平朔）

图3-6 煤矿挖空后生成的地表塌陷
（吉林辽源）

图3-7 小型煤矿煤矸石乱堆
（吉林辽源）

3.4.2 基于土地损毁类型的风险分类方法

在矿产开采过程中，不同的矿种、开采方式和工艺流程都会对矿区土地生态系统产生不同形式的扰动与破坏，根据其对自然生态系统的扰动形式和强度差异，可划定为压占、挖损、塌陷和污染四类基本矿区生态风险源。矿区生态风险的受体按照生态系统组分，可划分为大气、土壤、生物、水文/水环境和地质/地貌五类。基于风险源与受体，可以划分不同类型的矿区土地损毁生态风险。

基于土地损毁的程度指标及不同土地损毁类型所对应的风险种类，综合风险诱因、风险生态受体、风险源和风险后果的特征进行风险分类（表3-4）。

表 3-4　矿区土地损毁生态风险分类体系

风险源 ＼ 风险受体	大气 A	土壤 S	生物 L	地质/地貌 G	水文/水环境 W
压占 O	OA1 矿石堆放及排土场堆放产生地表扬尘	OS1 土壤压实 OS2 地表硬化 OS3 土壤侵蚀加剧	OL1 建筑物及构建物压占植被 OL2 矿石自燃破坏植被及生境	OG1 压占导致原有地貌改变 OG2 正地形诱发地质灾害 OG3 尾矿库不稳定诱发地质灾害	OW1 汇水区改变 OW2 压占河道 OW3 尾矿库溃坝诱发洪水
挖损 E	EA1 地表破损引发地表扬尘	ES1 表土丧失 ES2 土壤退化 ES3 水土流失	EL1 植被退化 EL2 植被破坏 EL3 地表景观/生境破碎	EG1 挖损导致原有地貌改变 EG2 挖损诱发地质灾害	EW1 水系改道 EW2 挖损导致地下水储存条件改变
塌陷 S	—	SS1 塌陷积水淹没土壤 SS2 土壤结构改变	SL1 塌陷积水淹没植被	SG1 塌陷导致原有地貌改变 SG2 塌陷诱发地质灾害 SG3 形成地裂缝 SG4 地质层序改变	SW1 地表积水 SW2 塌陷导致地下水储存条件改变
污染 P	PA1 废气污染大气 PA2 矿石自燃污染大气	PS1 废水污染土壤 PS2 矿石淋溶水污染土壤	PL1 污染导致生物毒害作用	—	PW1 废水污染水体 PW2 矿石淋溶水污染水体

分类体系编码形式为两位字母加一位数字，其中，首字母代表矿区土地损毁

生态风险源类型；第二位字母代表矿区生态风险受体类型；第三位数字代表风险种类的序号。

在明晰风险分类的基础上，针对矿区实际情况，可以采用表3-5中的诊断指标对实际发生的风险进行筛选。在具体研究中可根据矿区特点和生态风险特征适当补充、调整。

表 3-5　矿区土地损毁生态风险诊断指标

风险源类型	风险受体	风险类型	诊断指标
压占 O	大气 A	OA1 矿石堆放及排土场堆放产生地表扬尘	大气中颗粒物含量
	土壤 S	OS1 土壤压实	土壤孔隙度
		OS2 地表硬化	不透水指数
		OS3 土壤侵蚀加剧	土壤侵蚀模数
压占 O	生物 L	OL1 建筑物及构建物压占植被	压占面积
	地质/地貌 G	OG1 压占导致原有地貌改变	压占面积 边坡坡度
		OG2 正地形诱发地质灾害	地质灾害发生频次及强度
		OG3 尾矿库不稳定诱发地质灾害	
	水文/水环境 W	OW1 汇水区改变	*
		OW2 压占河道	*
		OW3 尾矿库溃坝诱发洪水	尾矿库安全等级
挖损 E	大气 A	EA1 地表破损引发地表扬尘	大气中颗粒物含量
	土壤 S	ES1 表土丧失	表土剥离量 表土回填率
		ES2 土壤退化	有效土层厚度 土壤质地 土壤有机质含量
		ES3 水土流失	水土流失面积 土壤流失量
	生物 L	EL1 植被退化	生物多样性 植被指数
		EL2 植被破坏	植被覆盖率
		EL3 地表景观/生境破碎	景观破碎度指数 景观连通性

续表

风险源类型	风险受体	风险类型	诊断指标
挖损 E	地质/地貌 G	EG1 挖损导致原有地貌改变	挖损面积 挖损深度
		EG2 挖损诱发地质灾害	地质灾害发生频次及强度
	水文/水环境 W	EW1 水系改道	*
		EW2 挖损导致地下水储存条件改变	*
塌陷 S	土壤 S	SS1 塌陷积水淹没土壤	淹没面积
		SS2 土壤结构改变	土壤质地 土壤含水量
	生物 L	SL1 塌陷积水淹没植被	淹没面积
塌陷 S	地质/地貌 G	SG1 塌陷导致原有地貌改变	塌陷面积 塌陷深度 塌陷坑边坡坡度
		SG2 塌陷诱发地质灾害	地质灾害发生频次及强度
		SG3 形成地裂缝	裂缝数量及密度 裂缝深度 裂缝宽度 裂缝长度
		SG4 地质层序改变	*
	水文/水环境 W	SW1 地表积水	积水面积 积水深度
		SW2 塌陷导致地下水储存条件改变	*
污染 P	大气 A	PA1 废气排放	大气中污染物浓度
		PA2 工程及事故中的有毒有害气体排放及泄漏	
	土壤 S	PS1 矿石淋溶水污染土壤	土壤中污染物浓度
		PS2 采矿、洗选矿废水污染土壤	
	生物 L	PL1 污染导致生物毒害作用	植物净初级生产力 植物生长性状 生物体内污染物浓度
	水文/水环境 W	PW1 采矿、洗选矿废水污染水体	水体中污染物浓度
		PW2 事故或泄漏造成水污染	
		PW3 矿石淋溶水污染水体	

*表示该风险类型没有直接衡量指标，可通过遥感、监测、调查等方式结合实际情况进行综合判断

4 矿区生态风险评估

针对矿区土地损毁的主要生态风险类型，特别是涉及区域可持续发展的关键生态风险因素，辨识生态风险的主要评价指标，进行评价指标筛选，建立典型矿区生态风险评价的指标体系；基于典型煤炭矿区，围绕生态脆弱性、景观生态风险、综合生态风险，建立多层次、多指标的生态风险评估模型与技术方法，为矿区土地复垦及区域可持续发展提供技术支撑。

4.1 矿区生态风险评估概述

矿区生态风险评估是指在特定矿业生产地域范围内，描述和评价矿业活动对生态系统结构、功能乃至生态过程产生的不利作用的可能性和大小。矿区生态风险评估一般以生态风险识别分类为基础，通过定量评价模型分析生态风险发生的概率与等级程度，并可借助 GIS 技术进行生态风险分级与空间可视化。因而，识别与分类是进行矿区生态风险评估的基础，评价模型构建是实现矿区生态风险评估的主要途径。

4.1.1 评估视角

矿区生态风险作为一种特殊类型的区域生态风险，其评估具有多因素、多风险受体、空间异质性等一般区域生态风险的特点。同时，矿区生态风险起源于矿业活动，并与其他社会、经济活动共同作用于矿区，加剧了矿区生态风险的不确定性；加之矿区生态风险受随空间距离衰减、随时间累积延续等特性的影响（曹运江等，2010；潘雅婧等，2012），使得矿区生态风险评估难度加剧。

受以上矿区生态风险特征的影响，实际生态风险评估研究中所关注的风险类型往往会有所侧重。根据相关研究进展可知，矿区土壤或水体重金属污染风险评价等专项生态风险评价开展广泛且方法较为成熟，而综合生态风险评估相对较少（Caeiro，2005；陈峰等，2006；宁雄义，2006；陈翠华等，2008；樊文华等，2011；常青等，2012）。在为数不多的综合生态风险评估中，所考虑的风险类型及评估视角可分为三类（图 4-1）：第一类着重考虑矿区景观生态风险，由景观角度切入，借助景观生态指数，从整体景观格局进行考察；第二类侧重传统分项生态风险，如大气污染风险、重金属污染风险等，由生态问题切入，借助不同指标体系，分项评价多种生态风险类型后进行综合（Michalik，2008；张思锋等，2011）；第三类前瞻性地综合了生态系统脆弱性、景观生态风险指数与传统风险类型，构建风险指数并进行风险制图，从风险类型上讲是"综合的"。因此，基于现有矿区生态风险研究基础，开展矿区综合生态风险评估，通过对单项生态风险在地域单元上的空间叠加，最终进行收敛，形成系统的、综合的认识和评价结果，从而揭示矿区整体生态风险状况（潘雅婧等，2012），更能体现矿区生态风险特征。

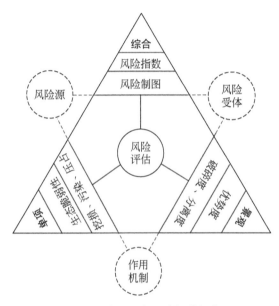

图 4-1 矿区生态风险评估视角

4.1.2 评估单元

我国矿产资源主要包括煤炭、天然气等能源矿产，铁、铜和锌等金属矿产，以及金刚石、磷等非金属矿产等。依据矿产资源分布特点、人类开采方式以及生态环境影响特征，目前矿区生态风险评估对象可划分为金属矿区、煤炭矿区、非金属矿区和综合矿区四类（马喜君等，2006；杨振等，2007；杨歌等，2007；陈峰等，2006；李海霞等，2008；葛元英等，2008；尹仁湛等，2008；吴攀等，2004；寇士伟等，2011），前两者已成为当前矿区生态风险评估研究的主要矿区类型。

　　尽管评估视角有所不同，但矿区生态风险评估单元基本包括区域和景观斑块两个层面。从地理空间的角度考虑，一个矿区是由多个矿场组成的，由于各矿地理位置、资源量及矿藏赋存条件不同，各矿的开采方案及工艺不同，区域内不同地点所受到的综合风险也有所差别。考虑到生态风险评价中风险源和风险受体在区域内的空间异质性，可选择矿区中的各矿场作为风险单元，每个风险单元的风险源和风险受体具有单元内的同质性和单元间的异质性，如贾媛和曹玲娴（2011）针对各个煤矿内生态风险类型开展综合生态风险评价。从景观生态学的视角切入，按照景观生态学的均一性原则，可将矿区内的矸石山、排土场、采掘场、矿区内农田和居民区等视为不同的景观斑块。不同的斑块在维护生物多样性、保护物种、完善生态系统的结构和功能等方面的作用各异，各斑块对于某种环境扰动的相对耐受程度不一（田大平，2007）。因此可根据不同景观斑块内的综合风险进行评价。

　　需要指出的是，无论评价单元是单个矿场，还是景观斑块，矿区生态风险评价的最终结论都应收敛于矿区整体的综合生态风险评价，即将不同风险类型或不同景观斑块或不同矿区的生态风险有机地叠加起来，形成对各生态风险或景观斑块或多矿区的镶嵌体的综合评价。

4.1.3 评估方法

　　评估方法的选择是矿区乃至区域生态系统风险评价的核心，直接决定评价结果的可信度和可用性（陈春丽等，2010；陈辉等，2010；潘雅婧等，2012）。目前矿区生态风险评价方法主要分为定性评价、定量评价及定量与定性相结合三大类。定性评价以综述风险类型及其表现形式为主，结合风险发生频率等少量定量化指标（马萧，2011）做出评估，如专家判断法（马喜君等，2006）。定量评价是将问题与现象用数量加以表征，进而分析、考验、解释，从而获得有意义的研究方法和过程，目前主要包括指标体系法、风险度量模型法和空间分析法等。

　　指标体系法是通过选取对生态风险有显著影响的指标，根据其对生态风险的影响程度确定权重，加权求和得到生态风险程度。基于对生态风险评价的概念理解及研究视角的不同，存在多种矿区生态风险评价指标体系分解方案，如综合生态指数（程建龙等，2004）、"风险源-风险受体-生态终点"指标体系（贾媛，曹玲娴，2011）、按照风险类型划分的指标体系（田大平，2007）、按地表五大圈层构建的指标体系（王耕等，2010）等，其中前三种应用更广泛。现有指标体系能在一定程度上表征矿区的相对风险，但主要是对区域生态风险评价指标体系的借用，指标体系庞大，支撑解释不充足，不能充分反映矿区生态风险评价的特殊性。此外，评价中权重确定的有效方法通常有熵权法、层次分析法、灰色隶属度法、模糊数学法等（陈辉等，2005；潘雅婧等，2012）。熵权法比较客观、方便计算，但当某指标的观察值分布离散程度很大时，该指标对总体评价的影响会很大，造成某些信息丢失，从而使评价结果有所偏失；层次分析法受主观干扰较大；灰色隶属度、模糊数学法计算过程复杂。

　　风险度量模型是将生态风险的评价值用生态风险发生的概率和生态风险发生后所造成的不利程度的乘积来表征（潘雅婧等，2012），较常用的有Hakanson潜在生态危害指数法（Hakanson，1980）、生态损失度指数评价法（田大平，2007）、景观生态格局指数评价法（李立新等，2011；李昭阳等，2011）等。Hakanson潜在生态危害指数法常用于矿区重金属污染生态风险评价研究中（Hakanson，1980），侧重于综合土壤重金属的含量、生态效应、环境效应与毒理学，以采样法进行污染程度分析，往往只单纯考虑单项风险源——金属污染的潜在危险性（Hattemer-Frey et al.，1995）。其他两种方法常用于综合生态风险评估中，通过多层次的指标体系构建，特别是特定单项指数间的串、并联结构混合，使得指数选择在客观性上加入主观性的干扰，提高了综合生态风险的不确定性。但值得注意的是，危害分析必须依赖于长期野外监测数据进行推测和评估，揭示规律性赋值方法（潘雅婧等，2012），很难直接采用传统毒理实验外推技术提取参数计算指标（程建龙等，2004）。例如，对于矿区生态风险的空间衰减性和时间累积延续性，可依据大量实地监测数据来确定评价系数、权重等。

　　空间分析法是利用RS（遥感）、GIS（地理信息系统）、GPS（全球定位系统）等技术的空间分析功能对生态系统的相关数据进行系统分析，描述生态风险的空间分布特征及内在机制（孟斌等，2005；赵汀，2007）。利用"3S"信息技术，可以快速、全面地获取不同空间分辨率、不同空间范围的资源环境动态基础数据，也可将矿区生态风险评价的结果更直观地表现出来。但在现有研究中，"3S"技术往往仅作为矿区生态风险评价的辅助性技术手段，用以获取评价指标等基础数据及信息，其深入应用有待进一步研究和探索。

　　综上所述，矿区生态风险作为景观生态风险与多风险源-风险受体的空间异质性叠加的综合性风险，其评估视角、评估单元和方法都有别于其他一般区域。以下将从矿区生态脆弱性评估、景观生态风险评估和土地损毁生态风险评估三个视角分别介绍矿区生态风险评估方法。

4.2 矿区生态脆弱性评估及案例

4.2.1 矿区生态脆弱性评估对象

生态脆弱性是矿区生态系统的主要特征之一（白中科，2000；石青等，2007；顾康康等，2008），是矿区生态风险综合评价中风险受体定量表征的重要方法。在采矿活动这类外界干扰下，定量评价自然生态系统所表现的脆弱性是矿区生态脆弱性评估研究的重点（吴健生等，2012）。由于本研究关注的是自然生态系统，故排除半自然生态系统，如耕地、园地等受人类影响严重的用地，以及人工生态系统，如城市、农村居民点等。这与其他区域生态脆弱性评估（王丽婧等，2010；邱彭华，2007）所考虑的对象有所不同。因此，按照全国《土地利用现状分类标准》（GB/T 21010—2007）二级指标分类，本研究中将矿区土地利用分为林地、耕地、草地、城乡建设用地、交通水利用地、水域等十大种类型，分别提取林地、草地、水域和自然保留地四种自然生态系统作为评价单元。其中，水域包括内陆滩涂、河流水面和沼泽地，自然保留地包括沙地、裸地和盐碱地。

4.2.2 矿区生态脆弱性评估方法

4.2.2.1 评价指标体系

依循"压力–状态–响应"（pressure–state–response，PSR）评估框架，可以从生态压力度（压力）–生态敏感性（状态）–生态恢复力（响应）三方面构建矿区生态脆弱性评价指标体系（表4-1）。其中敏感性和恢复力是自然生态系统的基本属性（汤万金和刘平，2003），是自然生态系统存在的状态和受到外界压力而产生的响应，而脆弱性又是针对压力而言的（李鹤等，2008）。因此，综合这三个方面方能全面地反映矿区生态脆弱性。同时，引入景观格局指数，并遵循PSR框架选取分维数反映生态压力度，景观破碎度表征敏感性和优势度来反映恢复力，并选取其他指数来修正和补充生态脆弱性指标体系（吴健生等，2012）。

表 4-1 矿区生态脆弱性评价指标体系

准则	指标	描述
生态压力度（P）	分维数	采用周长面积关系表征，反向指标
	矿区扰动指数	采用缓冲区叠加的方法，正向指标
	居民点临近指数	利用斑块间最小邻近距离衡量，正向指标
生态敏感性（S）	景观破碎度	斑块破碎化程度，正向指标
	地形指数	运用坡度>15°的面积占各类生态系统的面积比表示，正向指标
生态恢复力（R）	景观连通性指数	采用类重合概率指数表征，正向指标
	优势度	采用最大斑块指数衡量，正向指标

（1）生态压力度

生态压力度主要指生态系统受到外界扰动的压力（卢亚灵等，2010），可选取分维数、矿区扰动指数和居民点临近指数三个指标来衡量。分维数采用周长面积关系进行计算，反映景观形状的复杂程度和景观的空间稳定程度（邱彭华等，2007）。其取值一般在 1~2，值越大则表示形状越复杂，人为干扰越小，值越小则表示人为干扰越强烈，指标计算时取其倒数。矿区扰动指数衡量矿山开采对不同自然生态系统的影响。考虑各矿区对同种生态系统的累计影响，采用缓冲区叠加的方法来分析；设 300m、600m、1000m 三个缓冲区，分别赋值为 0.85、0.35 和 0.15。自然生态系统同时受居民点的干扰，采用居民点临近指数，利用斑块间最小邻近距离来衡量，离居民点平均距离越小的类型则受到居民点的影响越大，其所受的压力则越大。

（2）生态敏感性

生态敏感性主要包括景观破碎度和地形指数。景观破碎度指景观斑块由于自然因素或人为因素被切割而导致的破碎化程度，也是景观生态系统格局由连续变化的结构向斑块变化的过程的度量，同时也是生物多样性丧失的重要原因之一（彭月等，2008）。景观越破碎，受人为影响越严重，生态敏感性越高。地形指数运用坡度大于 15°的面积占各类生态系统的面积比来表示：坡度大于 15°的地表物质处于潜在不稳定状态，当植被受到人类破坏时，在流水和重力作用下都极易产生加速侵蚀，往往坡度越大，造成的侵蚀退化程度越大（田亚平等，2005）。地形指数越大则表示该地类的敏感性越高，应对外界压力的能力越差。

(3) 生态恢复力

景观连通性指数和优势度是生态恢复力评价的基本因子，两者分别从功能和结构两方面来考虑。其中，景观连通性指数是从景观的功能角度出发，采用类重合概率（class coincidence probability，CCP）指数衡量，并设定 200m 为距离阈值（刘常富等，2010）。CCP 被定义为同一个生境（景观类型）中两个随机选择的点属于同种构成成分的概率；或者说，随机放置的两只动物能够找到彼此生境斑块集合和连接的概率。CCP 取值在 0 ~ 1，其值越大，代表生态系统的连通性越高，恢复力越强。优势度采用最大斑块指数（largest patch index，LPI）衡量。在压力相同，且各生态系统类型总面积相等的情况下，LPI 指数越大，该类型生态系统的恢复力越强。

4.2.2.2 指标权重的确定

对权重进行赋值的方法大体可以分为主观和客观两种。主观如专家打分法、Delphi 法、AHP 法，应用广泛，但人为主观因素大，客观性及个体差别大。用熵权法确定各指标权重可减少人为主观因素，可以更加客观地反映各指标在评价指标体系中的贡献，并能真实地反映各项指标在评价中的重要程度。

熵权法的原理是按照信息论基本原理的解释，信息是系统有序程度的一个度量，熵是系统无序程度的一个度量；如果指标的信息熵越小，该指标提供的信息量越大，在综合评价中所起的作用则越大，权重就越高。由于熵权法是一种通过现实数据分析的客观赋权重方法，其反映的结果是对现实数据的信息熵的客观分析，因此结果与主观认知有所区别。

4.2.2.3 生态脆弱性综合指数

矿区景观类型的生态脆弱性是不同自然生态系统关于压力度（P）-敏感性（S）-恢复力（R）的一个函数，随着敏感性和压力度的增大而增大，随着恢复力的增大而减小。因此构建以下评价模型（孙军平等，2010）：

$$\text{CVI}_i = P_i \times S_i / R_i \tag{4-1}$$

式中，CVI_i 为矿区景观类型的生态脆弱性指数；P_i、S_i 和 R_i 分别为不同景观（即自然生态系统）类型的压力度、敏感度和恢复力。

矿区生态脆弱性综合指数是利用景观类型生态脆弱性指数与各景观类型面积的比重进行构建（梅林和孙春暖，2006），具体计算公式如下：

$$\text{RVI}_j = \sum_{i=1}^{n} \frac{A_i}{A_j} \text{CVI}_i \tag{4-2}$$

式中，RVI_j 为矿区任一评价单元内的生态脆弱性综合指数；CVI_i 为评价单元内各类景观的生态脆弱性指数；A_i、A_j 分别为评价单元内各类景观的面积和评价单元自然生态系统的总面积。

4.2.3 吉林省辽源市矿区生态脆弱性评估

4.2.3.1 研究区概况与评估单元

辽源市位于吉林省中南部，地处长白山余脉西缘向松嫩平原过渡的丘陵地区，土地总面积 5140.89km²，截至 2010 年 11 月人口共 117.66 万。辽源市地跨北纬 42°17′40″~43°13′40″，东经 124°51′22″~125°49′52″，属于温带大陆性季风气候，春季多风干旱，夏季湿热，降雨集中于七八月份，地表水系较发达，径流量年际变化较大。辽源市共有建设用地 419.74km²，占土地总面积的 8.16%；农用地 4666.43km²，占土地总面积的 90.77%；未利用地 54.72 km²，其中水域占 0.96%，自然保留地占 0.10%，土地利用率高，后备资源较小。辽源市下辖东辽县、东丰县、西安区和龙山区，选择其中 33 个乡镇作为本次评价的基本单元（图 4-2）。

图 4-2 研究区区位

辽源市是一个典型的煤炭资源型城市（梅林和孙春暖，2006），自1911年开始开采煤炭资源已有百年历史，现已成为资源枯竭型城市（卢万合等，2010）。研究区内有煤炭矿山、建筑石材矿山、黏土矿山和金属矿山等采矿用地共13.29km²，占土地总面积的0.26%；自然生态系统总面积为1986.78km²，占土地总面积的38.65%。矿业资源的开发对区域生态环境产生严重的破坏，出现采空区地面沉陷、废弃物占用大量土地、环境污染、生态资源被侵占等现象（窦玥等，2012）。辽源市受采矿方式的影响，生态环境破坏严重。目前采煤大多采用中采放顶的工艺，开采量大，成本小，对地面的破坏大，采1m下沉约0.78m。截至2011年3月，西安矿区下沉已达17~18hm²，塌陷区形成大面积积水，破坏道路和民房。除塌陷外，辽源市还有矿震、矸石山自燃、气体污染和废水重金属超标等生态环境问题。

4.2.3.2 评价指标体系及数据处理

生态压力度、生态敏感性和生态恢复力是本次矿区生态脆弱性评估的基本指标体系。为了消除量纲的影响，此处采用归一化方法对数据进行标准化。对于正向指标按照某乡镇的某景观类型的某一指标值与33个乡镇的该景观类型的该指标总和比值进行处理，对于负向指标（如居民点邻近指数）用1减去标准化后的值，再次按照正向指标进行处理的方式，将4种生态系统类型的7个指标进行标准化。本研究在Matlab R2010a运用熵权法计算4种生态系统类型7个指标的权重，各评价指标参数处理结果见表4-2。

表4-2　辽源市矿区景观类型生态脆弱性评价指标及其权重

评价指标		林地	草地	水域	自然保留地
生态压力度（P）	分维数	0.4685	0.6647	0.4968	0.5726
	矿区扰动指数	0.0728	0.3251	0.1764	0.1587
	居民点临近指数	0.4587	0.0102	0.3268	0.2688
生态敏感性（S）	景观破碎度	0.8103	0.7700	0.8887	0.7531
	地形指数	0.1897	0.2300	0.1113	0.2469
生态恢复力（R）	景观连通性指数	0.4758	0.3511	0.4955	0.3465
	优势度	0.5242	0.6489	0.5045	0.6535

本研究采用2009年土地利用数据和地形地貌数据、ALOS影像数据以及第六次人口普查相关数据。基于ArcGIS10.0平台，结合Matlab R2010a、Conefor Sensinode2.2、Fragstats3.4及Excel，计算各指标值，并确定其权重，运用景观类

型脆弱性指数计算各乡镇各景观类型脆弱性，运用区域生态脆弱性指数计算各乡镇自然生态系统的生态脆弱性综合指数。

4.2.3.3 评估结果与分析

(1) 景观生态脆弱性

辽源市各乡镇林地、草地等不同景观类型的生态脆弱性评价结果如表4-3所示。其中，林地为辽源市自然生态系统中面积最大的用地类型，林地总面积为1910.93 km²。林地的景观类型脆弱性为杨木林镇最高 (0.0867)，东丰县县城最低 (0.0026)。杨木林镇位于辽源市的西南边陲，处于两省交界处，林地面积为42.59km²，由于存在飞地——双山村，其景观连通性指数仅为0.20，恢复力为33个乡镇中最低。东丰县县城林地位于坡度平缓处，面积为0.03 km²，仅有两个斑块，其景观破碎度为33个乡镇中最低，地形指数与西安城区并列亦为最低，结构稳定，敏感性较低；但分维数最低，表明受人为干扰影响最强烈；受到居民点和矿区的影响也较大。

辽源市草地总面积为21.13km²，占自然生态系统的1.06%，但其脆弱性为四种生态系统类型中最高 (0.0874)。33个乡镇中，横道河镇的草地脆弱性最高 (0.4665)，云顶镇最小。横道河镇有154个草地斑块，面积为3.05km²，集中分布于该镇的东南部和东北部；而云顶镇草地仅有1个斑块，位于云顶村，面积小于0.01km²。从地形指数来看，各乡镇草地的地形指数较林地低，最高的横道河镇为0.16；从分维数来看，受人为干扰最严重的是杨木林镇草地，而自然度最高的是凌云乡；横道河镇草地受矿区影响较大，受居民点的影响较小。从恢复力指标来看，横道河镇的景观连通性较差，且景观优势度也居于最末，因而其恢复力最差，而云顶镇草地的恢复力最好。

辽源市水域总面积为49.48 km²，占自然生态系统面积的2.49%，空间上大体属于均匀分布，但也呈现西北部、中部较东南部、南部集中。西北部的水域分布最为密集，且河流长度也最短，与之相反，南部河流较长且河网稀疏。除河流外，沼泽和内陆滩涂在西北部、东部以及中南部分布较为集中，而在中部仅有零星分布。各乡镇中拉拉河镇水域的生态脆弱性为最低，仅高于大兴镇，其值低于0.01；拉拉河镇有一条处于地势较为平坦且贯穿其东南部的河流，形态较为完整，景观破碎度最低，地形指数亦为最低，因此其生态敏感性最低；而恢复力较东丰县县城稍低居第二。拉拉河镇与杨木林镇的水域分维数相当，处于中等偏下水平，但从其数值来看仍受人为干扰较为强烈；拉拉河镇水域受矿区扰动弱于杨木林镇，但属沙河镇最弱，平岗镇最强。采矿会对水域产生污染、侵占等后果，而由于采矿引起的地面沉降、塌陷也会对地表水和地下水造成一定的威胁；采矿排放的废水含有砷、铬、锌、镍等重金属，对水域造成重金属污染。

辽源市自然保留地为最小规模的生态系统类型，总面积 5.24km²，平均斑块面积为 5192.74m²，自然保留地在空间分布上表现为散点分布，以西北、东南和东部分布最为集中。东丰县县城自然保留地的生态脆弱性最低，而沙河镇（0.3522）为最高。沙河镇自然保留地的面积为 0.25km²，且均为裸地，呈散点较为均匀地分布于镇区。沙河镇与东丰县县城的自然保留地受矿区扰动相对最小，范围内均无采矿用地分布；沙河镇自然保留地离居受居民点扰动较小（最小平均距离为 403.30m），而东丰县县城受居民点影响最大；因此其压力度相对于东丰县县城而言较小。沙河镇自然保留地的景观破碎度仅次于那丹伯镇，地形指数也较高，达0.30，其生态敏感性居第二，而东丰县县城则为最低。从恢复力来看，沙河镇自然保留地的 CCP 指数仅为 0.04，LPI 仅为 0.06，其恢复力仅高于二龙山乡。

四种自然生态系统中林地平均脆弱性最低（0.0360），草地最高，自然保留地仅次于草地。从压力度指标来看，自然保留地受人为干扰最为强烈，分维数（此处指倒数）和矿区扰动指数均最大，而受居民点影响最大的为水域。从敏感性指标分析，林地的地形指数最高，而水域最低。从恢复力指标中可以看出林地属于连通性最好的自然生态系统类型，水域次之。将林地的脆弱性排序后，有51.24% 的林地脆弱性处于 0.02~0.03，低于 0.02 和高于 0.04 的林地面积仅占11.7%。草地 36.1% 的面积为 0~0.1，35.93% 处于 0.1~0.2，14.41% 的面积脆弱性大于 0.4。虽然林地的脆弱性在四种自然生态系统类型中为最低，但仍要尽量保护景观的连续性和完整性，降低其脆弱性。根据吉林省土地利用转换变化幅度的大小，最多为草地转耕地（李晓燕等，2010）。由此可见，草地受人类干扰严重，需要加强对草地的保护，禁止土地不合理转化，采取生态退耕（邱扬等，2008）、预防和治理草地退化等措施。同时，要正确认识其涵养水源、保护生物多样性的生态功能，加强保护自然生态系统的健康稳定，降低其生态脆弱性。辽源市自然保留地中 99.58% 为裸地，其他 0.42% 为盐碱地和沙地，易在开采矿产资源时被作为矸石山等用地而被占用，因此也需要采取一定的保护措施。另外，在发展过程中还应实现生态系统结构的优化（陈利顶等，2001）。

表 4-3　辽源市各乡镇景观类型的生态脆弱性

地区		林地	草地	水域	自然保留地
东辽县	云顶镇	0.0511	$6.3595×10^{-8}$	0.0378	0.0806
	凌云乡	0.0403	0.0332	0.0194	—
	安恕镇	0.0286	0.0142	0.0171	0.0822

地区		林地	草地	水域	自然保留地
东辽县	安石镇	0.0260	0.0937	0.0402	0.0014
	平岗镇	0.0266	0.1949	0.0774	0.0849
	建安镇	0.0267	0.1057	0.0314	0.0783
	泉太镇	0.0520	0.0603	0.0713	0.0934
	渭津镇	0.0424	0.0106	0.0351	0.0069
	甲山乡	0.0593	0.0153	0.0219	0.1541
	白泉镇	0.0637	0.1223	0.0398	0.0153
	足民乡	0.0190	0.0006	0.0266	0.0608
	辽河源镇	0.0280	0.1177	0.0156	0.1195
	金州乡	0.0221	0.0021	0.0373	0.0520
东丰县	三合乡	0.0250	0.2660	0.0303	0.0231
	东丰镇	0.0370	0.1012	0.0373	0.1831
	二龙山乡	0.0460	0.0935	0.0418	0.2343
	南屯基镇	0.0628	0.0366	0.0320	0.1108
	大兴镇	0.0214	0.0948	0.0092	0.0378
	大阳镇	0.0306	0.0454	0.0343	0.0754
东丰县	小四平镇	0.0352	0.0857	0.0290	0.0665
	拉拉河镇	0.0282	0.0804	0.0049	0.0255
	杨木林镇	0.0867	0.0056	0.0925	0.0301
	横道河镇	0.0266	0.4665	0.0746	0.0890
	沙河镇	0.0206	0.0596	0.0148	0.3522
	猴石镇	0.0498	0.0003	0.0222	0.0096
	那丹伯镇	0.0237	0.0446	0.0152	0.3135
	黄河镇	0.0231	0.0647	0.0645	0.0820
	东丰县县城	0.0026	0.0125	0.0322	1.5134×10^{-7}
西安区	灯塔乡	0.0355	0.1049	0.0502	0.0003
	西安城区	0.0342	0.0104	—	—
龙山区	寿山镇	0.0542	0.3439	0.0209	0.0209
	工农乡	0.0431	0.1294	0.0620	0.0116
	龙山城区	0.0157	0.0680	—	—

"—"表示无该生态系统类型

（2）矿区生态脆弱性

通过矿区生态脆弱性指数［式（4-2）］计算得出各乡镇的生态脆弱性综合指数，并基于 ArcGIS 空间分析平台，将 33 个乡镇的景观类型脆弱性指数进行空间表达，并将生态脆弱性综合指数采用自然分段为 5 类。图 4-3 显示，杨木林镇生态脆弱性最高，而东丰县县城最低。杨木林镇生态系统总面积为 44.26km²，林地占 96.21%，0.42% 为草地，3.28% 为水域，其余 0.09% 为自然保留地，林地面积占了绝对优势对杨木林镇的自然生态系统脆弱性影响较大；杨木林镇采矿用地为 0.08km²，而东丰县县城无采矿点分布。由于飞地的存在使得连通性降低而致使生态恢复力受到影响，其水域和林地的脆弱性均为最高，需要指出的是飞

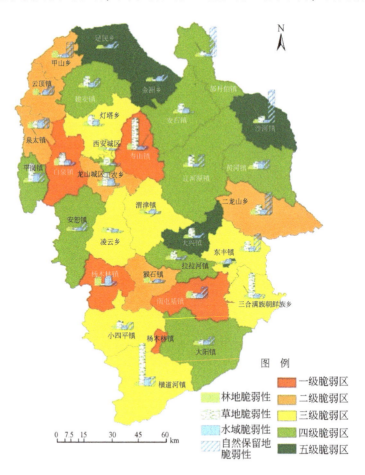

图 4-3　辽源市生态系统脆弱性空间分异

地的用地类型中无草地和自然保留地，因而对这两种用地的影响可以忽略。东丰县县城的自然生态系统总面积为 64 930.86m²，占东丰县县城总面积的 1.79%。其中，林地、草地、水域和自然保留地分别占 48.89%、12.51%、21.68% 和 16.92%，在 33 个乡镇中四种生态系统类型分布最为均匀。从空间格局看，东丰县县城自然生态系统分布于县城的边缘，林地分布于西南角和东北角，自然保留地分布于西南角临近林地，水域分布于东北角以及县城西部边界。东丰县县城四类用地受居民点扰动较大，但受矿区影响较小。五类生态脆弱性在空间上表现为相间分布的特征。

进一步统计各类脆弱区面积可知（图 4-4），三级脆弱区和四级脆弱区范围较大，分别占 26.71% 和 36.97%。辽源市辖两县两区，属于低山丘陵区，矿区生态脆弱性为龙山区>西安区>东丰县>东辽县（图 4-4）。其中，龙山区属于一级脆弱区的面积占 60.03%，二级占 34.28%，其余为四级脆弱区。龙山区地势东南高，西北低，地貌以低山丘陵为主，有南大望山、大架山等多座山峰，区内山多林少，水土流失严重，生态脆弱表现明显。由于龙山矿区地貌特征，人类向山要地，开采、砍伐等人为干扰强烈。区内尽管采矿点最少、采矿面积最小，但采矿点分布较均匀，使得受影响的自然生态系统也分布较均匀；而四类自然生态系统中自然保留地的生态脆弱性最低，草地最高。因此，龙山区应减少对草地的开采、破坏，采取退耕还草，预防和治理草地退化等措施，并提高区域内土地利用的有效性。与龙山区不同的是东辽县四级脆弱区占主体部分，达 49.72%，而一级脆弱区仅占 7.41%，属于四个区县中脆弱性最低。东辽县有矿约 339 处，集中于南部和东南部，其他区域较为分散，占东辽县总面积的 0.19%，最大采矿点面积达 0.23km²，最小为 453.08m²，平均 12 354.38m²，因此东辽县的采矿点对生态系统的影响最大。东辽县内脆弱性最高为草地，其次为自然保留地。西安区属于三级脆弱区，区内草地脆弱性最高，这可能是由于矿业发展、城市建设过程

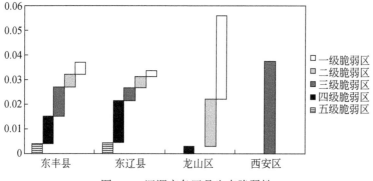

图 4-4　辽源市各区县生态脆弱性

中，人们对草地的破坏最严重，表现为草地退化等脆弱性现象。东丰县的生态系统面积最大，达 966.28km^2，就矿区扰动指数而言，受矿区影响最小。东丰县内三级与四级脆弱区占大部分，区内自然保留地、草地都表现出较高的脆弱性，尤其是自然保留地明显较其他三个区县高，林地为脆弱性最低的用地类型。

综上，对于矿区景观类型生态脆弱性较高的乡镇，必须采取一定的保护措施，避免在开发过程中对自然生态系统造成更严重的损坏，继续保护生态脆弱性相对较小的乡镇，合理开发，认识到自然生态系统的作用，认识到生物多样性保护、环境保护、水源涵养等对人类生存及生活的重要作用，坚持生态效益、经济效益和社会效益相统一。各乡镇在开发过程中应遵循资源节约、环境友好的原则，重视自然生态系统，增强其生态恢复力，减少外界压力，降低生态敏感性，以使得其生态脆弱性也随之降低。此外，还应对矿山进行生态修复与整治（韩瑞玲等，2012）。

4.3 矿区景观生态风险评估及案例

4.3.1 矿区景观生态风险评估方法

景观生态风险是在景观尺度上描述和评价环境污染、人为活动或自然灾害等干扰源对生态系统的结构和功能造成不利影响的可能性和危害程度（李谢辉和李景宜，2008）。评价的核心内容包括三部分（吴健生等，2013）：确定干扰源对区域生态环境的作用效果，构建景观干扰度指数；评估景观要素抵抗外界干扰的能力，构建景观脆弱度指数；应用恰当的评估模型综合两者得到景观生态风险指数，评价研究区景观生态风险水平。同时，采用空间关联分析技术进行景观生态风险的空间诊断，揭示景观生态风险聚集热点区域。

4.3.1.1 评价指标体系

(1) 景观干扰度指数

不同景观类型在维护生态系统结构、功能完整性的过程中要面临外界环境的干扰（陈鹏和潘晓玲，2003），而景观所受外界干扰的程度可由其景观结构的变化程度予以度量。参考相关文献以景观结构指数为基础，研究通过表征景观结构的各个指数叠加构建景观干扰度指数 E_i（谢花林，2008）。表达式如下：

$$E_i = W_1 C_i + W_2 S_i + W_3 DQ_i \tag{4-3}$$

式中，C_i、S_i、DQ_i分别为景观破碎度、景观分离度、景观优势度；W_1、W_2、W_3分别为景观破碎度、景观分离度、景观优势度的权重。

景观破碎度指数 C_i，其值越大，表明景观单元内部稳定性越低，生态系统稳定性也越低（邬建国，2000）。研究选取景观破碎度指数 C_i，表征由自然或人为干扰导致的景观破碎化的过程。其公式为

$$C_i = \frac{n_i}{A_i} \tag{4-4}$$

式中，C_i为景观破碎度；n_i为景观 i 的斑块数；A_i为景观类型 i 的总面积。

景观分离度指数 S_i，指某一景观类型各斑块分布的分离程度，其值越大，表明景观在地域分布上越分散，受到的干扰程度越大（王根绪和程国栋，1999）。其公式为

$$S_i = D_i / P_i \tag{4-5}$$

式中，D_i为景观类型 i 的距离指数；P_i为景观类型 i 的面积比例。

景观优势度指数 DQ_i，其值反映景观结构中某一景观类型支配景观的程度，其大小直接反映了某景观类型对景观格局形成和变化影响的大小（王根绪和程国栋，1999）。其公式为

$$DQ_i = \log(m) + \sum P_i \times \log(P_i) \tag{4-6}$$

式中，m 为景观类型的数目；P_i为景观类型 i 的面积比例。

对上述指标进行归一化处理后，以 W_1、W_2、W_3 为对应权重，三者相加为1。根据权重不同程度上反映出景观所受到外部干扰的影响，参考相关文献综合得出：破碎度指数最重要，其次为分离度指数和优势度指数分别赋值为 0.6、0.3、0.1 的权值（高宾等，2011；胡和兵等，2011）。

（2）景观脆弱度指数

不同的景观类型在维护生物多样性、保护物种促进景观结构自然演替等方面的作用是有差别的，同时抵抗外界干扰的能力也不同（谢花林，2008；陈鹏和潘晓玲，2003）。因此构建景观脆弱度指数表征各类受体内部结构的易损性。景观脆弱度越大，易损性越大，抵抗干扰的能力越小，则生态风险越大。研究区以人类活动为主要干扰来源之一，而土地的利用程度不仅反映了土地本身的自然属性，而且反映了人为因素与自然因素的综合效应（谢花林，2008）。综合人类对各类景观干扰的力度及各类景观易损性的特点（曾辉和刘国军，1999；谢花林，2008；高宾等，2011；胡和兵等，2011；Anselin，1995；陈鹏和潘晓玲，2003），将九类景观按脆弱程度由高到低赋值：采掘地9、压占地8、裸地7、水域6、坡

耕地5、荒草地4、平原耕地3、居民点2、林地1，并做归一化得到脆弱度指数 F_i。

（3）景观生态风险指数

基于景观结构，引入景观面积比重，建立景观结构指数与矿区生态风险之间的联系，用于描述一个样地内整体生态风险的相对大小，借此通过采样的方法将景观空间格局转化为空间化的生态风险变量（曾辉和刘国军1999；谢花林，2008）。其计算公式如下：

$$\mathrm{ERI}_i = \sum \left[A_{ki} / A_k (E_i \cdot F_i) \right] \tag{4-7}$$

式中，ERI_i 为景观生态风险指数；n 为景观类型数量；E_i 为景观类型 i 的干扰度指数；F_i 为景观类型 i 的脆弱度指数；A_{ki} 为第 k 个风险小区 i 类景观组分的面积；A_k 为第 k 个风险小区的总面积。

4.3.1.2　ESDA 空间关联分析

空间数据探索性分析（exploratory spatial data analysis，ESDA）是一系列空间数据分析方法和技术的集合（Anselin，1995），它以空间关联测度为核心，注重数据的空间关联性、集聚性与异质性，通过对事物空间分布格局的描述与可视化，揭示空间关联特征与模式（宣国富等，2010；Lee，2001）。基于景观结构指数获取空间化矿区生态风险变量并对此进行 ESDA 分析。ESDA 分析涉及空间权重矩阵构建、全局空间自相关度量与检验、局部空间关联识别（宣国富等，2010）。

（1）全局空间自相关

空间自相关反映了某一变量在空间上是否相关及其相关程度，常用测度指标为 Moran's I 指数（韦素琼等，2007），其计算公式如下：

$$I = \frac{n \sum\limits_{i=1}^{n} \sum\limits_{j=1}^{n} W_{ij} (x_i - \bar{x})(x_j - \bar{x})}{n \sum\limits_{i=1}^{n} \sum\limits_{j=1}^{n} W_{ij} (x_i - \bar{x})^2} \quad (i \neq j) \tag{4-8}$$

式中，x_i 和 x_j 分别为空间单元 i 和 j 的观测值，W_{ij} 为空间权重矩阵，反映空间目标的位置相似性；n 为空间单元总数，$\bar{x} = \dfrac{1}{n} \sum\limits_{i=1}^{n} x_i$；Moran's 的 I 系数取值在 $-1 \sim 1$，其绝对值趋近于1，表示研究单元的空间自相关程度越强。可采用近似分布假设进行验证。通常使用 Moran's I 的标准化统计量 Z 来检验（张海峰等，2009），其

公式为

$$Z = \frac{I - E_I}{\sqrt{\mathrm{VAR}(I)}} \qquad (4\text{-}9)$$

式中，$E(I)$、$\mathrm{VAR}(I)$ 分别为 Moran's I 的期望值和方差。

在给定显著性水平下，当 Moran's $I>0$，表明存在正的空间自相关，研究单元属性值呈趋同集聚；Moran's $I<0$，表明存在负的空间自相关，研究单元属性值呈离散分布；Moran's $I=0$，表明不存在空间自相关，空间单元观测值呈随机分布（胡和兵等，2011；Lee，2001）。

（2）局部空间自相关

全局 Moran's I 指数值能够测度事物在整体空间上的相关程度，但对于局部异常现象，仍需引入局部空间自相关方法进行探析（宜国富等，2010）。

Moran 散点图横轴为标准化后的各区域单元的属性值，纵轴为其空间权重矩阵，即相邻区域变量标准化值的平均值。散点图的 4 个象限分别对应 4 种局部空间关联类型：第一象限（HH）代表高值区被高值邻域包围；第二象限（LH）代表某一位置的属性值明显低于空间邻域值，形成低值空间离群现象；第三象限（LL）代表低值区被低值邻域包围；第四象限（HL）代表某一位置的属性值明显高于空间邻域值，形成高值空间离群现象。一、三象限为空间正相关，二、四象限为空间负相关，也被称为空间离群，根据定义，离群位置是单个而不是聚集的形式。

Moran's I 散点图不能反映空间关联类型的显著性水平，而 LISA 分析方法可解决此类问题。LISA（local indicators of spatial association）是将 Moran's I 分解并呈现到各个区域单元（宜国富等，2010；吕安民，2002）。其计算公式如下：

$$I_i = Z_i \sum_{j=1}^{n} W_{ij} Z_i (i \neq j) \qquad (4\text{-}10)$$

式中，I_i 为 LISA 指数空间单元值；Z_i 和 Z_j 分别为空间单元 i 和 j 上观测值的标准化值；W_{ij} 为空间权重矩阵。LISA 的实质在于将 Moran's I 分解并呈现到各个区域单元，并形成 LISA 聚类图，由此识别局部空间高高集聚的"热点"和低低集聚的"冷点"，并探析局部空间异常特征。

4.3.2 山西省平朔矿区景观生态风险评估

4.3.2.1 研究区概况

平朔矿区位于东经 112°17′ ~ 112°26′，北纬 39°24′ ~ 39°32′，地处黄土高原

晋陕蒙接壤的黑三角地带，山西省北部的朔州市境内，属于我国煤炭大规模集中开发地区，持久的开采对该区造成严重的土地损毁。研究区总面积为 1764km²，其中煤矿核心作业区面积约 380km²，约占研究区面积的 1/5。研究区属典型的温带半干旱大陆性季风气候。年均降水量 428.2～449.0mm，降水集中分布在 7～9 月，占全年降水量的 75%；年蒸发量 1786.6～2598.0mm，最大蒸发月为 5～7 月，超过降水量的 4 倍，导致干旱与雨水侵蚀并发。研究区自然环境整体呈现风蚀、水土流失严重、植被覆盖度低等极度生态脆弱特征。

本研究采用 30m 分辨率的 2010 年 7 月 12 号一期 TM 影像；30m 分辨率的 DEM 数据。根据矿区的景观特点，同时参考《土地利用现状分类》（GB T-21010-2007），基于 ENVI 软件，经几何精校准、影像预处理、采用决策树方法将研究区的景观类型分为林地、荒草地、坡耕地、平原耕地、裸地、采掘地、压占地、水域、居民点九类。基于研究区空间异质性和斑块大小，将研究区划分为 1.5km×1.5km 的采样单元，共计 784 个（图 4-5）。

根据人类活动对景观的干扰程度将矿区分为人工区、半自然区、自然区三大部分。人工区包括矿业核心区、城市生活区与矿业生活区，主要依据明显的道路及矿区作业边缘为划分界限，以采掘地、压占地、居民点为主要景观类型；半自然区包括平原耕地、坡耕地及部分荒草地为主要景观类型，主要依据山脊线、道路、河流为划分界限；自然区包括林地、荒草地、裸地、少量坡耕地为主要景观类型，以山脊线为划分依据。划分结果如图 4-6 所示。

4.3.2.2　矿区景观生态风险及其影响因子

（1）矿区景观生态风险评价结果

依据景观干扰度、脆弱度及景观生态风险评价指数［式（4-3）～式（4-7）］，基于 GIS 技术平台，采用自然断裂点法将景观干扰度分为高、中、低三个等级，如图 4-7（a）所示：矿区扰动最大的区域以采掘地、压占地、居民点、水域、平原耕地这五类景观为主；而对矿区扰动程度最小的区域聚集在荒草地、裸地区域；此外，林地、坡耕地处于过渡区域，扰动程度中等。由此得出，风险小区的干扰度与人类活动的剧烈程度呈正比，即矿区的生态环境的干扰源主要为人类活动。同样采用自然断裂点法分级，结果如图 4-7（b）所示：不同脆弱度等级的景观类型整体较为集聚，且高脆弱度的风险小区数量最少，低脆弱度的风险小区整体分布较散，中等脆弱度占整个研究区的大部分区域，对高脆弱度、低脆弱度有包围的趋势。

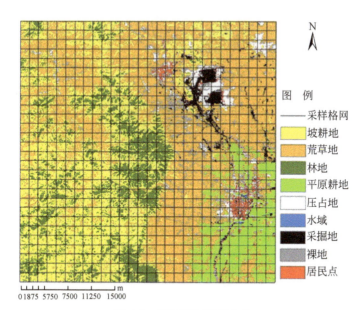

图 4-5 平朔矿区景观分类

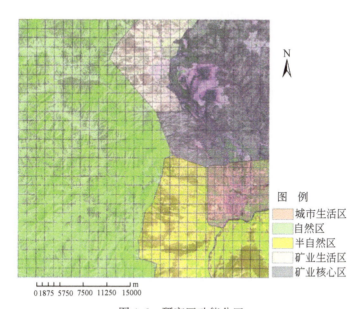

图 4-6 研究区功能分区

综合景观干扰度、景观脆弱度得到矿区景观生态风险的各小区风险值，基于自然断裂点法将风险值分为三级，其空间分布如图4-7（c）所示：风险等级由高到低呈环形包围趋势，核心区域为高风险区域，其景观组分以采掘地、压占

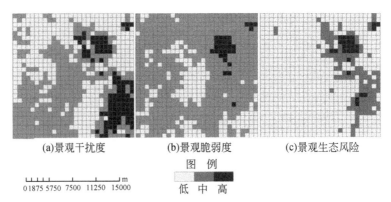

(a)景观干扰度　　　(b)景观脆弱度　　　(c)景观生态风险

图 例

0 1875 5750 7500 11250 15000 m

低 中 高

图 4-7　矿区景观干扰度、景观脆弱度、景观生态风险空间分布

地、水域为主；外围区域为中等风险区域，其景观组分以居民点、部分压占地、裸地、部分平原耕地为主；最外层为低风险区域，面积比例最大，景观组分以林地、坡耕地、荒草地为主。

经统计显示（表 4-4），景观干扰度、脆弱度与景观生态风险等级分区比例差异明显。干扰度各等级之间比重差异较其余两者最小，说明矿区整体都承受不同程度的外界扰动，景观结构发生了一定的变化；其中，高干扰度的比例最小，仅为 12.63%，说明剧烈的外界扰动发生的范围相对整个研究区面积较小。脆弱度等级差异较小，74.36% 的风险小区为中等水平，呈现"两头少，中间多"的正态分布模式，说明研究区环境的景观脆弱度水平较为稳定。综合两者，通过计算得到景观生态风险值的差异性最小，81.76% 的风险小区处于低风险水平，其余风险水平的小区比重较低，说明研究区景观生态风险特征存在空间集聚的现象。此外，这种风险分布特征也与具体的不同景观干扰度与脆弱度对应关系及其风险小区的景观结构相关，进一步证明矿区景观生态风险的空间异质性特点。

表 4-4　矿区景观生态风险

等级划分	高干扰度	中干扰度	低干扰度	高脆弱度	中脆弱度	低脆弱度	风险高	等风险	风险低
小区统计	99	350	335	30	583	171	27	116	641
所占比重/%	12.63	44.64	42.73	3.83	74.36	21.81	3.44	14.60	81.76

（2）矿区景观生态风险影响因子

本研究通过 ArcGIS 计算不同风险水平下各空间位置对应的干扰度与脆弱

度的水平，并计算每种对应模式的比例，如图 4-8 所示（每种组合由高、中、低英文首字母缩写）。结果显示：沿顺时针方向，风险由低到高变化过程中，以 LLM（低风险、低干扰度、中等脆弱度）模式的所占比例最大为 42.22%；其次分别为 LMM、LML 模式，分别为 18.49%、17.98%。低风险中 LLL、LHL 模式所占比例较小，分别为 0.38%、2.55%。由此发现，决定风险小区低风险状态的主导因素是低的干扰度。此外，对应模式反映出并不是通常认为的低风险就一定由低景观干扰度、低景观脆弱度决定。反而研究区内景观处于中干扰度、低脆弱度的状态或中脆弱度、低干扰度的状态，就可以使风险小区的处于低风险水平。中等水平的风险小区比例较低，各模式比例差距较小，其中以 MMM 和 MHM 模式为主，其余模式均为零星分布。总结数据规律得出，景观脆弱度对中等风险水平起主导作用。高风险水平下，仅有 HHM、HHH 两种模式，并以 HHH 模式为主，占 3.06%。数据表明，高风险水平的主导因素是干扰度。

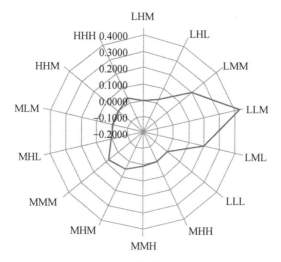

图 4-8 矿区景观生态风险校区不同结构比例差异

某一组合如 MHM，由左到右分别表示：M（风险中等）、H（干扰度高）、M（脆弱度中等）；
LLM 表示，L（风险低）、L（干扰度低）、M（脆弱度中等）；HHM 表示，
H（风险高）、H（干扰度高）、M（脆弱度高）

总结得出，景观干扰度与景观脆弱度在不同风险水平的状态下，两者主导程度不同。当处于低水平和高水平状态下，景观干扰度起主导作用；当处于中等水平状态下，景观脆弱度起主导作用。

4.3.2.3 矿区景观生态风险的空间特征

(1) 矿区景观生态风险空间分异

将矿区根据区域功能特征进行划分，并与采样点叠加，计算各区域的平均生态风险值，结果如图4-9所示，城市生活区风险最高，最低为自然区，而矿业核心区风险值仅次于城市生活区。这是由于矿业核心区除了大部分采矿用地类型还分布有风险值较低的矿区复垦林、荒草地及坡耕地，这些景观对整体的生态环境有缓冲、调节作用，而城市生活区由于包含高风险的水域、居民点、裸地使得整体的风险值最高。半自然区包含两块区域，依据河流划分，河流右侧紧邻城市生活区的区域风险值高于左侧区域，且矿业生活区的风险水平位于两者之间，但半自然区域整体的平均生态风险值小于矿业生活区。自然区生态风险最小的主要原因是其包含大面积干扰度较低、脆弱度较低的林地、荒草地等景观。

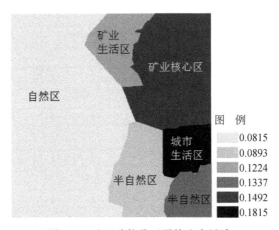

图4-9　矿区功能分区平均生态风险

除此之外，可能风险值在空间的累积速度小于面积的扩张速度，即面积越大，其均值就越小的关系。所以这种面积与均值的关系在功能分区的景观生态风险水平方面呈主导作用，则可导致矿业核心区风险<城市生活区、矿业生活区风险值<部分半自然区域两种异常结果。

将图4-8数据空间化得到图4-10，按照风险等级划分为三部分，各组合空间特征差异显著。由风险高到风险低的变化过程中，集聚的模式趋于复杂。综合图4-6的功能分区对应分析得出：HHH模式主要集聚于矿业核心区；MHM、MMM两种模式大部分集聚于矿业生活区、矿业核心区、城市生活区；LMM、LLM、LML模式局部集聚特征明显，于自然区、半自然区、矿业核心区分布较多。总结得出：区域景观生态风险越大，景观类型越单一，空间分布的集聚性越明显。造成风险的内因（脆弱度）与外因（干扰度）的组合形式趋于简单化，造成风险的人为因素更明显。

（2）矿区景观生态风险空间自相关

经空间自相关分析，矿区景观生态风险值空间自相关程度较高，随机分布检验 Z 值高达 39.7341（表 4-5）。这表明景观生态风险值高的区域，其周边区域的风险值也高；景观生态风险值低的区域，其周边区域的风险值也低。空间趋同集聚现象明显。同时，研究值的标准差较小，说明风险值大小波动不明显，总体水平较为平稳。

表 4-5 景观生态风险值全局空间自相关指数值及检验统计量

变量名称	Moran's I	$E(I)$	Mean	Sd	Zrandom
景观生态风险	0.7521	−0.0013	0.0006	0.0252	39.7341

采用 GeoDA 软件分析得出矿区景观生态风险的 Moran 散点图（图 4-11）。研究区内落入 HH 象限内的各单元风险值差距较大，表现为图中散点较为分散；落入 LL 象限的区域内各单元风险值差距较小，表现为图中散点较密集；落入 LH 象限的研究单元数目较少，低高离群程度较为显著；HL 象限的研究单元散点数目最少且高低离群程度更低。比较各个象限，LL 象限的散点明显多于其他象限，集聚性最高。HH 象限的散点较其余象限最为分散。同时，散点接近于回归线，表明在局部空间上，它们呈现更显著的"同质集聚、异质隔离"特征。

为更清晰地呈现矿区景观生态风险的集聚特征，利用 GeoDA 软件计算得到 LISA 集聚图（图 4-12），并通过 $p \leqslant 0.05$ 的显著性检验。图中"热点""冷点"十分突出，同时存在一定数量的空间"奇异值"。图 4-12 对比景观类型分布图可知，"热点"主要集聚在以采掘地、压占地为主的矿业核心区，其次城市生活区集聚特征也较为显著。"冷点"主要集聚在自然区域。"热点""冷点"的位置与景观分布的相对关系，为进一步证明矿区景观生态风险来源提供论证依据。图中低高离群"奇异点"主要出现在采掘地周边复垦林地区，原因是该区域被较高风险的裸地、采掘地包围而导致的。此外高低离群"奇异点"在图中主要出现在被林地与坡耕地包围的裸地区域。集聚图更直观的表明：人类活动对生态环境扰动具有局部集中性的特点，而由此导致的景观生态风险具有明显的空间分异特征。

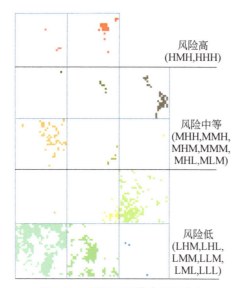

图 4-10   不同对应模式空间分布

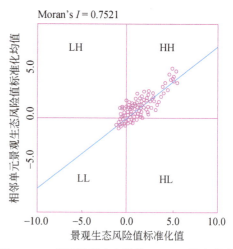

图 4-11   矿区景观生态风险 Moran′I 散点分布

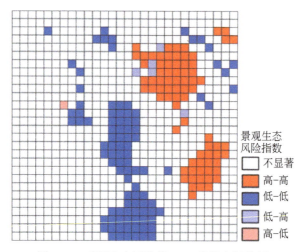

图 4-12   矿区生态风险值 LISA 指数空间特征

综上可知，通过矿区景观生态风险评估显示，平朔矿区采矿业、生活区建设等人类活动是矿区景观生态风险的主要风险源，人类活动的扰动剧烈程度与矿区景观生态风险值成正比，其中低风险水平的面积比例最大，中、高风险水平的区域集聚但面积较小。进一步对比景观干扰度、脆弱性与景观生态风险关系显示，低风险和高风险区域外界扰动力度影响显著，中等风险区域则受到脆弱度低的景观类型的影响，因此未来风险控制中可针对性地采用不同措施。而且，通过

ESDA 方法定量分析矿区景观生态风险的空间关联性特征表明，风险值整体呈现高的空间正相关关系，具有显著的空间关联性；局部空间自相关分析发现，景观生态风险值具有明显的"冷点""热点"区域，同时存在较为明显的"奇异点"离群现象，定量地论证了人类活动对生态环境扰动程度在空间范围内的差异性与集聚性。

4.4 矿区土地损毁生态风险评估及案例

4.4.1 矿区土地损毁生态风险评估模型

4.4.1.1 评估范围及界定原则

为避免工作的盲目性（程建龙等，2004），矿区生态风险评价应首先确定研究范围。考虑到矿业生产与土地损毁、生态环境问题之间的相互作用关系，矿区是曾经开采、正在开采或准备开采的含矿区域，可包括一个或若干个矿井或露天矿，有完整的生产工艺、地面运输、电力供应、通信调度、生产管理及生活服务等设施，其范围视矿床规模而定（中国大百科全书编委会，1984）。研究者界定矿区范围时，应特别注意以下原则（常青等，2013）。

（1）区域差异性原则

矿山所处区域的地质构造、矿岩的稳定性以及水文、地形、地物及气候等区域自然条件，往往在很大程度上决定了矿山开采技术以及矿区生态环境问题的类型与程度。研究者必须对矿区自然背景条件和现有生态环境问题有充分认识，并对现有生态风险源与生态环境问题已发生范围间的关系进行仔细研究，以合理判断研究区的时空范围。

（2）生态整体性原则

矿区是以矿产采矿、开发与加工为主要特征的空间区域（陈玉和等，2000），其辐射范围不仅包括矿业生产地段、矿山职工所在地，而且包括依托矿业生产必需的基础设施（水、电、交通等）和劳动力来源等而形成的乡镇、县市及工业小区（程建龙等，2004），甚至包括被矿业生产而污染、破坏的外围乡村区域。矿区生态风险评价研究者应根据生态系统的完整性和连续性灵活确定研究区范围，而不可生硬地限定于矿业集镇或矿业城市区域。

（3）预见性原则

矿业生产活动具有显著的时空异质性，矿区内不同矿山往往处于不同的开采阶段。在具体研究中，评价区域不仅要包含正在开采和准备开采的矿井区或露采区，而且更应包括曾经开采和可能开采的含矿地段（何书金和苏光全，2002），这些可能发生污染和破坏的生态系统是矿区生态风险评价更应重点关注的区域。

4.4.1.2　风险源识别与表征

（1）风险源识别

矿区生态风险源可从压力释放的地方（如烟囱、煤矸石、污染沉积物等）和产生压力的有关活动（如挖掘、剥离等）两个方面进行识别和描述，由矿区生态风险因果链识别模型可知，土地损毁是矿区最直接的生态风险源。尽管其产生和作用过程极为复杂，但基本上可归纳为塌陷地、露采迹地、压占地三类（国土资源部土地整理中心与土地整治重点实验室，2008）。其中，塌陷地即由井工挖掘活动引发的地面下沉甚至塌陷的土地；露采迹地是由露天开采而被挖损的土地，包括采石/砂场、采煤区和采空回填区三个小类；压占地是指矿业开采中各类设施及工业原料、废渣堆放压占的土地，包括矿业生产广场与矸石山、粉煤灰堆、排土/岩场、废石渣堆、尾矿库（包括铀矿等放射性尾矿库）等废弃物堆积地。各类土地损毁对矿区生态系统的影响种类、影响程度及范围，与矿种特征、开采方式及开采阶段等因素有关。一般来讲，露天开采矿山的土地占用以及由此产生的扬尘、滑坡、水土流失与生物多样性损失等问题比较突出；地下开采引起的地面沉降与塌陷（马晓艳等，2010）、地裂缝、破坏地下水等问题较多，冶金矿山区域的废石堆积地及由此引起的"三废"污染与生物多样性破坏比非金属矿山严重。

（2）风险源的定量表征方法

在区域生态风险评价中，除了以发生概率和强度表征风险源外，还应表述其作用的区域范围。本研究主要通过土地损毁类型发生地段、破坏程度及其发生发展概率三个方面来描述表征矿区主要生态风险源。在实证研究中，研究者可基于卫星影像（如 Landsat、SPOT 与 QuickBird 等）、结合矿区土地利用数据及矿产开发整理规划资料等、通过遥感解译技术获取矿区各类土地损毁斑块分布图（即发生地段）。在此基础上，参考矿山土地损毁程度评价方法（李发斌等，2006；张德强等，2010；王新刚等，2011），构建指标体系（表4-6），可定量化不同土地损毁类型斑块上的破坏程度值 λ。

表4-6 矿区土地损毁综合作用评价指标体系

土地损毁类型	土地损毁程度		土地损毁发生发展概率	
	评价准则	参考指标	评价准则	参考指标或数据
塌陷	地表变形	塌陷深度*、面积*、边坡度	干扰强度	与井道距离*、年均开采时数
	地表裂缝	裂缝宽度、间距	地质构造	地基岩性*或承载力
	水文	积水状况*	开采规划	矿藏储量、待开采时序
	其他指标	稳定性*、土壤质量等	其他指标	年均矿震次数等
挖损	地表变形	深度*、面积*、边坡度	开采规划	矿藏储量、开采时序与工艺
	土体剖面	土层厚度*、表土存放状况	干扰强度	埋深*、年均开采时数
	地表裂缝	裂缝宽度、间距	其他指标	地下水埋深、废石回填量等
	水文条件	积水状况*		
压占	地表变化	压占面积*、边坡坡度*	地质构造	高程*、坡度*、地基岩性*
	土壤质量	有毒物质含量、pH等	气象条件	降雨量、洪灾次数*等
	植物性状	有毒元素含量、生长状况等	运输成本	与采区距离*
	其他指标	稳定性*、废渣再利用率等	开采规划	待堆放区、开采时序与工艺
污染	大气环境	颗粒物浓度*、二氧化硫含量*、甲烷含量等	地形地貌	高程*、坡度*、土壤类型*
	土壤环境	有毒物质含量*、pH等	气象条件	降雨量、洪灾次数*、大气扩散系数等
	植物性状	有毒元素含量、生长状况等	生产工艺	煤矿洗选工艺
	水环境	水质指标*、积水状况	开采规划	待堆放区、开采时序与工艺

*表示必选指标

另外，研究者整理矿区资源开采规划、复垦计划、矿业生产相关资料，可判定未来各类土地损毁在矿区不同地段上的发生/发展的概率（ρ）。在此基础上，采用不同土地损毁作用权重来定量表征土地损毁类型对矿区生态系统的危害程度。研究区空间单元上某类土地损毁类型的作用权重值，计算方法如下：

$$\beta_{yi} = \lambda_{yi} \cdot \rho_{yi} \tag{4-11}$$

$$\lambda_{yi} = \sum_{j=1}^{n} (w_{yij} \cdot A_{yij}) \tag{4-12}$$

$$\rho_{yi} = \sum_{j=1}^{n} (w_{yij} \cdot p_{yij}) \tag{4-13}$$

式中，β_{yi} 为研究区任一空间单元上某类土地损毁类型的权重；λ_{yi} 为该单元上此类土地损毁类型的破坏程度值；ρ_{yi} 为该单元上此类土地损毁类型的发生/发展概率；

A_{yij} 为评价单元 i 的 y 类土地损毁类型的第 j 个程度评价指标值，p_{yij} 是评价单元 i 的 y 类土地损毁类型的第 j 个发生概率评价指标值；w_{yij} 为相应指标的权重，i 是评价单元，y 是土地损毁类型，j 是评价指标；各指标采用极差标准化。

极差标准化方法为

正向指标：$X'_{\alpha} = [x_{\alpha} - \min(x)] / [\max(x) - \min(x)]$　　　　　(4-14)

负向指标：$X'_{\alpha} = [\max(x) - x_{\alpha}] / [\max(x) - \min(x)]$　　　　　(4-15)

式中，X'_{α} 为指标 x_{α} 的标准化值；x_{α} 为某指标 x 的取值；$\max(x)$ 为指标 x 的最大值；$\min(x)$ 为指标 x 的最小值。

4.4.1.3　风险受体选取与评价

(1) 风险受体的选取

矿区生态风险受体是区域内所有的生态系统，既包括生物群落，也包括水、热、土、气等非生物环境要素。考虑到数据可获取性和可比性，本研究选择地质地貌、水文状况、土壤、生物群落等自然条件较为一致，且受矿业干扰程度相似的生态单元作为风险受体的类型。具体可划分为林地、草地、农田、水域（包括河流与水库）、荒地或荒漠、村庄（农村居民点）、城市建成区与采矿区八个类型，每个类型均可由多个斑块单元构成。

(2) 生态终点

生态终点是人类所不希望发生的生态事件，在矿区可能出现的生态终点包括地形地貌破坏、植被退化、生物多样性丧失、热岛、水土流失、土壤与水体污染、空气污染。这些生态终点，是进行风险受体特性和暴露危害评价时指标选择的基本准则。

(3) 风险受体的定量表征

本方法分别采用生态位指数和脆弱度指数定量表征不同生态系统单元对矿区生态平衡维续的重要性与抵抗矿区土地损毁风险的能力。生态位指数（ecological niche index，ENI），源于生态学中生物种群的生态位概念，可理解为某一生态系统或生态系统单元在维持区域生态平衡中的地位和角色，可从结构和功能两个方面进行评价。此值越高，说明此类生态系统对整个区域越重要，若遭到风险源胁迫后，造成的生态后果越严重。其中，结构性指标反映生态系统结构的健康程度（彭建等，2007），参考指标如乡土物种比例、生物多样性以及不可透水地表比例等；功能性指数反映生态系统服务功能的强弱，参考指标如土壤肥力、斑块破碎化指数以及服务功能系数等（表4-7）。生态脆弱度指数（ecological vulnerability index，EVI）用于度量不同生态系统是否容易受到土地损毁的伤害、损害或破坏。此值越大，说明此类生态系统对土地损毁的抵抗能力越弱，受到土地损毁的影响越严重。它可从地形地貌、气象条件、地表覆盖以及环境质量等方面进行评价，参考指标如高程、坡度、地形起伏度、地表覆被指数、干燥度指数以及土壤污染指数等（表4-7）。参考相关研究结果（王莹和董霁红，2009），其中部分指标（如土壤污染指数、地表/下水污染指数等）可根据实测数据通过筛选比较、使用GIS中的克里格插值法获取。

表4-7 矿区生态系统单元综合损失度评价指标体系

目标层	准则层	指标层	权重	指标含义	备注
生态系统生态位指数ENI	结构，S_l	物种原生性指数，S_1	W_{S_1}	乡土物种比/%	+
		生物多样性指数，S_2 *	W_{S_2}	物种数占总数比例/%	+
		自然度指数，S_3 *	W_{S_3}	不透水表面比例/%	−
	功能，F_m	服务功能系数，F_1 *	W_{F_1}		+
		土壤肥力，F_2 *	W_{F_2}	土壤有机质含量/(g/kg)	+
		斑块破碎化指数，F_3 *	W_{F_3}	平均斑块面积/m²	−
生态脆弱度指数EVI	地形地貌，T_h	高程，T_1 *	W_{T_1}	m	+
		坡度，T_2 *	W_{T_2}	(°)	+
		地形起伏度，T_3 *	W_{T_3}	m	+
	地表覆被指数，V_g		W_{V_1}	归一化植被指数/—	−
	气象，C_j	干燥度指数，C_1	W_{C_1}	叶面缺水指数/—	+
		最大降雨指数，C_2	W_{C_2}	50年一遇洪水量/mm	+
	环境质量，P_k	土壤污染指数，P_1	W_{P_1}	Hakanson潜在生态危害指数/—	+
		地表/下水污染指数，P_2	W_{P_2}	污染物浓度/(mg/L)	+
		土壤侵蚀指数，P_3	W_{P_3}	单位面积年均土壤流失量/[t/(a·hm²)]	+
		大气污染指数，P_4	W_{P_4}	污染物浓度/(mg/m³)	+

*表示必选指标；—表示指标无量纲；+表示正向指标；−表示负向指标

两指数具体计算方法为

$$\text{ENI}_i = \sum (W_{S_l} \cdot S_l' + W_{F_m} \cdot F_m') \tag{4-16}$$

式中，ENI_i 为研究区任一空间单元上的生态位指数；W 为各指标权重，且 $\sum W_{S_l} + \sum W_{F_m} = 1$；$S_l$ 和 F_m 分别为结构性和功能性指标；S_l' 和 F_m' 分别为 S_l 和 F_m 的标准值。

$$\mathrm{EVI}_i = \sum \left(W_{T_h} \cdot T'_h + W_{V_g} \cdot V'_g + W_{C_j} \cdot C'_j + W_{P_k} \cdot P'_k \right) \tag{4-17}$$

式中，EVI_i 为研究区任一空间点的生态脆弱度指数；T_h、V_g、C_j、P_k 分别为地形、覆被、气象、环境质量评价指标；T'_h、V'_g、C'_j、P'_k 分别为 T_h、V_g、C_j、P_k 的标准化值；W 为各指标权重，且 $\sum W_{T_h} + \sum W_{V_g} + \sum W_{C_j} + \sum W_{P_k} = 1$。

4.4.1.4　暴露与危害评价

矿区各类土地损毁对不同生态系统单元造成危害的程度，不仅受到土地损毁和生态系统单元的自身特性影响，而且与它们之间的空间距离、邻接斑块性质以及不同土地损毁类型的累积作用密切相关。为此，本研究采用生态系统单元暴露系数和风险源累积作用系数来定量表征矿区生态风险源与受体间的暴露–危害关系。

生态系统单元暴露系数（exposure probability index，EPI）是研究区任一空间单元暴露于某类土地损毁的机会，它是土地损毁（即风险源）对外扩散时所需生态耗费的反函数，也就是说，风险源扩散到空间上某点的生态耗费（阻力）越小，那么该点暴露于风险源的机会越大，此点的暴露系数越大。风险源扩散耗费系数（spread cost index，SCI），即某土地损毁类型（源）向外围施加威胁或胁迫时所越到的阻力大小，它与扩散时通过的空间距离以及所通过斑块对其抵抗作用有关。SCI 可借助 GIS 中 Cost distance 模块进行计算，在此计算模型中，可将采矿区作为源，生态单元邻接兼容系数（aadjacency affinity index）为耗费表面。这里，生态单元邻接兼容系数源自 Marulli 和 Mallarach 提出的生态系统单元邻接兼容矩阵（表4-8），这里将其定义为生态系统斑块间在抵抗土地损毁生态风险时功能上的互补性和协同性，某斑块与其周围斑块间的兼容系数越高，越有利于此斑块抵抗外来风险。

$$\mathrm{EPI}_{yi} = 1 - \mathrm{SCI}'_{yi} \tag{4-18}$$

式中，EPI_{yi} 为空间内任意点对某类风险源的暴露系数；SCI'_{yi} 为 SCI_{yi} 的标准化值，SCI_{yi} 为该类风险源扩散到此点时的耗费系数。

表4-8　生态系统单元邻接兼容系数

代码	目标单元 邻接单元	水体		林地		C5	农地			C9	C10	C11
		C1	C2	C3	C4		C6	C7	C8			
C1	河流湿地	1	0.1	0.7	0.6	0.6	0.5	0.4	0.2	0.1	0.1	0.1
C2	坑塘	0.1	0	0.1	0.1	0.1	0.1	0.1	0.1	0.1	0.1	0.1
C3	森林	0.7	0.3	1	0.9	0.9	0.5	0.3	0.4	0.9	0.9	0.9
C4	灌丛	0.6	0.8	0.9	1	0.9	0.4	0.3	0.5	0.8	0.8	0.8
C5	草地	0.6	0.9	0.9	0.9	1	0.4	0.3	0.5	0.7	0.7	0.7

续表

代码	目标单元 邻接单元	水体		林地		C5	农地			C9	C10	C11
		C1	C2	C3	C4		C6	C7	C8			
C6	园地	0.5	0.4	0.6	0.6	0.6	1	0.8	0.8	0.6	0.6	0.6
C7	水田	0.4	0.6	0.4	0.3	0.3	0.9	1	0.8	0.4	0.4	0.4
C8	旱地	0.3	0.5	0.2	0.5	0.5	0.7	0.8	1	0.3	0.3	0.3
C9	荒漠或裸地	0	1	0	0	0	0	0	0	0	0	0
C10	村庄或城市绿地	0.2	0.1	0.2	0.2	0.2	0.2	0.2	0.2	0.2	0.2	0.2
C11	城市建成区	0.1	0.2	0.1	0.1	0.1	0.1	0.1	0.1	0.1	0.1	0
C12	采矿用地	0	0	0	0	0	0	0	0	0	0	0

资料来源：Marulli and Mallarach，2005

　　风险源间的累积作用是矿区生态风险评价不同忽视的问题。考虑到数据的可比性和可获取性，这里采用风险源累积作用系数来表示空间单元受到不同风险源综合作用的机会大小，此值可通过各类风险源的累积耗费系数之和的反函数来计算。此值越高，说明此点受到风险源的累积作用影响越大。

$$CAI_i = 1 - TSCI'_i \qquad (4-19)$$

式中，CAI_i 为空间内任意点的风险源累积作用系数；$TSCI'_i$ 为 $TSCI_i$ 的标准化值；$TSCI_i$ 为风险源扩散到该点时的耗费系数之和，即 $TSCI_i = \sum_y SCI_{yi}$。

4.4.1.5　综合风险评价与制图

　　风险综合评价是矿区风险评价的最后阶段，此阶段需结合受体、风险源和暴露危害评价结果，评价矿区空间单元的综合生态风险值的大小，为矿区生态风险管理提供理论依据。

　　综合生态风险值是矿区生态风险大小的定量表征，它是各类土地损毁综合作用于矿区生态系统的结果。矿区空间单元上的综合风险值，是土地损毁作用权重、土地损毁累积作用及生态系统单元重要性、脆弱度以及暴露机会的综合，其计算方法如下：

$$ERI_i = \sum_y \beta'_{yi} \cdot EPI_{yi} \cdot CAI_i \cdot ENI_i \cdot EVI_i \qquad (4-20)$$

式中，ERI_i 为研究区空间单元上的综合生态风险值；β'_{yi} 为 β_{yi} 的标准化值，其他参数含义同上。

　　在计算煤炭矿区土地损毁生态风险综合指数的基础上，利用地理信息系统平台，选择适宜的分类方法（如 Natural Breaks、Equal Interval 或 Standard Deviation

等），制作矿区综合生态风险值分布图，对研究区内综合生态风险进行分级。

基于矿区综合生态风险值分布图，对评价区所有空间单元按照其风险类型进行分区，确定评价区内各空间单元的主导风险类型，并制作煤矿区土地损毁生态风险类型分区图。

4.4.2 吉林省辽源市典型矿区土地损毁生态风险评估

4.4.2.1 研究区概况

考虑到矿业生产与土地损毁、生态环境问题之间的相互作用关系，本研究选用辽源市国家矿山公园边界作为此次研究的范围，即东经125°03′00″～125°11′30″；北纬42°51′20″～42°58′30″（图4-13），包括自1911年以来辽源煤矿历史遗留的国有老矿，如目前已经闭矿的太信一井、太信二井、利源煤矿与新丰煤矿，尚在开采中的皮带井、西安一区等矿山，此外还包括一些建筑石材矿山、黏土矿山和一些历史矿业遗迹，如望夫桥、矿工墓、老五坑等。

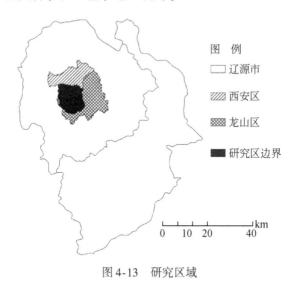

图4-13 研究区域

4.4.2.2 评估方法

本研究根据矿业生产的特点与生态风险递进传导关系（Pereiraet al.，2004；Moraes and Molander，2004；常青等，2012），将土地损毁作为一级生态风险源，将矿区不同生态系统单元作为风险受体，将矿区地形地貌破坏、植被退化、生物多样性丧失、水土流失、土壤与水体污染等干扰作为生态终点，并以此作为定量评价指标选择的准则。依据矿区土地损毁生态风险评估模型（常青等，2012），综合生态风险值（comprehensive ecological risk value，CERV）最终可通过生态敏感度（ecological sensitivity index，ESI）、土地损毁累积作用系数（cumulative effect index，CEI）和暴露系数（exposure probability index，EPI）进行度量（图4-14），具体计算公式为

$$CERV_i = ESI_i \times CEI_i \times EPI_i \tag{4-21}$$

式中，$CERV_i$、ESI_i、CEI_i、EPI_i为像元i的综合生态风险值、生态敏感度评价值、土地损毁累积作用系数值和暴露系数值；这里i采用的是30m×30m栅格单元。

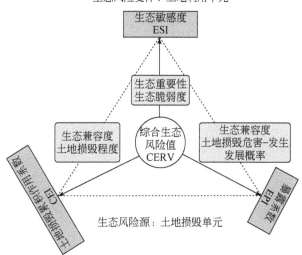

图4-14　风险评价工作流程

　　参照土地复垦条例中土地损毁类型划分，本研究将评价区内土地损毁划分为土地塌陷、土地挖损、煤矸石山以及其他土地压占四类。同时，根据辽源市土地利用特点，以2008年辽源市Landsat TM和SPOT遥感影像为基础数据源，辅以辽源市土地利用变更调查数据、DEM、土地损毁实地调查和矿山地质环境调查成果（国土资源部，2010），将土地生态系统划分为农田、林地、荒草地、湿地、建设用地和采矿地六大类，每个类型均由多个斑块单元构成。并提取土地损毁类型、植被覆盖度等信息，作为后续风险评价与制定空间防范措施的基础数据。

（1）生态敏感度（ESI）

ESI用于表征土地生态系统对于城市生态环境维续的重要性以及对于各类干

扰的抵抗能力大小，可从生态重要性和生态脆弱度两个方面进行评价（表4-9）。表4-9中各指标权重基于层次分析法通过专家打分获得，指标值经极差标准化后采用理想景观向量模型［式（4-22）］最终确定研究区任一像元上的生态敏感程度。此值越高，说明此类土地生态系统对整个区域越重要，且对干扰的抵抗能力越弱，若遭到破坏后生态风险越高，造成的生态后果越严重。

$$\text{ESI}_i = \sqrt{\sum_{j=1}^{n} (v_{ij} - \text{MIN}_j)^2} \tag{4-22}$$

式中，n 为指标总数；v_{ij} 为 i 像元第 j 个生态敏感度评价指标的数值；MIN_j 为评价单元中评价指标 j 的最低值。

表 4-9 生态敏感度评价指标体系

准则	因素	权重	方向	计算方法
生态重要性	土地生态价值	0.23	+	面积×生态系统服务价值当量
	植被覆盖度	0.17	+	三波段差值指数
	土壤肥力	0.10	+	1：100 万土壤数据库
生态脆弱度	人类活动干扰度	0.10	+	不透水表面比率
	土壤侵蚀	0.15	+	高程×坡度×降水×土地利用
	水环境容量	0.10	−	地下水水质图
		0.15	−	地表水水质图

+表示指标对评价准则具正向贡献，−表示指标对评价准则具负向贡献

（2）土地损毁累积作用系数（CEI）

CEI 用于表征不同类型损毁土地的综合危害的作用大小，可通过各类土地损毁程度及其对外扩散耗费系数（cost coefficient of sprawl，SCC）进行量化［式（4-23）］。此值越高，说明此点的土地损毁程度越高，各类土地损毁的累积危害越大，生态风险越高。

式中，β_{yi} 为 i 像元上第 y 类损毁土地的危害权重（$y=4$，表4-10）。d_{iy} 为 i 像元上第 y 类损毁土地的损毁程度标准化值，此值可采用模糊数学模型进行评价，评价指标见表4-10。SCC_{iy} 是第 y 类损毁土地类型在不同损毁程度下对像元 i 的扩散耗费系数的标准化值，SCC 可借助 GIS 中 Cost Distance 模块获取。

$$\text{CEI}_i = \sum_{y}^{4} \left[\beta_{iy} \times d_{iy} \times (1 - \text{SCC}_{iy}) \right] \tag{4-23}$$

（3）暴露系数（EPI）

EPI 是指任一像元暴露于某类损毁土地及其次生危害（风险源）的机会。它

与土地损毁危害发生发展概率及其对外扩散耗费系数相关［式（4-24）］。此值越高，说明该点暴露于各类土地损毁危害的机会越大，生态风险越高。

式中，ρ_{iy} 是像元 i 上第 y 类损毁土地的发生/发展概率的标准化值，计算方法同土地损毁程度，评价指标见表 4-10。SCC'_{iy} 是第 y 类损毁土地类型在不同发展概率下扩散到像元 i 的耗费系数的标准化值，计算方法同 SCC。

$$\mathrm{EPI}_i = \sum_{y}^{4} \left[\rho_{iy} \times （1 - SCC'_{iy}）\right] \qquad (4\text{-}24)$$

参考矿区土地损毁程度评价与生态风险评价指标体系等相关研究成果，结合研究区数据可获取性，构建辽源市土地损毁程度与危害发生发展概率评价指标体系，各评价因子的权重值基于层次分析法通过专家打分得到（表 4-10）。

表 4-10 土地损毁程度与危害发生发展概率评价指标体系

类型	损毁程度评价指标				危害发生发展概率评价指标			
	准则	指标	权重	方向	准则	指标	权重	方向
塌陷地	地表变化	塌陷深度/m	0.218	+	复垦状况	已复垦面积比/%	0.26	−
		塌陷面积/hm²	0.187	+	地表裂缝密集度	裂缝比率/%	0.201	+
		塌陷边坡/(°)	0.154	+	地基性质	岩石坚硬程度	0.242	+
		裂缝宽度/cm	0.123	+	采矿干扰强度	距井道距离/m	0.158	−
	积水状况	积水面积/hm²	0.318	+		井下回填比率/%	0.139	−
采土/石/砂场	地表变化	挖掘深度/m	0.28	+	采矿干扰强度	可开采量/%	0.393	+
		挖掘起伏度/(°)	0.183	+	复垦状况	已复垦面积比/%	0.319	−
		挖掘面积/hm²	0.218	+	开采可能性	岩性相似率/%	0.127	+
	植被性状	植被覆盖度/%	0.319	−		距已采距离/m	0.161	−
煤矸石山	地表变化	占压面积/hm²	0.33	+	排放与回收状况	排放量/hm²	0.279	+
	大气污染	自燃发生率%	0.159	+		回收消耗量/%	0.196	−
		距矸石山距离/m	0.151	+	复垦状况	已复垦面积比/%	0.33	−
	土壤/水污染	水土流失率/%	0.36	+	堆放可能性	距已采距离/m	0.195	−
其他压占地	地表变化	占压面积/hm²	0.254	+	复垦状况	不透水表面比率/%	0.15	+
		地表起伏度/(°)	0.168	+		已复垦面积比/%	0.264	−
	植物性状	植被覆盖度/%	0.226	−	持久性与效益	生产规模—	0.288	−
	土壤/水污染	水土流失率/%	0.352	+	运输成本	距采区距离/m	0.298	+

+表示指标对评价准则具正向贡献；−表示指标对评价准则具负向贡献；—表示无量纲

4.4.2.3 结果分析

(1) 土地利用现状

经统计,截至2008年,研究区43%以上的土地均已被开发或建设。其中,建设用地面积近5000hm²,且平均斑块面积最大(表4-11),呈明显的集中分布特征。采矿用地面积仅为265.84hm²,但其斑块数目少、平均斑块大小与农田相当,集中分布特征也较为明显。与前两者相比,农田、林地、湿地及荒草地等生态用地面积约6758.9hm²,平均斑块大小明显低于全区平均值(表4-11),呈现出一定的破碎化特征,特别是湿地(包括坑塘水面)和荒草地分散分布特征尤为明显。

表4-11　土地利用类型及其斑块组成特征

类型	总面积/hm²	面积比/%	斑块个数/个	平均斑块大小/hm²
农田	3731.26	31.05	1436	2.6
林地	2555.61	21.27	1188	2.15
湿地	161.63	1.34	122	1.32
荒草地	310.4	2.58	316	0.98
建设用地	4993.12	41.55	814	6.13
采矿地	265.84	2.21	99	2.69
合计	12 017.86	100	3975	3.02

(2) 生态敏感度及空间分布

研究区土地生态敏感度评价结果如图4-15所示,并采用GIS中自然裂点法将其分为3类区域。其中,全区生态敏感度低值区($1 \leqslant ESI < 22$)面积约6910.2hm²,主要集中在中部区域。其中,城市建设用地占69%以上;农田约占20%;采矿用地面积比例约2%;其他类型用地面积比不足10%,是城市建设用地的集中分布区。此区处在研究区河谷平原,地势较为平坦,生态价值主要体现在经济和文化支持功能上,其内生态用地多为人工园林绿地,可作为城市建设的主要区域。生态敏感度中值区($22 \leqslant ESI < 50$)面积约3660.3hm²,主要分布于城市建成区外围的河流漫滩阶地区。此区农田占到58%以上,是农田的集中分布区,主要生产谷物、薯类以及蔬菜园艺作物等;林地主要为农田防护林带,面积占31.5%;采矿用地面积增至3%。因此,此区地形条件和人类活动强度均比低值区复杂,土地损毁、水土流失及环境污染等生态胁迫程度较高,生态价值主要为农作物生产功能。此区应成为城市开发建设与生态保护的协调区域。

生态敏感度高值区（50≤ESI<100）面积约 1447.4hm²，是研究区丘陵山地的集中分布区，林地与农田分别占到此区面积的 79% 和 17.4%。植被类型包括针阔混交次生林和人工林，乔木以黑松、落叶松、柞、山杨、桦为主，下层灌木有平榛、胡枝子等，林缘藤本植物包括山葡萄、五味子、刺五加等，草本植物有细辛、玉竹、天南星等，物种多样性丰富。由于地形条件限制，此区内人类活动干扰较少，植被覆盖度高，生境保留较为完好，生态价值主要为生态环境调节功能。但此区属丘陵区，极易受到人类活动干扰而引发水土流失、植被破坏与生物多样性下降等问题，是研究区内主要的生态保护区域。

（3）土地损毁累积作用与暴露状况

经实地测量，研究区采煤塌陷地、采土/石/砂场、煤矸石山以及其他压占地（如煤矿生产场区与黏土砖瓦厂等），主要分布于中西部和北部地区［图 4-16 (a)］。通过土地损毁程度及其累积作用系数评价显示，研究区土地损毁累积危害面积达 3157hm²［图 4-16 (b)］，约占总面积的 26%。其中，严重危害区（76≤CEI<100）主要由采煤塌陷和煤矸石堆积或矿业生产等共同影响造成，面积约 295hm²，包括了煤矿（及矸石堆放）集中分布的灯塔西安矿与泰信矿塌陷地段，其内地形变化大，已形成 14 处大小不同的积水区，积水总面积合计为 61.42hm²；地表水污染和土壤重金属污染（砷、铬、镉、镍、锌等）严重。中度危害区（52≤CEI<76）主要由单一发生的中度以上塌陷地或采场或压占地造成，包括西孟塌陷区、大型露天采石/砂场等，面积合计约 973hm²；其内大范围的地面塌陷造成近 20hm²优质良田无法耕种，大型采场造成严重的植被退化，如西采砂场垂直挖掘深度可达 50m 以上，采掘工作面长达 100 米以上，山体植被受损面积达 35hm²。低度危害区（26≤CEI<52）主要由单一发生的低度损毁的采煤塌陷地或采土/石/砂场或压占地造成，如沿东辽河分布的黏土实心砖厂和外围小型的采土/砂/石场，面积约 1889hm²。

这些土地损毁极易引发水土流失、崩塌及环境污染等次生生态灾害。经土地损毁发生发展概率及其暴露系数评价显示，研究区土地损毁暴露系数高于 75 的土地面积共 8052hm²，占研究区面积的 67% 以上［图 4-16 (c)］。其中，暴露系数高于 90 的土地主要位于西北部，面积约 4807hm²，超过研究区面积的 40%，其内土地挖损、塌陷和矿业生产集中，极易造成区域性植被破坏、生态系统退化、水土流失与环境污染等次生灾害。东部区土地的暴露概率低于西北部，面积约 3245hm²（27%），区内土地挖损、塌陷等土地斑块分散，在局地内易发生植被破坏、水土流失与环境污染等生态环境问题。西南部区域为土地损毁危害的低暴露区（EPI<75），面积为 3966hm²，区内土地受到矿业开发的影响极小，由此

带来的水土流失、环境污染等生态胁迫程度并不突出。

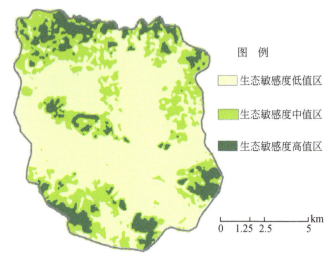

图 4-15　研究区生态敏感度

图　例

生态敏感度低值区

生态敏感度中值区

生态敏感度高值区

0　1.25　2.5　　　5 km

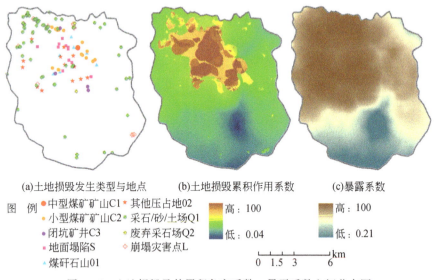

(a)土地损毁发生类型与地点　　(b)土地损毁累积作用系数　　(c)暴露系数

图　例

● 中型煤矿矿山C1　　★ 其他压占地O2

● 小型煤矿矿山C2　　★ 采石/砂/土场Q1

● 闭坑矿井C3　　　　 ● 废弃采石场Q2

■ 地面塌陷S　　　　　◈ 崩塌灾害点L

▲ 煤矸石山O1

高：100　　　　高：100

低：0.04　　　　低：0.21

0　1.5　3　　　6 km

图 4-16　土地损毁及其累积危害系数、暴露系数空间分布图

(4) 土地损毁生态风险分析

经计算，研究区内土地损毁综合生态风险值在 1～100，通过 Natural Breaks (Jenks) 分级法将研究区综合生态风险划分为高、中、低和基本无风险 4 级 (图 4-17)。

全区土地损毁高风险区（75<CERV≤100）面积为 300hm²（2.5%），主要分布区在西北部和中部，包括：①高敏感山林地，其内土地损毁主要由不同程度的采石生产活动造成，可诱发崩塌、水土流失、生物多样性丧失等生态环境问题；②高敏感的基本农田，受到不同程度采砂和轻度采煤塌陷的影响，易发生水土流失、农田生产力下降等问题；③中敏感的一般农田，区内不仅地表塌陷严重，而且采煤生产及其他矿业活动集中，各类环境污染（特别是土壤污染）严重，已不适宜农业生产；④少量严重受损的低敏感建设用地和工矿生产用地。

中风险区（58<CERV≤75）面积为 2089hm²（17.4%），包括：①西北部、东北部的基本农田和山林区以及西部一般农田区，这些区域内土地损毁轻微，多数由零散的采石或采砂造成；②南部的基本农田和山林区，其内很少受到矿业生产活动的影响，土地损毁甚微；③中部山林区和基本农田区，这些用地分布于采煤塌陷区内或采石场周边，受土地损毁威胁极大；④中部区域内中度受损的低敏感建设用地和工矿生产用地。

低风险区（37<CERV≤58）面积为 4756.6hm²（39.1%），集中分布于中南部地区，包括：①偏西部的基本农田，生态风险源为采煤塌陷；②中部区域中度敏感的东辽河及两侧农田、草地区，南部中度敏感的基本农田区与一般农田区，受土地损毁威胁较小；③中部不同程度塌陷的工矿生产用地和建成区。

基本无风险区（1<CERV≤37）位于研究区南部，面积为 4927.3hm²（41%），此区很少受到矿业生产影响，多为城市建设用地，分布有少量的河流及林地和农田。

4.4.2.4 风险管制分区

结合研究区土地损毁综合生态风险等级分布格局、风险主导因素与土地利用现状，构建矿区综合生态风险土地利用管制矩阵（表 4-12），将研究区土地利用空间划分为八大功能分区（图 4-18），并提出对应的土地利用策略。

表 4-12 基于风险评估的土地利用功能分区矩阵

生态风险等级		主导因素		防范优先性与差异性		土地利用功能区
风险区	高风险区	土地损毁危害性	低	↓	重点保护（P11）	环境敏感特别保护区 E1
			高/中	↓	重点复垦（P13）	生态复垦区 E2
	中风险区	生态敏感性	高		一般保护（P21）	一般生态保护区 E3
			中		重点保育（P22）	生态保育区 E4
					一般复垦（P23）	生态复垦区 E2
			低	↓	一般发展（P24）	工矿发展区 E5

续表

生态风险等级		主导因素		防范优先性与差异性		土地利用功能区
风险区	低风险区	生态敏感性	高	↓	一般保护（P31）	一般生态保护区 E3
			中		一般保育（P32）	生态协调区 E6
			低		限制发展（P33）	限制发展区 E7
非风险区	基本无风险区	土地损毁危害性	中	↓	限制发展（P43）	城镇发展区 E8
			低		一般发展（P44）	
			无		重点发展（P44）	

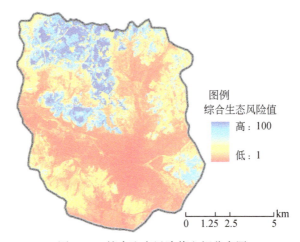

图 4-17 综合生态风险值空间分布图

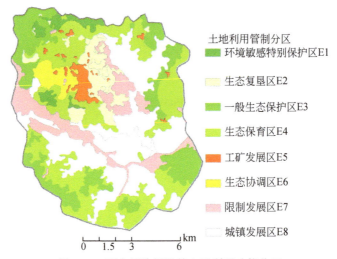

图 4-18 面向风险规避的土地利用功能分区

1）环境敏感特别保护区 E1，是Ⅰ级生态风险防范区（最高级别），主要包括邻接高损毁土地的高敏感性林地和农田区。这些地区往往坡度较陡，极易受到邻近矿业生产活动干扰而引发水土流失、生物多样性丧失等。此区必须采取严格的生态保护措施，禁止任何形式的开发建设活动；对已确定的重大项目应重新选址；必要时须结合已受损地的土地复垦工程进行综合生态环境整治与生态系统恢复。

2）生态复垦区 E2，是Ⅲ级生态风险防范区，主要为受损严重土地。区内土地因地下采空而塌陷积水，因采石/土挖掘成坑，因矸石等堆积造成环境污染，有的甚至受到多重土地损毁威胁，区内土地地形变化大、且环境污染（如土壤、水等）较重，因而此区须采用地貌重塑、土壤重构、植物恢复及废弃地综合整理等工程技术手段进行生态系统恢复与重建，可复垦为林地、农田、草地或公园绿地等，如条件适宜应优先复垦为农田。

3）一般生态保护区 E3，是Ⅱ级一类生态风险防范区，包括处于土地集中损毁区外缘的山林地、基本农田、河流廊道与风景名胜区。这些土地具有重要生物生产功能、环境服务功能或人文价值，且基本未受矿业生产活动损毁，因而此区也应采取严格的生态保护措施，禁止任何对生态环境损害大的开发建设活动；对已确定的重大项目须专门对具体方案进行生态环境影响评估，对影响大的项目建议迁址另建，以避免对生态环境的负面影响。

4）生态保育区 E4，是Ⅱ级二类生态风险防范区，主要为现有土地集中损毁区内的山林地与农田。这些土地已受到矿业生产活动的中度以下损毁，包括大面积的塌陷地，再次受损威胁性高。因而，此区应采取一定的生态保护措施，近期内（5～10 年）可结合辽源市正值资源型经济转型期的良好时机，切实制定可行的农田保护措施，并实现农田利用综合效益最大化。例如，在稳定期后的塌陷区域建立“渔-果-粮/菜”的农业生态系统，促进经济的可持续发展。对于延河的黏土砖瓦厂，则应该限制或制止其开采黏土，使得区内生态环境得以恢复。

5）工矿发展区 E5，是Ⅳ二类生态风险防范区，属于生态敏感区，但鉴于此区内矿业生产活动集中，且土地污染、占压等较为严重，因而可作为主要的工矿建设用地区，其内受损生态系统功能可通过与生态复垦区内用地进行功能置换或生态补偿，实现异地恢复。

6）生态协调区 E6，是Ⅲ级一类生态风险防范区，此区内现有土地损毁较轻，再次受损威胁性低。因此，此区应依据城市建设需要，或结合周边工矿条件较好的区域进行低度开发利用，必要时需加固地基；或者结合生态保育措施进行生态系统恢复与重建。

7）限制发展区 E7，是Ⅳ级一类生态风险防范区，包括北部建成区和南部东辽河带状区域。中部建成区多为中度受损工矿用地或建设用地，属低敏感区，因而应根据土地损毁情况适度进行开发建设活动。南部东辽河区域为河岸带生态敏感区，此区应限制进行环境污染企业入内，限制高密度、高强度开发建设。

8）城镇发展区 E8，是 V 级生态风险防范区，属于低敏感区，主要为低度或基本未受损的土地，此区进行开发建设时要根据具体情况加固地基等，可作为未来城市建设的重点区域。因建设而损失的生态系统功能，可通过与生态复垦区内用地进行功能置换或生态补偿，实现异地恢复。

目前，辽源市已进入煤炭资源枯竭期。根据以上结果，对于已建旧矿应结合城市经济发展计划与土地损毁情况进行统一规划。例如，损毁较轻的采矿区域可允许继续进行生产，可考虑与城市经济转型进行整改；而损毁严重区域亟需纳入生态复垦计划。而对于城市未来新建采矿区，可通过与其他非敏感区采矿用地进行置换，尽量避免在环境敏感特别保护区与生态保育区内采矿；若不可置换时，须在开采前做好矿区开采与复垦方案，通过工程技术手段最小化生态环境影响。

4.4.3 重庆市松藻矿区土地塌陷生态风险评估

4.4.3.1 研究区概况

松藻矿区位于重庆市綦江区南部，始建于 1957 年，是重庆市最大的煤生产基地。目前在开采中的矿井有松藻煤矿、同华煤矿、逢春煤矿、石壕煤矿、打通一矿和渝阳煤矿共 6 对，2008 年设计生产能力为 720 万 t/a。松藻矿区区位如图 4-19 所示。

由于松藻矿区所处的地质条件及其矿藏埋藏条件，这一地区矿区主要面临的矿山土地损毁问题是由于地下采空区而引发的地面下沉和地表塌陷。这一风险源在当地矿山开采及复垦工作中也最受重视，并已经导致了一些地表建筑物的破损，特别是对当地居民住宅造成了破坏，对居民的生命和财产安全形成了威胁，针对此的实地调查也比较全面。因此，本研究以土地塌陷为风险源，对松藻矿区进行单一风险源的生态风险评价。

图 4-19 松藻煤矿区位

4.4.3.2 研究方法

(1) 风险源分析

松藻矿区的土地塌陷总面积达5074hm²，主要由地下采空区引发。煤层采空后，由于未能及时回填或回填物较为松散，导致地面塌陷或地面沉降。土地塌陷除造成地表建筑物受损和改变原地质地貌条件外，还会改变地下水储存条件，形成地表积水，其边缘坡地也可能发生滑坡、崩塌和水土流失，在塌陷地内部及周边区域也可能形成地表裂缝。

矿区范围内的塌陷地最大下沉量可达2.5m。现将塌陷区分为三级，塌陷深度在1m以下为1级，在1~2m为2级，在2m以上为3级，得到塌陷区的分布如图4-20所示。由此可以看出，松藻矿区的土地塌陷在6个子矿区内均有分布，与开采情况密切相关。其中在松藻、打通、渝阳和石壕4矿的塌陷较为严重，并呈集中连片分布。在此基础上，以现有塌陷地的距离作为标准，估计出矿区土地塌陷的发生/发展概率，如图4-21所示。

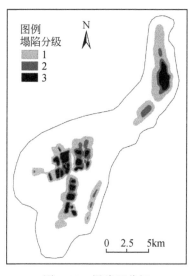

图4-20 塌陷区分级

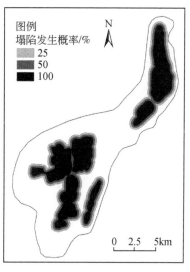

图4-21 土地塌陷发生/发展概率

(2) 风险受体分析

本研究中以松藻矿区土地利用类型为风险受体，在2008年第二次全国土地调查数据的基础上，将研究区的土地利用类型划分为水田、旱地、有林地、灌木林地、其他林地、河流水面、坑塘、草地/裸地、建设用地九类，每种地类均由多个斑块构成，如表4-13所示。

表4-13 风险受体斑块组成

指标	水田	旱地	其他林地	灌木林地	有林地	河流水面	草地/裸地	坑塘	建设用地
斑块面积/hm²	3711	4339	582	2575	5929	107	819	15	1489
占总面积比例/%	18.97	22.18	2.98	13.16	30.30	0.55	4.19	0.08	7.61
斑块个数/个	1688	1484	573	1964	2146	184	1076	52	5399
斑块平均面积/hm²	2.20	2.92	1.01	1.31	2.76	0.58	0.76	0.28	0.28

土地塌陷生态风险作用于各土地利用类型，经过一系列的生态过程，将可能导致地形地貌改变、植被退化、地表积水、水土流失、植被破坏及退化等生态终点。由于不同的风险受体对风险源的抵御能力不同，同一风险源所造成的影响在空间上也存在着差异。本研究采用生态位指数和生态脆弱度指数来定量表征不同风险受体在风险源作用下的生态服务功能和土地损毁抵抗能力。

a. 生态位指数

生态位指数（ecological niche index，ENI）指生态系统单元在维持区域生态平衡中的作用，指数越高说明此类单元对整个区域的生态系统作用越重要，遭到风险源破坏后的生态后果也越严重。一般地，生态位指数由生态系统服务功能和生态系统活力两方面的指标构成。在本研究中，分别选择生态系统服务功能系数（ecosystem service function coefficients，ESFC）和植被覆盖度（vegetation coverage，V）进行计算，即

$$ENI = ESFC \times V \tag{4-25}$$

其中，生态系统服务功能系数见表4-14，在运算前需进行标准化；植被覆盖度由2004年SPOT影像计算得到。在本研究中均采用如下标准化公式：

$$X' = [x_\alpha - \min(x)] / [\max(x) - \min(x)] \tag{4-26}$$

表4-14 生态系统服务功能系数

用地类型	水田	旱地	其他林地	灌木林地	有林地	河流水面	坑塘	草地/裸地	建设用地
生态系统服务功能系数	0.325	0.295	0.824	0.768	1.0	0.932	0.186	0.035	0.015

在ArcGIS中运算后得到结果如图4-22。由式（4-26）可知，植被覆盖度越高、生态系统服务功能系数越高的用地类型，如林地，其生态位指数越高，在生

态系统中的重要性越显著，遭到破坏后的生态后果越严重。

b. 生态脆弱度指数（Ecological vulnerability index，EVI）

不同景观类型抵抗外界干扰的能力不同，景观脆弱度越高，易损性越高，景观所面临的生态风险越大。在本研究中将9类景观类型对土地塌陷生态风险的脆弱程度由高到低赋值为：建设用地9，坑塘8，河流水面7，草地及裸地6，水田5，旱地4，其他林地3，有林地2，灌木林地1。

将各景观类型的脆弱度进行赋值并标准化后，得到松藻矿区景观脆弱度指数如图4-23所示。建设用地主要分布在几个子矿区内，呈较为集中的分布。

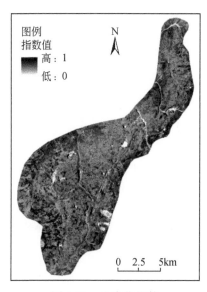
图4-22　生态位指数

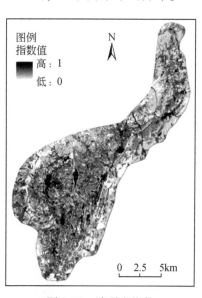
图4-23　脆弱度指数

（3）暴露与危害评价

本研究针对土地塌陷这一单一风险源对松藻矿区进行生态风险评价，采用生态系统单元暴露系数（exposure probaobility index，EPI）来定量表征风险源对于风险受体的暴露作用。它由风险源扩散耗费指数（spread cost index，SCI）计算而来。

$$EPI = 1 - SCI'\tag{4-27}$$

式中，SCI′为SCI的标准化指标。

风险源扩散耗费指数由风险源和耗费表面在ArcGIS平台的Cost Distance模块中运算得到，其中以土地塌陷发生概率表征风险源，通过生态单元邻接兼容矩阵计算耗费表面（表4-15）。运算后得到松藻矿区的生态系统单元暴露指数如图4-24所示。

表4-15 生态单元邻接兼容矩阵

邻接斑块 ＼ 目标	水田	旱地	有林地	灌木林地	其他林地	河流水面	坑塘	草地/裸地	建设用地
水田	—	4	9	8	7	11	9	3	4
旱地	7	—	8	7	6	11	10	4	3
有林地	4	3	—	1	2	1	2	2	3
灌木林地	4	3	2	—	3	1	2	2	3
其他林地	4	3	9	9	—	10	9	3	4
河流水面	3	4	2	2	2	—	2	3	3
坑塘	2	2	5	5	4	3	—	2	2
草地/裸地	9	8	8	7	9	10	9	—	8
建设用地	8	7	9	9	8	11	11	5	—

4.4.3.3 结果分析

松藻矿区土地塌陷生态风险指数（ER）通过如下公式计算：

$$ER = ENI \times EVI \times EPI \tag{4-28}$$

式中，ENI为生态位指数，EVI为生态脆弱度指数，EPI为生态系统单元暴露指数，运算前指数均需要进行标准化。计算结果分为高、中、低三个生态风险等级，如图4-25所示。三级生态风险基本成集中连片分布，且以矿业开采活动范围为中心，风险由高到低成圈层状分布，以中生态风险区占土地面积最广。

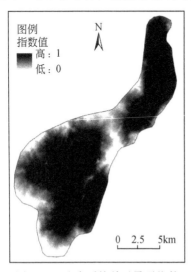

图4-24 生态系统单元暴露指数

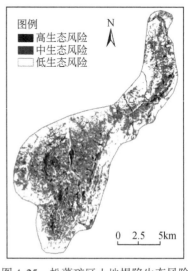

图4-25 松藻矿区土地塌陷生态风险

5 矿区生态风险防范

在生态风险防范研究进展与特征剖析的基础之上，系统提出矿区生态风险防范的理论框架，整合了包括区域生态风险防范和矿区生态环境保护与治理等技术在内的防范技术集。构建了针对矿区生态风险防范的过程防范与分级防范，并在内蒙古胜利露天煤矿和辽源矿区进行案例研究。

5.1 矿区生态风险防范内涵

5.1.1 风险防范

风险防范是一种重要的风险管理手段，多指在风险真正爆发之前，通过一定的手段来阻止风险的最终产生，是一种事前行为。风险防范的理念与方法在企业管理、金融债券、城市管理等领域受到广泛应用，阻止恶劣事件发生或避免突发事件（极端天气）造成财产或人身安全受到伤害。

环境风险防范重在避免环境灾难之可能性，针对的是在科学上尚未获得确凿证据的环境风险。由于环境风险一旦发生，将造成重大或者不可逆转的环境灾难，国际上对于风险防范达成统一的共识是《关于环境和发展的里约热内卢宣言》规定的"不应当以未获得确凿的科学证据为理由推迟采取预防环境风险发生的措施"。环境风险多为污染物达到一定阈值后或突发事件造成的一系列后果，其风险防范多表现为风险预警的形式，如我国环境保护部开展的空气污染预警、水污染监测预警等，以及各个生产企业针对突发环境污染事件建立的预警预案体系。

生态风险与环境风险相比，风险受体为生态系统，风险显现出渐变性特征，暴露响应过程较长，风险后果往往在长时间内不明显。生态风险防范更体现出长期性的特征，主要可包括针对风险未发生时的预防、风险来临前的预警、风险来临时的应对和风险过后的恢复与重建 4 个方面所采取的规避风险、减轻风险、抑制风险和转移风险的措施（周平和蒙吉军，2009）。生态风险防范的措施与对策是建立在生态风险识别和评价的基础之上，针对不同的风险源与风险等级确立的工程措施或非工程措施。

5.1.2 矿区生态系统演变特征与风险防范内涵

5.1.2.1 矿区生态系统演变特征

矿区生态系统是一种特殊的人工复合生态系统，受到矿业开发扰动与生态重建两方面力量影响，呈现为向退化生态系统与重建生态系统两个方向演替的特征。在矿区所在脆弱生态系统受到矿产资源开发扰动后，地表植被受到破坏，土壤结构大为损伤，地貌与水系都发生改变，从而向极度退化生态系统演替；在生态系统尚未演替至"不可逆转"状态之前介入生态重建手段，借助人工支持和诱导，对由于采矿引发的结构缺损、功能失调的极度退化生态系统的组成、结构和功能进行超前性调控，从而建立符合人类需求的可持续生态系统（图5-1）。矿业开发与矿区生态系统演变的特征决定了矿区生态风险与其他区域生态风险具有较大的差异，主要体现如下。

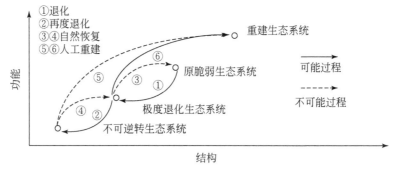

图 5-1　矿区退化生态系统演替示意图（白中科等，1999）

（1）生态风险发生具有空间限定性

矿业开采的对象是矿产资源，开采的地点受到资源分布的限定，矿业开发对生态环境造成的影响也受到地质构造条件、地形地貌、土壤质地、植被覆盖状况、区域气候条件等自然本底值的制约，造成的破坏程度往往取决于区域生态系统的脆弱性。矿产资源的储量与禀赋是自然形成的，开采的规模受到资源数量、质量、矿床地质条件、交通位置与经济环境的制约。例如我国露天煤矿大多处于干旱、半干旱的生态脆弱区，开发建设造成的生态破坏极为严重，如平朔矿区、准格尔矿区位于黄土高原水土流失严重区，霍林河矿区、伊敏河矿区位于草原风沙区，神府东胜矿区位于毛乌素沙漠和西北黄土高原过渡地带的沙化区等（李晋川和白中科，2000）。上述因素提供了矿区生态风险空间分布的可预测条件，生态风险的类型与等级往往与矿区空间紧密相连，矿区生态风险防范可通过空间途径进行调控。

（2）生态系统演变的快速性与阶段性

矿业开发以资源利用为目的，资源条件的紧缺与经济的快速发展决定了矿山生产效率必须保持在高位水平，随之带来矿业景观生态系统人为干扰极为强烈、速度极快，景观格局演变具有快速性的特征（付梅臣等，2008）。由于矿产资源的不可再生性，矿山的规模效益呈现递减趋势（王广成和闫旭骞，2006），矿业生产阶段也随之形成产量递增期、均衡生产期和产量递减期，在不同的生产阶段，矿区生态风险呈现不同的特征与程度。因此，矿区生态风险防范中应关注过程防范，制定不同阶段的防范措施。

（3）生态系统演替的多向性

矿区生态系统是典型的人为干扰景观，原生态系统受损及生态系统重建均取决于人类活动，演替过程也呈现出极强的人类干扰痕迹。在矿业开采与生态重建共同作用下，矿区生态系统呈现为多向性。采矿后进行的生态重建是人为干扰改造退化生态系统的重要途径，因地制宜、合理的生态系统重建会改善矿山景观的生态功能，恢复其稳定性，是防止生态系统进一步受损、避免次生风险的重要措施。

（4）对周边生态系统的扰动性

矿业活动的采矿、选矿和交通运输等环节均强烈地影响了矿山周边的生态环境，影响范围与强度受到矿业开采方式与自然生态系统的影响（付梅臣和谢宏全，2004）。矿石在加工过程中排放各种有害污染物，通过多种途径污染生态系统；矿业开发强烈地改造了矿山所在地的地形地貌，造成地质系统的不稳定，诱发矿震、塌陷与裂缝等地质灾害，影响矿山周边地区的地形地貌特征，进一步破坏了土壤质量与植被覆盖，更为严重的是影响居民生命与财产的安全，造成极大的经济损失。矿区生态系统的这一特性决定了矿区生态风险防范的范围不仅仅要包括矿业活动发生地，其周边区域也应予以考虑，需将矿山所在区域的生态系统脆弱特性与矿业开发活动结合起来制定风险防范措施。

5.1.2.2 矿区生态风险防范内涵

由于矿区生态系统存在多向与多阶段演替特征,对于矿区生态风险防范来说,目的在于避免生态系统演替到"不可逆转生态系统"的状态。在开采之前预测可能发生的生态风险,在采矿过程中介入人工干扰手段尽量避免或减少开采对生态系统的破坏,并在采矿活动结束后及时进行生态系统的恢复与重建,可以有效避免生态系统的灾难性破坏。以协调社会–经济–自然复合生态系统为目标的矿区生态重建,从矿区的社会形态、经济结构、产业布局、人类行为、价值伦理等进行改造与优化,通过矿业开发的经济支持和生态重建的人工诱导,建立高稳定的生态系统,引导矿区生态系统向良性发展。

5.2 矿区生态环境问题防治
与区域生态风险防范的启示

矿区对生态环境的扰动影响是伴随着矿产资源开发而产生的,这是一个多环节多因素的复杂过程,这种环境影响覆盖了整个矿区剥离、开采、运输、选矿以及使用的整个过程,同时也与技术、资金、政策、管理措施等因子相关。矿区生态问题防治也包括技术、资金、管理等方面,涉及地质、地貌、土壤、植被等多个生态系统要素。

5.2.1 地质灾害防治

我国矿山地质灾害的种类繁多,并呈现出复杂性和多样性的特点(李三三,2012)。根据地质灾害发生的时间,总体表现为突变性和缓变性两类。突变性的矿区地质灾害往往很难预防,并具有很强的破坏性,极大地威胁着矿工的人身安全,主要有矿井突水、露天矿滑坡、瓦斯爆炸、煤尘爆炸、岩爆等。而缓变性的矿区灾害多在长久的开采活动中逐渐累积起来,为缓慢的、长期的量变引起质变的地质灾害,通常会产生地表沉降、建筑物变形等一些次生灾害,这种类型灾害发生需要一定的过程和时间,灾害发生或过程中及时发现并采取适当的方法,可以降低灾害程度甚至进行预防。矿山地质灾害的防治是个系统工程,这不仅是矿山采、选、冶的事,也关系到矿山建设之前的地质勘探工作的全面性和准确性,而且更主要的是社会和人为因素(魏东岩,2003)。

(1) 矿井突水

矿井突水是煤炭地下开采一种突发性矿山地质灾害，具有来势凶猛，瞬时涌水量大，损失巨大的特点。矿区地质条件比较复杂，地下水源补偿丰富，随着开采水平的不断延伸和开采范围的不断扩大，水压逐渐升高，突水威胁越加严重，并且由于预测方法落后，野外采集和数据处理存在一定的局限，如果防治措施不够完善，对于一些突发的现象不能及时判断和处理。

矿井突水应采取"预防为主，防治结合"的方针，重点在基建期和开采过程中进行预防。基建期主要以修建地面防水设施，减少大气降水和地表水直接渗入矿井井筒，防治方法包括合理选择井筒位置，井筒附近修建排水沟；强制矿区附近有潜在危险的河流改道或新建人工河道等。

在进行煤矿的地下开采过程中，水压是造成地质灾害的一个很重要的原因之一。地表水、老窑积水以及含水层中的地下水在水压力作用下，通过各种可能性地段流入井下，重点在于预测，边开采边探测"小窑老空水"、积水旧巷道、充水断层及含水层的位置，并在开采前及时放水；留设防水煤柱，疏水降压；注浆堵截水和注浆加固改造底板；设置防水建筑物等（肖茜，2012）。

(2) 露天矿滑坡

矿山的开采以及矸石、表土的堆放破坏了坡体的原始应力平衡，是诱导滑坡崩塌灾害的重要因素，露天矿滑坡可以出现在任何一个露天矿开采现场。随着矿山开采深度的逐渐增加，边坡滑落灾害将日益突出，为避免风险，露天矿山边坡的高度、面积、维护时间都要相应大幅度增加。

影响边坡稳定性的因素包括边坡岩石力学性质，地质构造的复杂程度，节理、滑面及断层有无交错，地下水位的移动和地面降雨情况，残余构造压力，采场内爆破作业震动的影响，采场几何形状变化，以及气候状况等。滑坡活动的形成可分为三个阶段：第一阶段为不稳定因素积累阶段；第二阶段为重力崩坠阶段；第三阶段为平衡恢复阶段，同时又是下一次可能滑坡的准备阶段，如此往复循环（梁亚林和王军，2008）。

针对上述影响因素，边坡滑坡的防治措施主要有以下几个方面：①确定合理的台阶高度与坡面边坡角；②对岩石的位移进行监测，可以发现滑坡预兆；③构建排水网络，及时进行地表水和层间水的疏通，减轻岩体内外部的水压；④人工加固边坡，增强边坡的强度，如上覆草皮、种植灌木，砌筑局部挡土墙或者预埋防滑坡的木桩等。

（3）瓦斯爆炸

瓦斯爆炸是主要矿山地质灾害之一，尤其是煤矿的主要地质灾害。全国有8个省区的煤矿易发生瓦斯爆炸，包括山西、贵州、广东、宁夏、青海、云南、新疆、辽宁，小型个体煤矿是瓦斯爆炸的多发区（魏东岩，2003）。

瓦斯灾害的防治措施主要有以下几方面：①开采前及开采过程中必须进行瓦斯抽放，以降低瓦斯浓度；②杜绝明火火源、火花、高温物体的存在；③利用先进的瓦斯监控设备严格检测，加强通风设施以及盲巷的管理；④加强员工培训，加强安全施工意识。

（4）煤尘爆炸

煤尘是煤矿开采过程中形成的悬浮在空气中的煤粉，这种煤粉不仅污染井下的空气，危害工人的身体健康（形成尘肺病），达到一定浓度和一定温度时同样会发生爆炸。通常与瓦斯爆炸共存形成链式反应，预防煤尘爆炸的主要手段是向煤层中注水，在开采工作面喷雾洒水，及时通风，同时杜绝一切明火存在于工作面及巷道内（肖茜，2012）。

（5）岩爆

岩爆是深埋地下工程在施工过程中常见的动力破坏现象，一旦因采掘挖空出现自由面，岩体中聚积的高弹性应变能大于岩石破坏所消耗的能量时，破坏了岩体结构的平衡，多余的能量导致岩石爆裂，使岩石碎片从岩体中剥离、崩出。岩爆往往造成开挖工作面的严重破坏、设备损坏和人员伤亡，已成为岩石地下工程和岩石力学领域的世界性难题。轻微的岩爆仅剥落岩片，无弹射现象。严重的可测到4.6级的震级，一般持续几天或几个月。

岩爆是一种突发性的地质灾害，其防治手段应以预防为主，主要有：①进行地质构造与应力预测的研究，以选择合适的挖掘地点，避开高应力区等危险地带；②根据岩爆发生的机理，依据岩体地应力和岩石力学参数，预测岩爆发生的地点、影响范围和危害程度，提供解决方法；③运用爆破、注水、钻孔、使用锚栓–钢丝网–混凝土支护等措施，使地应力得到合理分布，以防止岩爆现象的发生；④加强安全监测，及时预报，并做好宣传教育工作，加强岩爆灾害应急救险的教育。

（6）地表沉降、建筑物变形等灾害

地表沉降是在人类工程经济活动影响下，由于地下松散、地层固结压缩，导致地壳表面标高降低的一种局部的下降运动。据相关统计，截至 2011 年 10 月，中国华北平原地面沉降量超过 200mm 的区域已达 6 万多 km²，占华北平原面积的近一半，北京、天津、沧州等地沉降最严重[①]。在《地质灾害防治条例》中，它被定义为"缓变性地质灾害"。地表沉降与矿层开采的深度、开采范围、矿层厚度等因素密切相关。地表的沉降通常具有滞后性，且变形范围比开采范围大得多。地表沉降同时造成多种衍生灾害，引起地表建筑物的倾斜、变形、地表开裂等。地表下沉同样会导致地表潜水位的下降，从而使大量植物死亡，在生态环境比较脆弱的矿区易造成土地荒漠化的严重后果。

矿区开采导致地表沉降具有无法避免性，预防与防治措施主要有以下几个方面。

1）积极进行开采沉陷监测预报，在已开采区域科学布设地表移动观测站，定期重复地测定观测线上各测点在不同时期内空间位置的变化，并对观测数据及时整理和分析。

2）根据待采区域开采沉陷预计数据及其破坏程度，可综合采用减缓地表沉降技术来减轻地表下沉和破坏，主要有大条带协调式全采法、冒落条带法、充填条带法、水砂充填法、矸石风力充填法和离层带注浆充填法等，目前用得较多的是离层带注浆充填法，已在兖州、新汶、大屯、抚顺等矿区进行了有效应用（刘梅和曾勇，2005）。

3）煤矿开采前应对地表建筑物进行评价，对于有重大意义的建筑物应该适当的设置保护煤柱，对于已变形的建筑物则采用积极的加固保护措施。

4）恢复沉降区的地面标高，及时铺垫，尽量恢复基本农业需求，植树造林恢复生态环境；在高潜水位地区，采用挖深垫浅法，将塌陷深的区域再挖深成鱼塘，取出的土方充填塌陷浅的区域复垦为耕地。

5.2.2 土壤退化与污染防治

（1）土壤退化

土壤退化是指在自然因素特别是人为因素的影响下所发生的导致土壤农业生产能力或环境调控潜力，即土壤质量及可持续性下降甚至完全丧失其物理、化

---

① 数据来源于中国地质调查局公布的《华北平原地面沉降调查与监测综合研究》及《中国地下水资源与环境调查》。http://www.china.com.cn/news/env/2011-11-17/content_ 23939675.htm。

学、生物学特征的过程，是土地退化的核心。土壤退化大致可分为三大类，即物理退化、化学退化、生物退化。物理退化是在人类活动影响下，在各种营力作用下，土壤物质移动而导致土坡退化的过程，是土壤退化的主要形式，包括侵蚀沙化、紧实硬化、结构破坏。化学退化主要表现在养分含量不断下降、酸化、碱化、化学污染等，导致土壤养分失衡。生物退化是指有机质含量减少及土坡动物区系破坏的过程（朱祖祥，1983）。

土壤退化过程受生态环境演化和人为干扰及其强度的制约，因此其退化过程在时空上也有与之相应的各种各样的演化形式。总的说有渐变型退化、跃变型退化、突变型退化、复合型退化四种（黄昌勇，2000）。

1）渐变型退化。在生态环境受干扰因素如土壤侵蚀、放牧、耕作活动等影响超过生态系统的抵抗力时便发生退化，但其作用是渐进的、隐匿的、平稳的。因此，生态退化及其影响下的土壤退化的速度较一致，渐变型退化属于退化过程逐渐加重的土壤质量演变过程。

2）突变型退化。由于自然环境的突变或人为干扰的频率和强度过度强烈，使土壤退化在短时间内推进到更严重的阶段。例如，突发性灾害：泥石流滑坡灾害、土体崩塌；人为强度破坏：使土壤急剧变化，严重地降低土壤生产力。

3）跃变型退化。在持续不断并逐渐加剧的外部自然和人为因素干扰下，土壤退化将产生退化阶段上不连续的退化过程，如由未退化阶段跃为中度，甚至强度退化阶段。

4）复合型退化。即土壤退化中多种演化形式并存的演化。例如，很多突变型的土壤退化并不局限于阶段顺序演化，而可能跨过中间的阶段发生跃变型退化，这便属于复合退化形式。

我国的大型露天矿大都在生态脆弱区，采矿前原地貌土壤质量不高，由于不合理利用土地，使得土壤质量退化，这种退化速度慢，具有隐蔽性，属于渐变型退化；采矿后土体结构破坏，土壤物理性状严重破坏，该退化时间短，破坏性大，属于突变型退化（李俊杰，2005）。对于矿区土壤退化的研究主要集中在土壤基本物理、化学和生物学性质（特别是土壤肥力性状）；土壤资源开发利用与改良（特别是土壤培肥，盐渍土和红壤的改良等）等方面。

矿地的表土总是被清除或挖走，采矿后留下的通常是心土或矿渣，加上汽车和大型采矿设备的重压，结果所暴露出来的往往是坚硬、板结的基质，有机质、养分与水分都很缺乏，极不利于植物的生长，也不利于动物定居（夏汉平和蔡锡安，2002）。土壤退化在矿山开采过程中难以回避，其防治必须以防为主，治为辅，综合治理。防治土壤退化是一个系统工程，除了科学施肥与灌溉、合理耕作栽培，重点在于防治土壤水蚀和土壤风蚀。其防治措施主要在以下几个方面。

1）建立监测体系。矿山开采对土壤造成很大的扰动，复垦后的土地改变了土壤结构，土壤容重因此相比原地貌的变化较大。土壤理化性质彼此影响，在以露天开采和堆垫排土场为主要生产建设方式的煤矿区，原始土层的剥离、混合、堆垫等过程中，土壤原有的构造结构被极大的扰动，所以矿区复垦后的土地质量除了直接受母质的影响外，还跟土壤在堆垫中的层次顺序、机械的碾压、人工管护的方式息息相关（张耿杰，2013）。

2）工程措施。选用堆状排土方式，新造地的岩土侵蚀形式主要有面蚀、溅蚀、沟蚀、重力侵蚀、非均匀沉降等，但发生频率最高的为细沟侵蚀，最严重的为浅沟侵蚀，堆状地面是解决排土场"地表严重压实""非均匀沉降"的最好方法（吕春娟和白中科，2010）。同时畦状整地与鱼鳞坑整地是有效的防治水土流失的工程措施，边坡挡土墙也起到拦洪蓄水，存留肥沃表土的目的。

3）采取生物措施治理水土流失。生物措施包括植树造林、种草护坡、覆盖地表、等高种植、免耕、少耕、间作套种等耕作技术，其目的都在于减少雨滴对地面的直接打击，提高地表的渗水能力，从而减少地表径流量，避免土壤侵蚀。工程措施与生物措施两者应该有机结合起来，工程措施是基础，但只有通过生物措施才能永久地治理水土流失。

（2）土壤污染

矿产资源开发的周期长，矿区面积大，堆放的尾矿量也大，这就使得矿山土壤污染与其他类型的土壤污染相比更加隐蔽，而且污染强度更大、污染面积更广，其治理难度大、费用高。矿区的土壤污染源主要是物理污染物，来自工厂、矿山的固体废弃物，如尾矿、废石、粉煤灰和工业垃圾等。

矿山酸性废水和固体废物污染是土壤中重金属的主要来源（党志等，2001）。原生硫化物矿床在开采利用过程中，废弃的硫化矿物经过长期的自然氧化、雨水淋滤，导致重金属大量进入矿区土壤。土壤内酸性废水的产生是这些原生硫化矿物的氧化、风化、分解以及水–酸–气–矿物综合反应的结果。另外，矿石及围岩中的铊、砷、铅、铬含量很高，在采矿、运矿、排土过程中，尘埃污染也是土壤中重金属的一个来源，冶金工业烟囱排放的金属氧化物粉尘，在重力作用下以降尘形式进入土壤，形成以排污工厂为中心、半径为 2～3km 范围的点状污染。同时，工业排放的 SO_2、NO_x 等有害气体在大气中发生反应而形成酸雨，以自然降水形式进入土壤，引起土壤酸化。

土壤污染具有隐蔽性和滞后性。一些金属特别是有毒元素，一旦进入土壤中，不能被生物降解，主要通过离子交换、氧化—还原、吸附/解吸附、沉淀—溶解等一系列物理化学过程，最终以某种形态存在土壤中。大气污染、水污染和废弃物污染等问题一般都比较直观，通过感官就能发现。而土壤污染则不同，它往往要通过对土壤样品进行分析化验和农作物的残留检测，甚至通过研究对人畜健康状况的影响才能确定。因此，土壤污染从产生污染到出现问题通常会滞后较长的时间。一旦污染形成，整治将十分困难，短期不能见效，引起的灾害也是突发性的，即化学定时炸弹（刘敬勇，2006）。

矿区土壤污染造成农作物减产且品质降低、危害人体健康、降低土壤的生态功能，当土壤遭受污染后，土壤中的微生物群落、土壤动物等发生改变，使得土壤系统中的生物多样性降低，从而降低土壤的生态功能。为避免土壤生态功能的破坏及降低，土壤污染防治策略包括如下。

1）加强矿区土壤污染监测与评价，合理设计生态功能区与复垦规划。为了高效利用土壤资源，必须在对矿区土壤进行详细调查的基础上，根据污染物的类型及污染程度和《土壤环境质量标准》（GB 15618—1995 进行土壤质量评价和污染土壤污染物的生态风险评价。

2）矿区土壤污染植物修复。利用植物及其根际圈微生物体系的吸收、挥发和转化、降解等作用机理，来清除土壤中的污染物质。土壤重金属污染的植物修复主要是由下列三部分组成（滕彦国等，2005）：①植物固化技术，利用耐重金属植物或超积累植物降低重金属的活性，从而减少重金属被淋滤到土壤或地下水中；②根际过滤技术，利用超积累植物或耐重金属从土壤中吸收沉淀和富集有毒金属；③植物萃取技术，利用金属积累植物或超积累植物将土壤中的重金属萃取出来，富集并搬运到植物根部或其他部位。

3）施用化学改良剂。在受重金属轻度污染的土壤中施用抑制剂，可将重金属转化成为难溶的化合物，减少农作物的吸收。常用的抑制剂有石灰、碱性磷酸盐、碳酸盐和硫化物等。例如，在受镉污染的酸性、微酸性土壤中施用石灰或碱性炉灰等，可以使活性镉转化为碳酸盐或氢氧化物等难溶物，改良效果显著。

5.2.3　植被退化防治

矿区植被的破坏主要是由于矿山工业广场的建设、矸石堆放、开山修路、地面塌陷与露天采矿剥离引起的。植被破坏后，土壤结构也会发生较大改变，土壤温度和湿度的变幅增大，调控能力减弱，土壤含盐量增加，蒸发加快。随着退化过程的加剧，土壤性状逐渐趋于恶化，并最终导致土壤质量的下降。植被分布区的小气候和土壤性质发生了改变，使得矿区土地及其临近地区的生物生存条件遭到破坏，生物量减少，生态系统结构受损、功能及稳定性下降，引起水土流失和沙漠化。

对矿区进行生态重建，恢复植被的主要限制因子为水分、温度、土体构造不良、容重大、土壤养分贫乏、矸石自燃等。水分缺乏，植物代谢将会受到阻碍，甚至死亡；土体构造是土壤内在属性的外在表现，良好的土体构造要求土质疏松，土层深厚，且上砂下黏，能保水保肥；养分的缺乏使引种受到限制，有些耐瘠薄的植物也因养分缺乏而生长缓慢、不良；土壤养分含量低、结构差主要因人为排弃、堆垫废弃物引起。在分析改善各种不利因素可能性的基础上，实施以下有效恢复植被的对策（王改玲和白中科，2002）。

1）加强工程措施，防治水土流失。露天排土场要进行"表土单独剥离—存放—二次倒土覆盖"的采排工艺，同时加强工程措施，如修挡水墙、防蓄水池、进行水平整地、鱼鳞坑整地、堆状地面排土等，防止水土流失。

2）引入先锋植物。要有效、快速地恢复植被，必须引入先锋植物，从而引起恢复植被、涵养水源、保持水土的作用。选取的植物要能固氮，有助于复垦地土壤氮素营养库的建立，并且促进土壤熟化，提高土壤肥力。

3）引入乡土植被。乡土植被是在当地自然条件下生长的植被，能更好地适应当地气候条件，自然更新良好。因此种植先锋植物，生态条件改善后可适当引入乡土植被。

4）加强植被管理，合理间伐。植被管理是保持植被正常生长很重要的一环。必须注意间伐，改善林层透光状况，减少对土壤水分、养分的利用，以保证植被的正常生长。

5）增加施肥，加快土壤熟化。增施肥料，改善土壤养分供应状况，能促使植物生长，同时随着施肥水平的提高，植株生长加速，枯枝落叶向土壤中归还的有机物数量增加，还会进一步促进土壤熟化。

5.2.4 生物多样性保持

采矿对生物多样性的影响可以分为直接影响和间接影响。直接影响主要是指植被破坏、水污染、耕地损毁等；间接影响主要是指矿山固体废料不合理堆放、滑坡、崩塌、泥石流等地质灾害（秦文展，2011）。在矿山开采矿产资源的同时，要处理好开采和生态重建的关系，调节重建中的生物多样性，这是关系矿山可否持续发展、生物资源可否持续利用的问题。

由于采矿地及其周边环境是一个完整的生态系统，采矿活动势必会影响区域生态格局与各种生态过程。第一，露天开采直接破坏原生生境，形成大量的残遗斑块，影响生物的迁徙活动。同时，由于矿井采矿及其配套工程设施诸如交通线、建筑物等的建设，使得矿区生态系统原有的大面积连续的生态环境被人为分割成许多面积较小的不规则板块，甚至完全消失。限制了生物的活动范围，影响了生物生存活力，导致生物多样性受损。第二，由于采矿对矿区及周围水体、大气和土壤的严重污染，原生植物群落受到干扰甚至破坏，植被快速发生向下的演替过程，使群落物种的数量和质量下降，野生物数量和种类减少，多样性降低。第三，在进行煤矿区生态修复和重建的过程中，人为引入的外来物种入侵，对当地生态系统造成严重干扰和破坏，致使原有物种大量灭绝，导致矿区生物物种单一，生态系统退化。

矿区具有独特的地质地貌景观和生态景观，是一个集矿产价值、生态价值、人文价值、地质价值等多种价值于一体的复杂综合体。对于生态景观来说，矿山开采是一种毁灭性的行为，矿山景观生态结构破坏，景观生态功能丧失或降低，景观生态环境恶化，生态平衡受到破坏。

矿区的开拓、准备阶段，开采阶段以及复垦闭矿阶段，均要规划设计合理的生物多样性保护措施，如保留矿区土壤种子库，以及在工程措施中建设一些有助于保护生物多样性的生境，如生态跳岛等。矿区生物多样性重建技术主要包括平整土地、覆盖表土、改良土壤、建立植被、改善水文、稳定边坡、保持水土等。

5.2.5 区域生态风险防范

在美国国家环境保护局（U. S. Environmental Protection Agency, USEPA）的"Framework for cumulative risk assessment"中，将生态风险防范与管理作为累积性生态风险评估的重要应用。生态风险发生的地理区位、风险源、暴露路径及压力都是决定风险防范与管理的重要因素，风险管理策略根据贡献最大的风险要素进行设定。以风险减缓或防范为目的的生态风险评估，将规划和管理因素并入到风险评估中进行再评估，从而确定风险管理策略是否有效（EPA, 2003）。

"十一五"国家科技支撑计划重点项目"综合生态风险防范关键技术研究与示范"项目中定义了生态风险防范的涵义为"针对区域内可能对生态系统产生不利影响的风险因子，从分析系统要素和功能（过程）的角度出发，探求维护系统生态安全的关键性要素和过程"，并针对区域生态风险防范的框架与途径做出设计，将生态风险防范技术体系分为生态风险防范子系统与生态风险预警及预案子系统。生态风险防范子系统主要是在当前生态风险现状分析的基础上，针对区域内可能对生态系统产生不利影响的风险因子，提出科学有效的防范措施，尽可能地降低区域生态风险发生、发展的可能性。生态风险预警及预案子系统主要对区域生态环境社会状况进行分析、评价和预测，确定主要风险发展变化的趋势、速度以及达到某一变化限度的时间等，适时地发出生态风险变化和恶化的各种警戒信息并提供相应的应急预案，为区域降低风险提供决策依据，如图 5-2 所示。

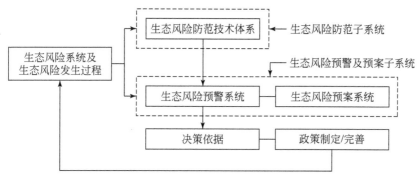

图 5-2　综合生态风险防范技术体系总体框架（王仰麟等，2011）

美国、澳大利亚等国家的矿区风险防范模式是针对生态风险评价中发现的潜在生态风险威胁，有针对性地提出相应措施。由于我国目前尚缺乏完备的矿区土地破坏生态风险研究，难以系统度量矿区土地破坏生态风险的来源与特征，从而制约了防范技术的实施。开展矿区土地破坏生态风险分类、评估与防范研究，既是生态风险研究的趋势，也符合矿区生态环境保护与可持续发展的需要。从生态风险防范研究的总体水平来看，目前仍处于起步阶段，概念性、定性的研究多（付在毅和许学工，2001），防范技术多通过生态风险预警体系完成。而矿区生态风险多为渐进性和累积型风险，难以判断预警系统的阈值，从而影响防范技术的实施。在研究区域上，生态风险防范研究以省级区域研究居多，国家和区域层面上的生态风险研究偏少，尤其是对生态风险问题比较突出的重点矿区的研究明显不足。由于矿山生态系统退化会影响周边地区的生态安全，为了矿区复合生态系统的安全运行，需要在更大的空间范围内进行防范体系与生态安全格局的构建，从区域尺度上构建矿区生态安全的保障体系。

矿区土地破坏的生态风险问题复杂，影响环节众多，风险防范的关键在于甄别风险发生的关键环节，针对不同等级与类型的生态风险设定适合的防范技术对策，并构建复垦土地的生态安全格局保障。针对具有复杂风险源的自然−社会复合生态系统的矿区，以生态风险识别与分类为基础，以生态风险评估为依据，制定有针对性和典型性的生态风险防范与管理策略是矿区生态风险防范研究的重点。我国地域面积广大、生态环境复杂、矿山类型多样、采矿工艺各异，矿区土地破坏生态风险评估与防范相关技术规范的制定必须充分考虑多样的矿山类型及自然环境条件和社会经济发展状况，因此结合矿区生态风险分布特征进行全国矿区生态风险防范分区，可推进风险防范的有效实施。

5.3　矿区生态风险防范理论框架

根据矿区生态风险防范研究的现状与问题，设定矿区土地破坏生态风险的原则，在原则指导之下针对不同生态风险问题设定避免、最小化、恢复和补偿等防范层次；基于生态风险防范技术集的建立，筛选出针对不同层次的防范途径；在典型矿区生态风险分析的基础上提出过程防范和分级防范的防范技术（图5-3）。

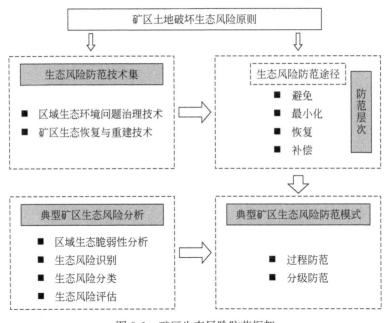

图 5-3　矿区生态风险防范框架

5.3.1　生态风险防范原则

风险防范原则（precautionary principle）最初是德国在 20 世纪 60 年代针对环境污染风险提出的，主要指"风险防范要求对自然世界的损害应当事先根据机会和可能性避之。风险防范更意味着通过综合、协调化的研究，及早发现对健康和环境的危险，尤其是原因和后果之间的联系……当不能获得科学结论性的理解时，风险防范也要求行动。风险防范要求经济相关的一切部门，开发出能够显著减少环境负担尤其是因引入有害物质而增加的环境负担的技术"。可见，风险防范中最为关键的是发现风险的原因与后果之间的联系，以及制定避免后果的技术措施和策略。

在设定矿区土地破坏生态风险防范策略，从及选择生态风险防范技术时，需遵循以下原则。

1）重点防范生态风险主导因子。生态风险受到矿业开采强度控制的危险度和矿区所处生态系统脆弱度的共同影响，体现为多种风险后果。针对每一类生态风险，防范策略基于生态风险的识别与评估，选取矿区重要的生态风险后果为防范对象，明确主导生态风险因子，设定防范技术。

2）事前预防优于事后治理。矿业开发造成生态环境状况恶化，现有的生态环境保护策略多为危害发生后的治理，生态系统的恢复需要经历几十年甚至上百年时间，治理的经济成本往往也高于风险防范成本，保护矿区生态环境尤须重视生态风险的事前预防。

3）社会、经济、生态效益兼顾，生态效益优先。风险管理中一项重要的原则是以最小的成本获得最大的保障，是基于经济成本的考量。而对于矿区土地破坏的生态风险，一旦发生生态灾难往往难以恢复，生态资本损失巨大。因此生态风险防范技术的选择与设计在考虑社会经济效益的同时，应以生态效益作为优先考量的标准。

4）内部防范和外部防范相统一原则。由于生态风险是受到风险源的危险性和生态系统的脆弱度共同决定的，防范措施一是增强区域生态系统的抗逆能力和稳定能力，增强区域生态系统的自组织力和恢复力；二是要降低或减缓矿业开发对生态系统的压力。

5.3.2 生态风险防范层次

矿区土地破坏生态风险防范所采用的技术措施由矿区生态敏感性、土地破坏程度与矿业开发阶段所决定，即针对生态风险中的风险受体特征和风险源特征制定生态风险防范策略。矿区生态风险防范的层次指的是根据矿区土地破坏生态风险等级的不同，设定满足区域生态安全要求的防范策略的等级。针对生态风险整体评价划分高、中、低等级风险区，根据风险等级和风险类型采取风险规避、风险减缓和风险适应等不同的防范策略。在几种生态风险防范/规避策略中，优先选择防范策略，补偿策略位于优先次序的最后，如图5-4所示。

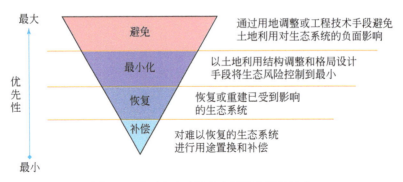

图 5-4　矿区土地破坏生态风险防范的层次

5.3.2.1　避免层次——生态高敏感区域的限制开发

对于区域生态敏感度较高，生态系统稳定性对人类干扰较为敏感，区域内具有特有生态系统或珍稀动植物物种的情况，优先选择防范策略。通过用地调整或工程技术手段避免矿业开发对生态的影响，在矿业开发前即做好包括生态风险评估在内的可行性评价，将生态风险防范意识纳入矿业生产设计与实施的环节中。

5.3.2.2　最小化层次——生态化采矿布局与工艺

对于区域生态敏感度中等，且矿业开发对区域经济社会可持续发展具有重要作用的区域，采取生态风险最小化策略。以土地利用结构调整和格局设计手段减缓矿业开发对区域生态系统的影响，以工程技术手段将生态风险控制到最小，重点在于矿业开发过程中的工程措施与生物措施。

5.3.2.3　恢复层次——矿区的土地复垦与生态重建技术

对于已经破坏的生态系统，而区域生态敏感度较高，采取恢复策略，适用于矿业开发到一定阶段的典型矿区。通过地貌重塑、土壤重构、植被恢复、废弃地综合利用等生态系统恢复和重建途径，恢复已被破坏的生态系统功能，规避破坏区域对周边生态系统造成更严重威胁。

5.3.2.4　补偿层次——矿区的生态补偿与价值置换

对于生态系统破坏非常严重、难以恢复到开发前生态系统状况，且生态敏感度和生态价值较低的区域，可重建为工业、居住、商业等功能区，对破坏土地实施补偿和置换。通过矿业开发的经济收益支持其他区域的生态环境保护工程，构建生态功能网络阻隔本区域对周边地区生态环境的负面影响。将生态补偿资金的形成、管理、监督、验收等问题明确规定，从法制上加强对企业的监督和约束，资源输入区对资源输出区进行补偿，以便从根本上改善矿区的生态环境。

5.4　矿区生态风险多层次防范途径

通过对区域生态环境问题防治与矿区生态重建技术的整合，依照矿区土地破坏生态风险防范原则，在进行矿区生态风险识别与分类的基础上，针对塌陷、挖损、压占和污染四种矿区生态风险来源，提出避免、最小化、恢复和补偿的风险防范途径（表5-1），形成生态风险防范技术集，作为典型矿区设定风险防范策略的参考。

表 5-1　生态敏感度评价指标

生态敏感度因子	指标	计算方法	方向*
生态价值 （value）	生态系统服务价值	土地利用面积×土地利用类型的生态系统服务价值当量	+
	珍稀物种分布	物种珍稀程度×珍稀物种数量	+
	植被覆盖度	植被覆盖面积/总面积	+
格局特征 （pattern）	景观形状指数	Shape Index	+
	生境连通度	COHESION	−
	生境斑块最大面积指数	Largest Patch Index	−
生态风险胁迫程度（Risk）	土壤侵蚀风险程度	降水×坡度×土地利用	+
	水质污染风险程度	土地利用面积*风险等级	+

＊表示指标数值对生态敏感度具有正向（＋）或负向（−）贡献

5.4.1　避免途径

对于矿区生态系统，完全避免土地损毁对生态系统负面影响的途径可包括两个方面，一是规避转移，将风险源转移至其他生态敏感或生态脆弱性低值区域；二是采用工程技术或生物技术，将风险源进行无害化处理，避免矿业开发活动对生态系统的影响。可采用的主要技术手段如下。

5.4.1.1　生态敏感度评价

生态敏感性是指生态系统对人类活动干扰和自然环境变化的反映程度，说明发生区域生态环境问题的难易程度和可能性大小（欧阳志云等，2000；颜磊等，

2009）。生态敏感性评价是将潜在生态环境问题进行空间化的具体途径（颜磊等，2009），有助于区域生态环境问题的预防与治理。矿区生态敏感度指的是生态系统对工程干扰的敏感性，生态敏感度高的地区容易受到人为或自然因素胁迫发生生态系统功能退化，是需严格保护及进行生态风险防范的重点区域。在矿区生态风险防范中，生态敏感度评价起到识别高敏感地区，为采掘计划提供生态环境保护的空间策略，避免矿业开发扰动破坏具有较高价值与敏感性的区域。

本书借鉴谢苗苗等（2011）在贵州喀斯特地区土地整治项目区进行的生态敏感度评价，构建生态敏感度评价指标体系，识别具有较高生态价值和易受到威胁的区域，通过筛选高敏感地区制定开采计划规避生态风险。

结合生物多样性保护目标、生态敏感状况和专家建议，通过生态价值、格局特征与生态风险胁迫程度三方面指标来度量各土地利用单元的生态敏感度（表5-1），经归一化处理后应用理想景观向量模型［式（5-1）］评价研究区的生态敏感度。式中，ES_i 为评价单元 i 的生态敏感度值；n 为指标总数，$y'_{i,k}$ 为 i 单元第 k 个生态敏感度评价因子的数值；V_k 为评价单元中生态敏感度的最低值。得出的生态敏感度划分为高、中、低三个等级。

$$ES_i = \sqrt{\left[\sum_{i=1}^{n} (y'_{i,k} - V_k)^2 \right]} \tag{5-1}$$

5.4.1.2 分区开采规避

通过矿区总体规划协调矿业开发与生态环境保护，筛选出地质条件不稳定和对水资源敏感的区域进行严格保护，从规划角度隔离矿业开发对高敏感地区的影响。采用分区域开拓的开采方式，除煤炭集中提升外，辅助各生产环节各分区域自成独立系统；以断层、河流煤柱、适当的通风距离等作为划分分区域的依据，根据矿井生产能力的大小，确定多个井田分区拓展的方式进行开采。分区尺寸的确定因走向长壁和倾斜长壁两种不同采煤方法而不同，采用走向长壁开采，分区域倾斜长是阶段斜长的倍数；采用倾斜长壁开采时，分区域倾斜长是条带斜长的倍数。分区开采不仅可以扩大煤矿生产规模，也能有效避免对地质条件复杂区域的扰动，规避塌陷风险。

例如，神东、陕北两个大型煤炭基地的保水分区方案。神东、陕北大型煤炭基地在 20 年的开采实践内出现了地下水位下降，泉水、湖淖干涸，河川基流量衰减乃至断流，流域生态变异和表生生态环境恶化等一系列严重的环境问题（黄庆享，2002）。调查发现，地下水位埋深是影响矿区表生生态环境的主控因素，保水位开采是矿区开采的重要任务（杨泽元等，2006）。研究区内煤水关系复杂，煤层开采对含水层的影响差异较大。孤立小型含水盆地型一旦破坏，则整个盆地在短期内迅速疏干；大面积含水区，在无单一土层隔水层的情况下，采煤将导致地下水位的区域性下降，进而影响河川径流量，导致流域生态变异和恶化；含水层、土层隔水层均为大面积时，采煤不会导致地下水位明显下降，但会引起地表变形；烧变岩含水体附近采煤，会造成烧变岩和补给区水位下降，必须留设一定宽度的防水煤柱（王双明等，2010）。

保水开采的分区指标主要考察采煤引起的冒裂带发育高度及其与所保护含水层的空间关系，即冒裂带是否沟通含水层。主要考虑指标包括含（隔）水层特征（隔水关键层的分布、厚度、采动稳定性等）（缪协兴等，2007）、煤层及其赋存特征、煤层覆岩物理力学性质、采动覆岩移动破坏规律等。根据现场观测及室内模拟试验、采煤实践成果，保水开采分区的主要依据是萨拉乌苏组及其水文地质条件、隔水层特征及隔水性、煤层覆岩厚度及采动破坏规律、煤层厚度及埋深等（张杰和马岳谭，2009）。

根据开采厚度和隔水岩组及含（隔）水层的空间关系划分。对于隔水岩组与采厚比大于 33~35 倍的区域，采煤产生的裂隙带不会沟通含水层，可以规划为自然保水开采区；对于隔水岩组与采厚比小于 18 倍的区域，采煤产生的裂隙带将发育到含水层，疏干地下水，必须采用特殊开采方式才能实现保水，称为保水限采区；隔水岩组厚度介于 18~35 倍采厚的大部分区域，采取一定的措施，限制裂隙带发育高度，即通过限高开采和协调开采方式，实现保水开采，称为可控保水区，该区域是扩大保水开采的主要区域（王双明等，2010）。

根据以上开采条件划分，可将陕北侏罗纪煤田大致划分为四大块、三种区域性采煤方法，即：①长壁综采区；②特殊综采区；③长壁限高开采区。要实现保水位采煤，一是要查明地质环境条件，科学划分基于保水的开采条件分区；二是选择合理的开采区域，根据各区地质特征，制定采煤方法规划，确定合适的采煤方法；三是调整采煤方法，控制水位下降，使采煤引起的水位下降幅度不得超越合理生态水位（王双明等，2010）。

5.4.1.3 开采沉陷治理

"分层采煤法+充填+灌浆模式"适合于煤层厚度大，沉陷边界重叠，开采程度高，沉陷面积广的煤矿开采沉陷治理，如华北平原区。覆岩离层带充填+土地复垦模式，通过选择采矿方法和工艺、合理布置开采工作面，从而减少地表下沉，控制地表下沉速度和范围。覆岩离层分区隔离注浆充填技术理想的适用条件是在分区隔离工作面采长较大的情况下，既能保证关键层下的离层盆地达到充分采动，同时又能保证覆岩关键层不破断失稳。

"分层采煤法+充填+灌浆模式"适合于发育覆岩离层的区域，如淮北矿区等

（朱卫兵等，2007）。淮北矿区某矿 II 102 采区位于矿井 2 水平西部，整个采区均被村庄压覆，采区走向长为 2340m，倾斜宽为 700m，面积为 116km²。主采 10 号煤层，煤厚为 215m，煤层平均倾角为 18 度，平均采深为 600m。地面标高为 27m，表土层厚为 240m。由于整个采区曾被岩浆岩侵入，在煤层上方 180m 处形成一平均厚度达 120m 的巨厚火成岩，火成岩最厚处达 169 m。经测试火成岩的单向抗拉强度为 719 MPa，单向抗压强度为 9614 MPa，弹性模量为 3214 GPa，泊松比为 01256。根据该采区覆岩赋存特点，决定采用覆岩离层分区隔离注浆充填技术实现不迁村绿色采煤。采用薄板理论估算巨厚火成岩的初次破断距为 240 m，确定采用 220 m 的长壁工作面回采；该矿基岩上、下山移动角均为 75°，关键层与煤层间距 180 m，为了防止关键层下封闭的各离层空间连通，所需留设的分区隔离煤柱宽度大于 96 146 m，取分区隔离煤柱宽度 100 m，经渐近破坏理论检验其能保持长期稳定。将煤矸石破碎成小于 2 mm 的颗粒与粉煤灰混合作为骨料，由水携带经地面钻孔输送至巨厚火成岩下的离层区域，水则由打到离层区域的井下放水孔持续排出，如此循环，直到矸石粉和粉煤灰充满离层区（朱卫兵等，2007）。

5.4.1.4 截流减源

矿区开采改变原始地貌形态，从而影响了区域水系，同时矿区煤炭开采和洗选产生大量矿井水和洗选废水，避免污染水源对当地水系的破坏是矿区生态风险防范的重要组成，与井工矿塌陷区积水、露天煤矿挖损造成水系破坏、水环境污染等风险密切相关，可采用截流减源的方式规避此方面的风险，采取工程措施减少矿山的水量和矿岩与空气的接触时间。

在露天矿山的边界挖排水沟或引流渠，截流由于山洪暴发或矿区以外各种地表水，避免其进入矿区的露天采场、废石堆场等地区；对塌陷裂隙、废弃钻孔等渗漏水可通过的地区进行灌浆或构筑防水墙，隔离渗水裂隙，减少矿井漏水量；对于井工矿区，采用回填矸石控制顶板的方法防止地面水沿塌陷裂隙渗入老空区；设立专门的排水系统，集中排酸性水，并在地表拦蓄起来使其蒸发、浓缩，后期加以处理，免除污染。

例如，淮南矿区潘集矿区，位于淮南矿区的北部，区内有在产矿井 4 对（潘一矿、潘二矿、潘三矿、潘北矿）及在建矿井 1 对（朱集矿）。潘集区煤炭资源未开发前，以农业生产为主，区内天然、人工水系发达，水利设施密布，主要河流为"三横三纵"自南向北依次为架河西干渠、泥河、瓦沟，自西向东依次为泥河主干渠、架河北干渠、利民新河，另外区内还修建有主干沟渠 29 条，次要沟渠 300 多条（童柳华等，2009）。历经 20 多年的开采，潘一矿井田范围内地形有较大的变化，采空区上方形成了许多大小不一的塌陷坑和积水塘。截至 2008 年年底，潘一矿塌陷区面积近 674 万 m^2，最大沉陷量已达 4.2m，从而导致沉陷区范围内堤坝、沟渠、排灌站等不同程度的损害。潘二矿井田范围内截至 2008 年年底累计塌陷面积 120 多万 m^2，其中西翼采空区的地形变化最大，形成大面积积水，占整个塌陷区面积的 15.6%。主要水系泥河自西北向东南流经井田中部，架河西干渠位于井田西南部。潘三矿矿开采影响泥河堤坝及泥河桥的稳定性，塌陷区主要分布于泥河沿线，导致堤坝年年维护，土源及安全隐患日趋突出。通过调查研究和资料分析，根据水系受损程度并结合工程实践经验，受损水系的治理对策包括：对潘一矿塌陷区水域应进行重新疏导、整合，农业用水宜采取就地取水，就近引导的方式，在沉陷段新建二级电灌站抽水灌溉；潘二矿塌陷范围内穆庄孜东渠和陶王大渠水系破坏影响较为突出，采取退堤坝为湖的方式，将架河东干渠和陶路积水区连成一片，农业用水采取抽灌方式；将潘三矿西翼采区泥河段退河为湿地和湖，这样既能保证周边农田灌溉，又能减小洪涝期泥河上游对下游的影响，东翼采区采取退河为湖的方案，以起到蓄水灌溉、防洪及养殖作用。对于整个矿区而言，矿井北部泥河堤坝可采取继续加固维护的方案；西翼采区的沉陷区退河为湿地，形成水面养殖；东翼采区的沉陷区退河为湖，通过人工开挖的渠道，将零散的积水区连通为大面积湖面，同时在东翼泥河段沉陷区边缘建涵闸，可以控制上游和下游的水位。采用该治理方案不但可以充分利用积水区域，还可以从源头控制泥河水量，保证了其下游潘一矿在洪涝期间的安全（童柳华等，2009）。

5.4.1.5　封闭尘源

工作面产尘是矿井粉尘的根源，在煤矿井下的采煤、掘进、运输、提升等生产环节中，主要产尘作业工序有：风钻或煤电打眼；火药爆破或机组截割落煤；爆破后清渣装车或撬煤；提升运输；转载装卸；采掘作业空间顶帮支护；采空区处理；锚喷等。粉尘产生量的大小与地质构造、开采方法、采掘机械化程度、环境温湿度及通风条件等因素有关（王世潭，2005）。

治理工作面产尘的方式可采取一定的密封措施，严格封闭产尘部位和设备，使粉尘封闭在一定的空间内，如在牙轮钻机的凿岩平台上设置孔口集尘罩，使产尘部位全部封闭，就能控制粉尘。穿孔作业防尘：利用干式捕尘、湿式除尘及两种相结合的方法来进行除尘。干式捕尘方法适用于水源缺乏、冰冻期长而又无采暖设备的地方煤矿以及不宜用水作业的特殊岩层。目前，我国煤矿一般采用干式孔底捕尘凿岩机和 75-1 型孔口捕尘器。湿式打眼方法即在打眼过程中，将压力水通过凿岩机或煤电钻送入钻孔，以湿润、冲洗和排出产生的粉尘。预湿煤体防尘方法是在工作面开采前，预先用水通过钻孔和裂隙注入未开采的煤体，使水均匀分布在煤体结构中。目前，煤矿主要采用静压注水和动压注水方法。实践证明，在工作面掘进过程中，提前对煤体注水，延长注水时间，会大大减少粉尘的产生。

以山西省寿阳矿区为例，矿井采用斜井开拓，中央分列式通风，两个主斜井进风，副斜井回风；井田煤层赋存稳定，矿井为低瓦斯矿井，煤层具有煤尘爆炸危险性，煤的自燃发火倾向为二级自燃煤层；水文地质条件属于中等类型，无导水断层和导水陷落柱。矿区采用煤层注水工艺遏制煤尘事故发生，利用两巷在煤层采煤前采用探水钻进行注水。煤体内的裂隙中存在着原生煤尘，注水可将原生煤尘湿润并黏结，使其在破碎时失去飞扬能力，从而消除尘源。当煤体在开采过程中受到破裂时，绝大多数破碎面有水存在，从而消除了细小煤尘的飞扬，预防了浮尘的产生。水进入煤体后，使其塑性增强，脆性减弱，改变了物理性质，减少煤尘产生（徐可群等，2011）。

5.4.1.6　表土剥离与储存

为避免矿业开发对土壤的破坏，提高土地复垦中的土源质量、降低后续土壤改良难度，保护土壤种子库资源，进行矿区表土的剥离与储存等管理（付梅臣和谢宏全，2004，图5-5）。表土剥离工艺在划分造地区、条带、取土区时，应结合煤层储存条件和塌陷预计结果进行合理划分，按照开采时序划分工期进行施工，地表坡向与沉陷方向相反，满足塌陷后整平。划定专门的表土堆放处，将剥离表土倒置分层放置于表土堆放处，并按照取土次序依次开采，完成开采任务后，依次复垦。利用"条带复垦表土外移剥离法"、"梯田模式表土剥离法"、"生态预复垦表土剥离工艺"等表土剥离与管理技术保护表土资源，保持原有的土壤剖面结构层次，维持土壤生态环境，并在施工中通过合理调配达到改善表层土壤质地的作用，提高土壤质量，减少后续的土壤改良难度。

以伊敏矿区为例（刘小翠等，2010），伊敏煤矿位于内蒙古自治区呼伦贝尔市鄂温克族自治旗境内，北距海拉尔区85 km，距滨洲铁路及301国道78 km。地理坐标为东经119°30′~119°50′，北纬48°30′~48°50′。矿区内土壤以黑钙土为主，黑钙土发育于温带半湿润半干旱地区草甸草原和草原植被下的土壤，其主要特征是土壤中有机质的积累量大于分解量，土层上部有一黑色或灰黑色肥沃的腐殖质层，在此层以下或者土壤中下部有一石灰富积的钙积层，本区腐殖质层厚度为20~50cm，有机质含量为2.9%~4.0%，pH为8.0~9.1，土壤质地为轻壤-中壤土，钙积层埋深为40~60cm，厚度为20~30cm，土壤养分状况是缺磷、富钾、氮中等。

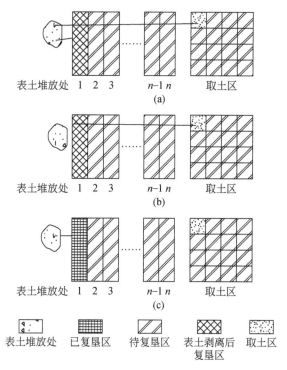

图 5-5　生态复垦的表土剥离与堆放示意图（付梅臣和谢宏全，2004）

草原矿区表层土壤是珍贵的熟化资源，含有丰富的有机质、微生物以及庞大的种子库，而表层土壤之下的土壤多为含砾较多的砂质土壤与沙化土壤。因此，为保证后期复垦工作的实施，需要从基建期开始对表层土壤进行剥离。表土层相对较软（除冬季），不需要爆破，由挖掘机直接剥离、装运。对于基建期间剥离的表土直接铺覆于附近存在一定程度退化的草地上作为临时堆土场。当排土标高达到设计标高后，需要进行及时的覆土，在覆土之前，需使用整平机或推土机平整平台台面，然后将剥离的表土铺覆到上面，以便于后期的土地复垦。当采取剥离的表土达到一定量后，可以实施"边采边覆"，将剥离的草皮分别铺覆于前面结束整地的内排土场。这样，一方面减少了表层土壤的二次搬运，另一方面减少排土场的地面裸露时间，缓解了风蚀沙化。由于表土堆放时间较长、土壤结构松散，易受到风蚀及水蚀的侵害，在堆放的表土周边采用纤维土袋垒砌土墙作为临时挡护，其他裸露面采用撒播草籽的方法进行防护（刘小翠等，2010）。

5.4.2 最小化途径

矿区生态风险防范中的最小化途径是在矿业开发过程中利用工程技术手段减少矿业开发对生态系统的扰动。采取的手段主要包括布局优化和有害物质减量化两个方面，布局优化指的是从矿区总体规划和工业布局的角度优化生产配置，减少资源损失和有毒有害物质排放。

5.4.2.1 分层回填

井工煤矿和露天开采会造成地质层序紊乱，极易造成塌陷与裂缝，从而影响生态系统的稳定性。采用分层回填的方式利用经无害化处理后的矸石或剥离物等材料进行回填，稳定地质条件，减少塌陷的程度与面积，并避免在土地复垦后期出现非均匀沉降等风险。

以安徽恒源煤电股份有限公司五沟煤矿为例（涂磊等，2012），其主采煤层为 10 煤，第四含水层直接覆盖在该煤系露头之上，防水煤柱压煤约 3664.4 万 t，资源损失严重。目前矿井开采煤层为二叠系下统山西组 10 煤，为主焦煤，煤质优良，是国家提倡的洁净环保用煤。由于 10 煤上方覆盖 272.9m 左右的厚松散含水层，特别是其底部平均厚 20.7m 的第四含水层，直接覆盖在该矿开采煤系露头之上，对煤系地层直接进行渗透补给，给浅部煤层的安全开采构成了明显的威胁。通过对含水层下矸石充填开采技术进行研究和试验，将矿井开采上限提高至 -255m，最大限度地安全采出防水煤岩柱所压覆的煤炭资源，提高资源的回收率（涂磊等，2012）。

防止四含水进入矿井，威胁矿井安全生产的主要因素就是导水裂缝带的发育高度，因此有效控制导水裂缝带发育高度对矿井提高回采上限、回收防水煤柱煤炭资源具有重要意义。矸石充填开采是通过机械化充填设备将破碎矸石充入采空区，限制顶板垮落下沉来达到控制上覆岩层移动和减轻地表沉陷的目的。因此，矸石充填开采覆岩破坏控制的效果是关键因素，采空区矸石充填体的有效厚度决定了矸石充填开采后的覆岩破坏和岩层移动程度。在四含为富水中等砂岩区域需要留设防水安全煤岩柱顶水采煤，采用综采矸石充填技术控制覆岩破坏高度，开采上限可提高至岩面下 33m 处；比采用常规的全部垮落法管理顶板时的防水安全煤岩柱高度缩小了约一半（30m）。因此可使五沟煤矿矿井的可采储量增加1000 万 t 以上（涂磊等，2012）。

充填工艺为矸石在地面投料站筛分破碎后经投料井直接进入井下矸石仓，再经矸石仓给煤机通过风巷矸石运输带式输送机转运至工作面，通过转载机将充填矸石转运至支架后尾梁上的充填刮板输送机，最终通过矸石输送机天窗将矸石料投入充填支架后方采空区，经充填支架的夯实机构将矸石推入采空区并压实。实施矸石充填可减少矸石地面排放和堆积对耕地的侵占，消除矸石自燃对环境的污染和破坏；同时矸石充填置换煤炭能够大幅度减轻地表塌陷，保护地面建筑物和农田，以实现矿区资源开采和生态环境的和谐发展。

5.4.2.2　废水减排

从改进工艺入手，杜绝和降低污染的产生，以求最大限度地降低污染物的排放量或浓度。例如，采用尽量不用或少用水的工艺流程，尽量不用或少用易产生污染的原料、设备及生产工艺；采用无毒药剂代替有毒药剂；选煤废水防治的最佳手段是实现厂内洗水完全闭路循环，建立事故池，当厂内发生事故时，使煤泥水不外排；建立煤泥水恶化的处理系统，经深度处理后继续使用，使选煤厂实现厂内洗水完全闭路循环。采矿废水的处理技术主要包括洁净矿井水的清污分流方式处理，含悬浮物矿井水的混凝、沉淀、过滤、消毒等工艺，煤矿巷道开拓初期废水的加药絮凝沉淀，矿山酸性废水的中和法、生物化学中和法、硫化沉淀及沉淀-浮选法、湿地法等。

以铁法矿务局为例（李亚峰和苏永彬，2002），各矿选煤厂煤泥水日排放量大，污染范围广，绝大部分直接进入地面水系，造成了河道淤塞，影响农田灌溉、工业用水和生活饮用水水质。该局全年排放煤泥水约 300 万 m^3，悬浮物浓度为 20 000～35 000 mg/L，超过国家环境保护标准限值约 90 倍。CODCr 为 6000～10 000mg/L，是国家排放标准限值的 60～100 倍。该煤泥水特别稳定，静置几个月也不会自然沉降。经分析得知该煤厂煤泥水呈弱碱性，悬浮物浓度和 CODCr 浓度较高，带有较强的负电荷，煤泥水的"稳定性"与胶体的 ζ 电位间存在一定依存关系，如果在煤泥水中加入混凝剂降低 ζ 电位，则"稳定性"被破坏，颗粒可沉降。通过大量的实验，选择出电石渣（DZ）和二氯化钙（LG）两种混凝剂在该局的 3 个选煤厂煤泥水治理工程中采用，效果十分显著（李亚峰和苏永彬，2002）。

当煤泥水中加入混凝剂破坏胶体后，煤泥颗粒发生了凝聚，原来不能沉降的煤泥可以沉降，只是颗粒较细，沉降速度很缓慢。此后再加入絮凝剂，可以使固体颗粒形成一种任意、松散和多孔结构的絮凝体，使沉降速度加快，通过实验，选择高分子絮凝剂 PAM。可形成较大的絮体，该絮体沉降速度快，且易于过滤。其加药比分别为：DZ 与 PAM 联用为 1000∶112∶10，而 LG 与 PAM 联用为 1000∶20∶5。煤泥水经处理后，上清液 SS 和 CODCr 都达到国家废水排放标准，但当采用 DZ 时，pH 较高，需加酸调节。而采用 LG 作为混凝剂时，上清液 pH = 7.0

左右，处理水可排放，也可回用于洗煤（李亚峰和苏永彬，2002）。

5.4.2.3 防尘抑尘

对于煤炭开采来说，粉尘污染对生态系统影响最为严重的区域为露采区和选厂。露天采场的粉尘污染主要来源于穿孔、钻眼、爆破、二次破碎、汽车运输和装卸过程中。主要的防治对策如下。

对爆破作业尘毒污染防治主要采用通风防尘毒、工艺防尘毒和湿式防尘毒三种方法，可达到渠道稀释、转移污染物的作用。露天矿运输道路防尘的根本途径是使用永久性的水泥混凝土路面，但由于经济技术原因达不到的情况下，露天矿区车辆运输道路路面的防尘措施主要是洒水车碰洒、管路加压碰洒、乳液抑尘剂处理路面（成本低，无二次污染）、喷洒钙镁等吸湿性盐溶液等。选煤厂粉尘扩散的方法主要是密闭控制、消除高度势能差，利用排风系统控制尘源等方法。

以福建省仙亭煤矿为例（徐建智，2011），至今有20年开采的历史，矿井设计生产能力30万t/a，矿井核定生产能力30万t/a。2000年进行第二水平开拓延伸，2004年5月投入生产，开采范围为上京井田660m水平以下的煤层，东以F6断层为界，南以115线勘探线为界，西以F10断层为界，北以F3断层为界；矿井开采标高为660~100m；主、副斜井井口标高为660m。开拓方式和现生产水平：仙亭煤矿的开拓方式为斜井开拓，矿井生产水平分为三个水平，即第一水平为660~500m，现有二采区、五采区、六采区等在500m水平进行探采和复采；第二水平为500~300m，现有201采区、202采区、205采区三个采区在开采；第三水平为300~100m水平，为接替水平。矿井主要采用通风降尘，矿井通风方式为分区抽出式机械通风。副斜井为主进风井筒，主斜井为辅助进风井筒。矿井瓦斯等级为低瓦斯矿井，煤尘无爆炸性，无自燃倾向性。采取的矿井通风降尘管理措施包括：①矿井引进使用对旋式通风机改善长距离工作面通风质量。②针对回采装煤时产尘大的特点，矿井使用降尘减噪设备，安装在采煤工作面装煤眼口，降尘达40%以上，达到直接降尘目的，改善了作业通风条件。③使用新型喷雾头以及自动喷雾装置。矿井引进了新型的喷雾头代替了农用喷雾头，提高了喷雾效果，达到降尘的目的。在500m进风巷道安装使用自动喷雾装置。该自动喷雾装置在车辆及行人通过时喷雾系统能够自动关闭，待车辆及行人通过后喷雾系统可以自动开启，达到净化风流的作用，减少了人为因素对喷雾正常运行的影响。④引进使用煤层注水设备，从采煤工作面的产尘源头直接降尘，同时也可节约爆破装药量，提高回采工效。矿井分别在33号、35号煤层试行煤层注水开采，软化了煤层硬度，提高了煤层含水量，降低了煤层开采时的产尘量（徐建智，2011）。

5.4.2.4 滑坡治理

滑坡治理是矿区防治地质灾害的重要措施，包括疏干排水、削方减载+薄面防护、锚杆+注浆加固等模式。疏干排水治理模式，适用于富水地区的边坡，减少地表水向边坡岩土体渗透并排出边坡岩土体。削方减载+薄面防护治理模式，适用于边坡过陡且岩土体本身结构不稳定的边坡。削方减载一般包括滑坡后缘减载、表层滑体或变形体的清除、放缓边坡坡度以及设置马道等，以减小下滑力同时增加滑体的支撑力，使边坡达到理学平衡状态，以维持边坡的稳定。坡面防护常用的方法有植被防护和工程防护。锚杆+注浆加固模式，适用于边坡高陡、岩性复杂、岩体破碎、力学性能差的岩质边坡，以及岩层风化剥落、膨胀变形严重、风化层较厚、防护面积较大的大型滑坡体。主要技术要点在于通过锚杆增强边坡滑动面上的正压力，提高滑面上的抗滑力；同时，通过注浆改善裂隙岩体或软弱夹层的物理力学性质，增大抗压、抗拉及抗剪强度，堵塞地下水的通道，并以浆液置换岩体裂隙中的地下水，提高抗水性，降低透水性，达到提高边坡整体稳定性的目的。

(1) 坡面防渗和排水系统工程、护坡与挡墙工程

我国适合露天开采的煤田主要分布在西部及西北部的黄土高原地区，在排土场形成过程中，随着排土台阶的增高，排土载荷的增加会产生地基型破坏，这类滑坡危害巨大，以其隐蔽性、突发性、高速比、多级性和灾害性以及滑后超稳性为显著特征。1991 年 10 月平朔安太堡露天煤矿南排土场特大规模灾害性滑坡是我国采矿史上规模较大危害较重的一次工程地质灾害（洪宇，1999）。对于安太堡露天煤矿南排土场的滑坡综合治理工程措施主要包括坡面防渗和排水系统工程、护坡与挡墙工程。南排土场滑坡治理工程已经历了数年的考验，滑后监测结果显示出治理工程的成功性，采取的相关措施如下（洪宇，1999）。

防渗措施：为防止大气降水沿坡面渗入进一步恶化滑体边坡条件。对经过清理整平压实后的平盘和缓斜坡进行坡面防渗处理，防渗材料采用掘场剥离黏土，沿坡面堆放后，由推土机推平碾压，要求压实厚度为 1~1.5m。滑体范围内全面防渗处理后，可增加排弃压实黏土量约 41 万 m^3。

排水系统工程：滑坡界外拦截工程，包括滑体东侧截水土坝及导水沟系统；过水路面排水及导水沟系统；水平排水沟系统。

护坡工程前缘清理形成的三个台阶中，1330 平台为平鲁公路位置，1315 平台为矿区公路，而 1310 平台以下是矿山工业广场，因此均需进行台阶斜坡护坡处理，护坡长度为 1699m，总面积约 0.6km^2。

挡墙工程为保护工业广场的整洁和作业环境的安全,1330 坡脚至办公楼、机修厂一线,需建筑浆砌块石挡土墙,共长 645m,体积 3724m³。

（2）垂直锚杆式钢筋砼挡土墙支护治理

对于露天边坡的垂直高度大的矿区可采用垂直锚杆式钢筋砼挡土墙支护治理方式。某原新建煤矿单独保留矿井经兼并重组整合后,开采方式由井工矿改为露天开采,开采深度为 1200～900m 标高。该煤矿为典型的深凹露天煤矿,最大的凹陷开采深度达 110m 左右,最终形成达 300m（覃辉煌等,2013）。

在边坡发生滑坡之前,土体已经出现裂缝,由于连日大雨冲刷导致滑坡事件发生。通过对滑坡事件调查,查清了滑坡的范围、性质和滑体结构,查明了滑坡的规模、分条、分块、分层、滑动面的空间形态和地下水的补排等地质条件,并布置滑坡位移监测网。根据野外调查和勘探,该滑坡是在深凹露天煤矿采场边坡形成后,发生连续暴雨,雨水沿土体表面垂直裂隙下渗而引发的。滑坡产生后,坡体表层出现了弧形的张拉裂缝。由于滑坡体总体已滑移,滑坡土体的残余强度极低,土体松散,力学强度低,采用预应力锚索抗滑桩、预应力长锚索加固时,因锚索易受酸性水锈蚀和应力松弛及土体蠕变等不利因素影响,且工期长、工艺复杂、费用高、施工难度大,加固效果极差,故不宜采用;补强土体只是局部强度提高,而整体抗拉强度仍低,难以满足彻底根治的要求,不宜采用;采用钻孔灌注桩加固时,由于设备重、耗水量大,钻孔冲击震动荷载大,会加剧滑坡体的滑移,且工期长、投资大,也不宜采用。经过技术、经济及施工几方面的综合比较,结合应急处理与彻底根治的需要,决定采用垂直锚杆式钢筋砼挡土墙支护治理方案（覃辉煌等,2013）。

垂直锚杆式 C25 钢筋砼挡土墙是一种复合型的支护结构,其基本原理是利用钢筋砼挡土墙作为直接挡土结构,挡土墙基础附加设置垂直锚杆,锚杆深入基础下部岩体,将坡体下滑力传递到稳定地层中,从而达到支挡滑体、增加坡体抗滑力的目的。通常情况下,钢筋砼挡土墙的抗倾覆能力、拉应力、压应力满足稳定要求,抗滑能力不足。其支护原理是利用钢筋砼挡土墙进行抗倾覆与抗滑,利用垂直锚杆弥补抗滑的不足,并通过锚杆将坡体下滑力传递到稳定地层,从而达到利用滑体抗滑段的抗滑力、减少支挡结构的荷载、防护加固滑坡的工程目的（覃辉煌等,2013）。

5.4.2.5 泥石流防治

露天开采造成地表形态的永久改变,并产生大量的采矿废渣堆积,这些引发了矿山泥石流。泥石流的治理应以改善地表植被覆盖为根本途径,提高植被覆盖度，提高植被质量，并配合排水工程、拦挡工程、排导工程和拦淤工程，在沟谷上游设置排水工程做为辅助工程措施，在区域下游和流通去的开始段设置拦挡工程，在流通区设置排导工程，在区域下游设置拦淤工程。拦渣坝+排导槽模式适用于流域地表松散、物质丰富的地区，如黄土高原区等。排水+停淤场模式适用于坡面水土流失，以及受到车辆来往扰动较为强烈的区域。

以太行山北段东部唐县倒马关大石峪金矿区为例（刘翠娜等，2012），本区域属构造侵蚀的中低山区，海拔为 500 ~ 1256 m，相对高差达 756 m，地势西高东低、起伏较大，地貌形态多为山垅、圆顶山；区内地势陡峭，切割强烈，沟谷纵横，多"V"形河谷；区内唐河贯穿，沿唐河两岸多峭壁，第四系堆积物在唐河两岸及沟谷中呈条带状分布，大石峪金矿区位于唐河支流上游，矿山一带地形坡度较缓。多年的采矿活动在大石峪村附近的唐河支流内堆积了大量废石，在矿区内堆积了大量废石、尾矿砂，造成当地水土流失严重，并极易诱发泥石流。在大石峪金矿区泥石流治理中，根据泥石流隐患源头有大量废石、尾矿砂，所在流域地形陡峻，雨季多暴雨，上游来沙量大，下游河道没有很好的排沙或停淤的地形条件等特点，制定如下泥石流防治方案（刘翠娜等，2012）。

1）修建拦渣坝。在确保金矿区主要工程措施布置到位的前提下，因地制宜，合理布置拦挡工程，并在采矿场、排土场、尾矿库等重点区域周围设置挡土墙。排土场设计中应合理确定堆放角度，保证堆放角度小于安息角，从而确保堆渣稳定，避免出现堆渣坍塌或滑坡。

2）修建截排水设施。在尾矿库南边修筑一条浆砌片石结构、矩形断面、宽 50cm、高 30 cm 的坡面截水沟，采用水泥砂浆勾缝，以减少洪水对渣堆和坝体的冲击作用，保证重力式实体拦挡坝的安全运行。排水沟在坡脚随地形变化而变化，一般坡度小于 7%，并设立消力坎。

3）覆土绿化。对矿山废弃地进行土地复垦和植被恢复是减少矿山水土流失的关键，对于土壤进行处理，降低土壤中的氰含量，修复土壤污染。在植被修复过程中要选择根系发达，水土保持效果好，具有抗干旱、耐瘠薄、易成活的树种，在本矿区，护坡树种以紫穗槐、火炬树为主，平地种植的树种，以刺槐为主，搭配火炬树、油松、榆树等，采取刺槐与火炬树相间种植，油松、榆树散布其间的布局方式。

5.4.3　恢复途径

矿区生态恢复与重建是治理矿业开发对矿区景观破坏的重要措施，可减缓土地破坏对区域生态系统的影响，是矿区土地破坏生态风险防范技术的重要组成部分，目前主要采取以下几种模式。

5.4.3.1 剥离−采矿−复垦一体化工程技术

剥离−采矿−复垦一体化工程技术是指将矿山采掘与复垦结合在一起进行规划设计的工程技术，统筹规划采剥作业与复垦覆土作业（彭建等，2005）。主要应用条带剥离、强化采矿、条带复垦及循环道路等技术，根据采掘计划确定剥采量与剥采条带数量，剥离后的岩石与表土通过大型铲运机经循环道路运输至复垦条带按顺序铺放，并经平整后满足复垦需求。由于剥离−采矿−复垦一体化工程技术需要在采掘计划制定的同时设定复垦计划，循环道路等基础设施占用较多空间，运输采剥岩石与表土工程量大，此技术适用于大矿山、地形较平坦的矿区。

以山西平朔安太堡露天煤矿为例，将矿区划分为若干区段，根据剥离条带进行分区段剥采，剥采土石分开铲装，在复垦条带上进行铺洒式排放，岩石排放在下部，表土排放在上部，之后采用大型平地机进行平整，实现"采掘−运输−排弃−整形−复垦"的一体化要求。安太堡露天矿开采期间水平扰动面积为 60 km²，垂直挖损深度为 100～150 m，垂直堆垫高度为 30～150 m，地貌景观由原来的黄土缓坡丘陵逐渐变为平台与边坡相间的大型堆积体的正地形和剥离坑道及采坑等组成的负地形（周伟等，2008）（图5-6）。

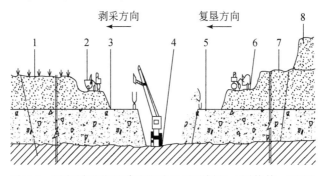

图 5-6　平朔露天矿区采矿和造地过程剖面（周伟等，2008）

5.4.3.2 地貌重塑

矿业开发造成地貌形态发生改变，形成挖损地貌、塌陷地貌和堆垫地貌，地貌形态的改变造成区域土地退化风险加剧，容易引起水土流失、盐渍化等风险后果。针对地貌形态改变采取的主要工程技术措施旨在恢复原有地貌形态，或建立更加稳定的地貌形态。主要包括陡坡改梯模式、挖深垫浅模式、泥浆泵充填技术、矸石山整形技术、动态充填复垦技术。

（1）陡坡改梯模式

陡坡改梯复垦措施就是沿等高线平整矿区塌陷土地，改造成环形条带水平梯田或梯田绿化带，一般适用于潜水位较低的塌陷区、积水塌陷区的边坡地带、井工矿矸石山等。梯田平台应修整为略向内倾的反坡，以挡蓄雨水保持水土。梯坎高度与田面宽度，应根据地面坡度、土层厚度、工程量大小、种植作物种类、耕种机械化程度等因素综合确定。

（2）挖深垫浅模式

通常在浅塌陷区采取挖深垫浅模式，浅塌陷区多在开采煤层厚度不大的矿区形成，结果使地下水位相对上升，地表大面积积水，使农田绝产，这在高潜水位地区尤为突出，即形成大面积塌陷区。根据塌陷区的地理位置，将塌陷区的盆地挖深，用挖出的泥土将塌陷区边缘填高，挖深部可进行养鱼及其他淡水养殖，同时种植水生植物，浅部填高区可作水田或旱田，周围修整排灌设施。

（3）泥浆泵充填技术

泥浆泵充填技术就是模拟自然界水流冲刷原理，运用水力挖塘机组将机电动力转化为水力而进行挖土、输土和填土作业，即由高压水泵产生的高压水，通过水枪喷出的一股密实的高压高速水柱，将泥土切割、粉碎，使之湿化、崩解，形成泥浆和泥块的混合液，再由泥浆泵通过输送管压送到待复垦的土地上，然后泥浆沉积排水达到设计标高的过程。对于采煤沉陷盆地来说，可以通过水力挖塘机组将沉陷较深的区域再挖深，用取出的土充填沉陷较浅的区域形成平整的农田，实现挖深垫浅复垦土地的目的。该工艺主要应用在挖深垫浅的复垦方法中，因此又称泥浆泵挖深垫浅复垦法。

（4）矸石山整形技术

矸石山整形技术主要是针对矿区中遗留下的矸石山以及仍以矸石堆积排放法为主的矿区。通过对矸石山进行整形改造，进行种植绿化使之达到消除危害、美化环境甚至获得一定的经济收益。根据矸石山整形后的几何形状，可将矸石山整形形式分为梯田式、螺旋线式和微台阶式三种。矸石山整形主要考虑矸石的岩石力学性质，以保持边坡稳定为原则，同时要注意设计抗侵蚀能力与防止水土流失。

（5）动态充填复垦技术

动态充填复垦技术主要用于解决未稳沉采煤塌陷区土地复垦问题，是在采煤塌陷未完全、积水未形成时进行，它根据所要复垦的规模、范围及目标由工程设计计算和工程实施两个阶段组成，所述工程设计计算阶段包括计算预计下沉量、施工田块划分、确定施工参数等步骤。动态复垦实现采矿与复垦的充分有效结合，可降低复垦投入，缩短复垦周期，增加复垦效益，并可促进矿区土地资源的可持续利用及矿区可持续发展的实现，能有效减缓矿区因采煤塌陷、植被破坏、水土流失等造成的生态环境恶化，最大限度地保护土壤资源。

以山西省吕梁山脉西北端的斜沟煤矿区为例（王帅红等，2011），其地形属黄土丘陵沟壑区。矿区 15°以上的土地面积占 60%以上，沟壑密度高达 2~7.6 km/km²，植被覆盖率为 20%~35%，土壤以淡栗褐土为主，占 85%。原地貌土壤侵蚀模数在 4000~5000 t/（km²·a），有的地方达 10 000 t/（km²·a），是山西省乃至全国范围内水土流失最严重的地区之一。耕地中坡度 5°~25°的面积占总面积的 79.80%，平均每年侵蚀掉 1cm 厚的活土层，每亩流失泥沙 8~9t，使土地肥力处于极贫瘠的状态（王帅红等，2011）。斜沟矿井煤矿开采塌陷区损毁耕地复垦要以坡改梯为突破口，通过复垦降低坡耕地水土流失、提高耕地质量和生产能力。土地复垦措施与矿区土地破坏的范围及破坏的程度密切相关。斜沟煤矿开采分两层进行开采，地面可能受到两次扰动，因此，对于非稳定的沉陷耕地使用阶段性复垦工艺，仅充填裂缝，待沉陷稳定后再采用大规模人工和机械复垦工艺进行治理（王帅红等，2011）。影响沉陷耕地利用的主要因子为沉陷后的地形坡度、破坏类型及程度，因此，对于黄土区丘陵沟壑低潜水位区可通过采取裂缝治理措施、土地平整工程和修筑梯田等工程措施进行复垦，恢复耕地的生产力。

5.4.3.3 土壤改良

矿业开发改变了土壤的物理性质和化学性质，剥离、开挖等采矿过程使土壤的结构、水分和养分含量下降；煤矸石堆放、洗选煤场、金属矿尾矿库等区段极易发生土壤重金属污染，造成土壤质量下降。土壤质量下降造成植被恢复受阻、生物多样性丧失等后果。针对土壤理化性质改变，从结构改善和污染治理两方面对土壤进行改良。目前所采用的土壤改良技术包括客土覆盖法、粉煤灰填充法、电解吸附污染物法、化学淋洗技术、微生物改良法等。

（1）客土覆盖法

使用机械挖运优良客土到所需改良的区域，铺散的季节应当选择春季 3~5 月、秋季 9~11 月，利于植物生长发育。

(2) 粉煤灰填充法

粉煤灰表面的颜色为灰黑色，密度较大，但堆密度较小，需水量较大。在电子显微镜下，粉煤灰由粒径不等的球形颗粒和多孔颗粒组成，致密球状颗粒表面光滑，多孔颗粒表面粗糙。粉煤灰颗粒组成以细砂-粉砂为主，决定了粉煤灰可改良土壤的物理性状。

粉煤灰施入土壤后，可以明显改善土壤结构、降低体积质量、增加孔隙度、提高地温、缩小膨胀率，从而显著地改善土壤的物理性质，促进土壤中微生物活性，有利于养分转化、保湿保墒，使水、肥、气、热趋向协调，为作物生长创造良好的土壤环境。南昌火力发电厂粉煤灰改土试验表明，灰土比为 6.5% 时可使土壤体积质量由 1.36 g/cm³ 降至 1.26 g/cm³（邵华，1994）。

由于矿区排土场土壤有机质含量低，因此缓冲容量较低，土壤不能有效地缓冲施入碱性粉煤灰而引起 pH 变化。而 pH 升高，导致可溶性有机质增加，故施入粉煤灰后土壤的氮矿化提高，从而为低有机质土壤提供一部分作物生长的无机氮需要。粉煤灰中含有多种植物可利用的营养成分，粉煤灰的化学组成使粉煤灰可用作植物的养料源。蔬菜试验表明（吴家华等，1995），粉煤灰用量为 0 ~ 12% 时，随施用量增加，植物组织中铁、锌质量浓度下降，钼、锰质量浓度增加，而铜、镍质量浓度保持不变，无植株毒害症状。另外，施用粉煤灰可以改善土壤微生物活性，有利于促进草碳有机成分在土壤中的腐殖化过程，为植物生长发育创造良好的土壤环境条件。

(3) 电解吸附污染物法

微电解技术是目前处理高浓度有机废水的一种理想工艺，又称内电解法。它是在不通电的情况下，利用填充在废水中的微电解材料自身产生 1.2V 电位差对废水进行电解处理，以达到降解有机污染物的目的。

铁炭微电解法是絮凝、吸附、架桥、卷扫、共沉、电沉积、电化学还原等多种作用综合效应的结果，能有效地去除污染物提高废水的可生化性。新产生的铁表面及反应中产生的大量初生态的 Fe^{2+} 和原子 H 具有高化学活性，能改变废水中许多有机物的结构和特性，使有机物发生断链、开环；微电池电极周围的电场效应也能使溶液中的带电离子和胶体附集并沉积在电极上而除去；另外反应产生的 Fe^{2+}、Fe^{3+} 及其水合物具有强烈的吸附絮凝活性，能进一步提高处理效果。

铁碳微电解工艺所采用的微电解材料一般为铁屑和木炭，使用前要加酸碱活化，使用过程中很容易钝化板结，又因为铁与炭是物理接触，之间很容易形成隔离层使微电解不能继续进行而失去作用，这将导致频繁地更换微电解材料，不但工作量大、成本高，还影响废水的处理效果和效率。另外，传统微电解材料表面积太小也使得废水处理需要很长的时间，增加了吨水投资成本，这都严重影响了微电解工艺的利用和推广。

(4) 化学淋洗技术

化学淋洗技术的关键是寻找到有效的淋洗剂，从环保角度讲，淋洗液最好直接使用清水，但这种方法淋洗效率不高，为提高淋洗液的洗脱效率，要选用与重金属能够进行螯合作用的淋洗剂。螯合剂的作用机理是首先通过螯合作用，将吸附在土壤颗粒及胶体表面的重金属离子解络下来，然后再利用自身强的螯合作用和重金属离子形成强的螯合体，从土壤中分离出来。

孔春燕 (2008) 在德州学院东污染土壤区内对比研究去离子水和 EDTA (乙二胺四乙酸二钠盐) 两种淋洗剂淋洗的修复效果，结果表明 EDTA 在化学淋洗实验中对各种土壤中的重金属都表现出了良好的淋洗能力，是一种高效的土壤重金属淋洗剂，适合运用于由非岩屑组成的土壤的修复。对土壤样品测定结果可以看出，污染土壤中总 Pb、总 Zn、总 Cu 和总 Cd 的质量浓度分别为 44.80 mg/kg、2.02 mg/kg、19.77 mg/kg 和 2.22 mg/kg，该土壤的重金属污染并不严重，只有总 Cd 的含量超过国家标准 (Pb≤300 mg/kg、Zn≤250 mg/kg、Cu≤100 mg/kg、Cd≤0.6 mg/kg)。但与正常土壤相比，每种重金属都是受到污染的。对 Cu 和 Pb 来说，去离子水可以稍微淋洗出一部分重金属，但效果并不明显，主要是 EDTA 的淋洗效果较好。对 Zn 来说，去离子水去除率为 11.39%，比较容易淋洗出来，但 EDTA 淋洗效率并不是最高的，这可能与淋洗过程中其他影响因素有关。而对 Cd 来说，去离子水淋洗效率为 1.35%，EDTA 淋洗效果明显，但该土壤 Cd 含量超标，淋洗后仍然不能达到国家标准，需要进一步的修复。总的来说，用去离子水淋洗基本上不能把土壤中重金属淋洗出来 (Zn 除外)，而 EDTA 对 Pb、Zn、Cu 和 Cd 均表现出较好的淋洗效果，依次为 Cu>Pb>Zn>Cd，淋洗效率分别为 60.28%、58.17%、40.59% 和 36.94%，这是因为 EDTA 具有较强的络合能力，易与金属形成稳定的 1∶1 的络合物，Pb-EDTA、Zn-EDTA、Cu-EDTA 和 Cd-EDTA 的平衡常数分别达到 19.0、17.5、19.7 和 17.4。

(5) 微生物改良法

土壤微生物是土壤中一个非常重要的组成成分，它对土壤性质、土壤肥力的形成及作物生长都有很重要的作用。在土壤的形成中，其实质是土壤有机质的合成和分解，而有机质的合成和分解都有微生物的参与。微生物肥料，其显著特征之一是内含大量有益微生物 (如固氮菌、解磷解钾菌等)。微生物菌肥施入土壤后，与土壤原有微生物形成新的微生物区系，在土壤的物质转化和能量流通中起着重要作用。它们积极参与有机质的分解，以及土壤腐殖质的形成和分解过程，同植物营养有密切关系；它们能同植物联合共生固氮，形成菌根，以及分泌对植物生长有显著作用的多种活性物质，调控肥力，大大改善土壤结构，促进作物生长。

以神东矿区为例，神东矿区是中国目前已探明储量最大的煤田和最主要的煤炭生产基地之一，矿区属典型的半干旱、半沙漠的高原大陆性气候，干旱少雨，水是神东矿区生态环境保护一个重要的限制性因子。中国目前大约96%的煤炭开采为井工开采，4%的煤炭开采为露天开采。神东矿区主要以井工开采为主，井工开采形成地下采空区造成地面塌陷。地面塌陷过程中会产生大量裂缝，导致地表水分和养分流失严重。在神东矿区研究干旱胁迫下丛枝菌根真菌（arbuscular mycorrhizalfungi）对玉米生长和养分吸收的影响，以及对矿区退化土壤的改良作用（李少朋等，2013）。

丛枝菌根真菌（AMF）能促进退化土壤上植物的生长和改善土壤的质量；在营养缺乏条件下，AMF能显著提高宿主植物对矿质养分的吸收，尤其是P。据报道，AMF的根外菌丝可以向植株提供70%的P和30%的N；在盐胁迫条件，AMF能缓解胁迫下植物对P，Ca和K的吸收，缓解盐害和高盐对植物根系的氧化伤害，植入AMF能显著地提高植物的生物量和出芽率，在改善土壤质量方面也起到积极作用；除此之外，丛枝菌根也能降低其他生物对宿主植物的伤害，提高植物的抗旱性，增加植物的生物量。干旱条件下AMF能够提高宿主的耐受性，有利于宿主植物对水分的吸收。其中，AMF产生的土壤相关蛋白是土壤的一个重要碳库，同时可以增强土壤团聚体的稳定性，改善土壤质量（李少朋等，2013）。

5.4.3.4 植被恢复

原有的植被群落被矿业开发中的挖损、剥离、堆垫等破坏，通过植被恢复与重建增加植被覆盖度，减缓地表径流，通过植物的有机残体和根系的穿透力促进土壤改良，增加群落与物种的多样性，从而提高受损伤生态系统的稳定性。植被恢复重建中的几项关键技术包括植物种类的筛选与引种、植物的布局与配置、植物的栽植与管理等方面。选择植物种类的原则是尽量选取具有较强适应能力、固氮能力、根系发达、播种栽培容易的本地物种，引进外来种须进行栽培试验防止外来物种入侵造成生物多样性下降。

安太堡（ATB）矿位于山西省北部的朔州市境内，东经112°10′~113°30′，北纬39°23′~39°37′。该区为温带半干旱大陆性季风气候，平均降水量为428.2~

449.0mm，年蒸发量为1786.6~2598.0mm，超过降水量的4倍。平均气温为4.8~7.8℃，无霜期为115~130天。自1985年以来，ATB矿先后试种植物98种，其中裸子植物7种，分属于2科3属；被子植物91种，其中双子叶植物72种，分属于25科55属；单子叶植物19种，分属于3科13属，这些植物中有20余种是1年生农作物和1年生药用植物；另有10余种植物因无法适应当地环境而淘汰。目前有60余种植物生长在矿区已复垦的612.5hm²的土地上。根据多年复垦试验结果，现已把沙打旺、红豆草、草木樨、紫花苜蓿、无芒雀麦作为草本先锋植物，柠条、沙棘、沙枣、沙柳作为灌木先锋植物，油松、刺槐、小叶杨作为乔木先锋植物。并且经过多年生长，ATB矿的先锋植物豆科草本植物已退化，而灌木和乔木的长势不一。多年复垦经验表明：在草、灌、乔优化配置过程中，应在前期灌、乔较小的情况下种植生命期较短的豆科草本植物覆盖地面，前期保持水土、熟化土壤的效果较好。随着人工植被的演变，植物种的丰富度增加，在植物多样性的组成中，人工栽植的草本逐渐退出，在种的组成上渐趋于动态的平衡（郝蓉等，2003）。通过比较不同配置模式下植物的长势及相互影响，得出ATB矿人工植被的较好模式为：刺槐×油松×柠条混交林、刺槐×油松混交林、刺槐×沙棘混交林和刺槐纯林。

ATB矿植物群落演替分为三个阶段（郝蓉等，2003）：①物种组成单一阶段。此阶段是复垦初期，这一阶段群落组成、结构都不稳定，每种植物的个体数量变化很大，主要表现在层次分化不明显，每一层中的植物种类也不稳定，这一阶段经历时间在3~4年内。②物种组成较丰富阶段。这一阶段表现为植被群落的结构已基本定型，在层次上有了良好的分化，每一层中都有植物种，呈现出一种明显的结构特点，这一阶段时间相对较长，为4~9年。③物种组成较稳定阶段。在这一阶段植被的发育逐渐成熟，一些乔木已达到95%以上郁闭度，群落能缓冲外界的干扰，具有很高的稳定性。

5.4.3.5 废弃物综合利用

矿区废弃物主要包括矿石开采过程中剥离的围岩和采选过程中废弃的低品位矿石等，废弃物堆积容易造成滑坡、泥石流等灾害，并含有重金属或放射性元素，造成生态和环境危害，煤矸石和粉煤灰是矿山固体废弃物中最大的两种。综合利用矿山废弃物有利于消除有害物质的生态风险，减少废弃物堆积对地貌形态的影响。其中煤矸石的主要用途包括建筑材料、生产水泥和轻骨料、发电和供热、生成肥料等。粉煤灰的主要利用技术包括粉煤灰分选技术、生产水泥技术、粉煤灰回填技术、粉煤灰施肥技术等。

以大屯煤电公司"配合实施节能减排政策，实现煤矿渣、灰、废水等工业废弃物及副产品产业化"的产业发展战略为例（张颖，2009）。大屯发电厂始建于1970 年，主要供应矿区的生产和生活用电。40 多年来，大屯发电厂在输出清洁能源的同时，每年通过水力输送与汽车运送方式向电厂附近采煤塌陷区排放大量的粉煤灰和炉渣，外排的粉煤灰，除被用于公司 4 个矿井下"一通三防"注浆与部分用作筑路材料以及少量被当地村民用做建筑材料外，剩余部分将加工成粉煤灰砖，这是国家积极推广和大力发展的新型墙体材料，是以硅质材料粉煤灰和钙质材料石灰为主要原料，经搅拌、压制、蒸压工艺制成的标砖，可广泛应用于建筑物基础、内、外墙体，具有保护耕地、节约能源、利用废渣、治理环境污染、改善建筑功能等重大社会效益（张颖，2009）。

平果铝矿一期工程正在开发的那豆矿区，属岩溶堆积型铝土矿床，这种类型矿床规模大、埋藏浅，多直接出露地表。全矿区表土层平均厚度为 0.1797 m、最厚的为 0.4178 m，平果铝矿全矿区的剥采比为 0.024，仅相当于其他铝矿山剥采比的 2 % ~ 3 %。全矿区近 50 % 的矿体底板赋存有紫红色胶状黏土，数量大，厚度一般在 1 ~ 5 m。通过复垦地耕层土壤材料筛选试验及其农业性状的调查，用其作为复垦地耕作层土壤材料的可行性高，但该土为强酸性黏重土壤，塑性指数高、遇水易膨胀、干后板结龟裂、可耕性极差，用其作为复垦地的耕作层材料，必须经过改性处理。平果铝业公司自备火电厂排放的粉煤灰质量属沙性并呈强碱性，将其作为改性材料添加在黏性底板土中，有助于改善底板土的理化性质、降低土壤酸性和黏性、增加土壤的通透性，是这类黏土最经济、最可行的改性材料。电厂粉煤灰的年排放量达 25 万 m^3，基本能够满足矿山复垦工程的需要。通过对草本植物进行盆栽实验以及农作物田间小区域实验，加入粉煤灰的土壤板结状况均有改善，土壤酸性降低，pH 提高；大多数适宜在弱酸性或中性土壤生长的农作物，在添加粉煤灰的土壤中生长势比在单纯底板土中好，土壤理化性状有了改善（马彦卿等，2000）。

5.4.3.6 生物多样性保护

矿业开发造成矿区原生动植物生境被破坏，植物群落单一，生态系统稳定性和多样性下降。生物多样性保护措施有利于生态系统异质性的维护，避免了因为物种缺失而造成生态系统稳定性下降。保护矿区的生物多样性主要包括两方面措施，一是保留矿区物种的多样性，在开矿前剥离一定厚度的表土进行保护，保留土壤种子库，以在闭矿后尽快恢复原生群落；二是构建有利于生物多样性保护的景观格局，通过增强生境连通性、设立生态跳岛、增加群落异质性等方式为物种提供多样化生境。

山西平朔煤矿矿区在复垦的同时建有大型野外试验区，进行了 90 余种草灌乔和农作物引种试验及配置模式示范,对矿区生态重建中"生境再造"与"群落重组"的关键问题进行了研究。生境类型筛选以岩土污染程度、地形坡度、地表物质组成、有效覆土厚度、土体容重、坡向 6 个限制因子进行,组合的 100 多种生境有 16 种生境类型符合复垦、水保和环保要求。群落类型筛选是从复垦的 98 种植物中,确定刺槐、油松、新疆杨、沙棘、柠条、沙打旺、紫花苜蓿、冰草作为 8 个关键种,另有 20 多种适生植物、10 种较好的植被配置模式用于废弃地复垦工程。实施 10 种较好的植物配制模式,废弃地可发生顺向演替,即 10 年左右,其抗逆性和综合生产力好于原地貌(白中科和郧文聚,2008)。

复垦后的土地质量和土地利用结构得到明显改善(白中科和郧文聚,2008):①复垦后土壤侵蚀模数为 3478 $t/(km^2 \cdot a)$,比原地貌减少了 194%;②建立完善的排洪渠系,坡面基本无切沟侵蚀;③通过复垦措施改善了排土场平台容重,表层由 1.8 g/cm^3 降为 1.4 g/cm^3,表面疏松后比表层压实的平台减少径流 56%;④草灌乔覆盖度达 80%~90%,减少径流 66%,减少侵蚀 77%;⑤复垦种植后降风速 38%,明显减少了风蚀;⑥防风林带的建立和草灌乔对土壤的熟化,为排土场平台建立农田带来可能,现已开发农田和苗圃地 100 hm^2,达到了当地耕地水平;⑦合理的"采、运、排、复垦一条龙"作业法,改善地貌特征,填埋了沟壑,利于形成农田,控制了排土场的水土流失;⑧彻底改善了矿区的环境形象。由于植物繁茂,招引来了多种动物,如蛙类、蛇类、野兔、野鸡、石鸡、刺猬、鼠类、狗獾、狍子、狐狸等来此定居,使荒凉寂静的生态环境变得生机勃勃。

5.4.4 补偿途径

针对生态系统受到严重损伤,在短期内难以恢复其原有生态功能的矿区,主要采取生态系统功能补偿和功能置换的方式进行补偿。

5.4.4.1 生态系统功能补偿

矿业开发往往持续上百年历史,如山西平朔安太堡露天煤矿目前探明的储量按每年开采 1 亿吨算,还可开采 200 年。仅仅依靠闭矿后的生态恢复进行区域生态风险防范会造成开采过程中的生态环境问题得不到解决,并为将来的生态恢复造成历史遗留问题。由于生态系统具有整体性的特征,在不破坏生态系统整体功能特性的前提下开展生态系统功能补偿是将区域整体生态风险降低到最小的一种探索。借鉴生态用地"占一补一"及碳排放配额等生态补偿方式的做法,对于短期内不能恢复生态系统功能的区域,由矿业公司出付资金选择异地生态功能提升的方式，根据矿业开发前后生态系统服务功能变化的评估，进行生态系统功能的补偿。

矿区生态风险防范中的补偿并不同于一般意义的经济补偿，而是针对生态环境本身的补偿，类似于中华人民共和国环境保护部在 2011 年颁发的《关于西部大开发中加强建设项目环境保护管理的若干意见》中对重要生态用地"占一补一"的规定，要求"在建设项目环境管理中，应加强自然保护区、江河源头区、重要水源涵养区、江河洪水调蓄区、防风固沙区、水土保持的重点预防保护区和重点监督区、重要渔业水域、湖泊湿地区、荒漠绿洲区等区域生态功能的保护，停止一切导致生态功能退化的开发建设项目；加强水资源、土地资源、林草资源、野生物种资源、景观资源和历史文化遗产的保护以及资源开发的生态保护监督管理。对确实无法避免的影响，应提出和落实补偿性措施，占用生态用地的，实行'占一补一'的制度，确保恢复面积不少于占用面积"。

配额交易是利用市场机制开展生态环境保护的重要举措，配额交易最著名的应用是《京都议定书》中关于削减二氧化碳的碳排放交易。我国共建立了 7 个碳排放交易试点，企业需遵循配额获得向大气排放温室气体的权利，当企业实际排放量较大可通过购买获得更多排放权利，如企业排放较少，可在碳交易市场出售。除了碳排放配额之外，广东省环境保护厅倡导建立自然保护区的配额交易制度，拟用于山区和平原地区之间的生态补偿（万军等，2005）。矿区生态补偿也可探索这种模式，当矿山企业破坏生态系统原有功能达到一定阈值之上，必须承担异地功能提升的费用，在一定的区域范围内通过提升条件良好地域的生态系统功能，平衡对矿区开采范围内的生态破坏。

5.4.4.2 功能置换

功能置换的途径在于利用受损矿区的其他方面特征，利用其工业遗迹和矿业景观等特色进行旅游开发，以促进和保护生态系统功能的提升。将工业废弃地上的工业遗产和矿业景观经过艺术重构，形成能为游人提供有关矿业文明演变历程和发展现状的生动科普教育基地。包括两种类型，一是利用矿业开发造成的地貌特点，在人工地貌基础上逐渐恢复生境进行生态系统功能置换；二是由工业遗产、矿业遗迹经过保护或艺术加工后组成的工矿业旅游资源，或正在生产经营中的工业园区、工业建筑构筑物、工业设施设备、工业生产流程、工业生产管理组织与制度、工人生产操作方法和装备形成工业生产过程旅游资源。

（1）塌陷地湿地公园

唐山南湖国家城市湿地公园原为开滦煤田矿区，地面多为良田和城镇建筑，地下煤层全部采出后，引起上覆岩层的移动和变形，造成大面积地表塌陷，使原本平整的土地变得凹凸不平，造成水土流失、季节性或常年积水，自然生态和地貌景观受到破坏，农田弃耕、村庄搬迁、严重地阻碍着矿区经济的发展。由于距市区较近，积水塌陷区成为煤矿矸石、电厂排灰、城市生活垃圾、建筑垃圾的堆放地，加之部分工矿企业生产、生活污水的排放，矸石自燃释放出 SO_2、CO，致使塌陷区生态环境和自然景观遭到严重破坏，逐渐成了人迹罕至的废弃地（张巍巍，2011）。在公园建设过程中，针对场地内存在的粉煤灰、软弱地基、水土流失等问题，采取了一系列的低干扰、低成本、低能耗技术措施（胡洁，2012）：

1）粉煤灰利用。由于地震引起地表大面积沉降，以及地下煤田开采引起的沉降，中央公园用地内形成大量的塌陷坑，从而成为以粉煤灰为主的城市工业废料的填埋场。采用废物再利用的思路，对粉煤灰进行如下处理：生产粉煤灰砖；生产粉煤灰水泥；生产粉煤灰加气混凝土；用作公园内场地地基基础材料；用来堆叠公园内的地形（上覆种植土）。

2）软弱地基改造。由于公园局部区域土壤含水量过高或者存在压缩性较大的粉煤灰、淤泥、杂质土等软土地基，承载力较差。利用公园用地内废弃的植物材料的枝干，制成木桩，嵌入软弱地基，以增强地质承载力。

3）水土流失防治。为防止因地基沉降、变形以及湖水冲刷而引起的驳岸开裂、变形、坍塌，利用公园用地内废弃的植物材料的枝干，编织成枝桠床，并结合石笼工艺，布置于湖滨，以护岸、固土，消弭冲刷及沉降对驳岸的影响。枝桠床富有柔韧性，能够很好地适应各种地形施工，同时还可以随着地形的变动而变化，使河床得到长久覆盖和固定。此外，由于使用的是天然材料，枝桠沉床可以长期保证对环境无污染，且其多孔构造还可以为小型水生生物创造栖息环境。

南湖国家城市湿地公园在建成后，唐山市的极端最低气温升高了 3～4℃，极端最高温度降低了 3～4℃；唐山市的森林覆盖率由 41.57% 上升到 44%；野生鸟类已多达 100 种，而且有 30 多种自西伯利亚经唐山飞往澳大利亚和新西兰的候鸟，开始在公园过冬；节假日高峰时，日均 10 万人次游览公园；南湖周边地区土地增值了 1000 多亿元（胡洁，2012）。

（2）工矿业旅游资源

重庆江合煤矿的开采历史最早可以追溯到距今 200 年前的清朝嘉庆年间（1760～1820 年），其设计者为我国西部第一条铁路——北川铁路的设计者守尔慈，专门用于江合煤矿煤炭运输的石狮拖路，是在西南地区继北川铁路之后的又一伟大创举（涂昌鹏和徐升，2012）。

由平硐突水治理形成的海底沟地下水库，是我国第一次成功利用矿区的岩溶水系统修建的地下水库，解决了当地的灌溉问题，为我国矿井水害的防治提供了宝贵的经验。矿山开采中留下的大量矿井、巷道为研究我国西南山区极薄急倾斜煤层的形成原因、开采工艺、运输手段留下了宝贵的证据。此外，民国时期修建的碉楼，以及其他大量具有鲜明地方特色的矿业遗迹至今仍保存完好，具有重要的历史文化价值，并且该地区拥有丰富的自然人文景观与独特的地区优势，规划区内蕴藏丰富的地热水资源等，具有建设高水平矿山公园科普基地的有利条件（涂昌鹏和徐升，2012）。

公园以"矿"、"水"和"路"作为主题，将公园划分为七大功能区，分别为公园入口换乘区、窄轨火车体验区、公园管理服务区、海底沟水体验区、生态恢复体验区、矿山遗迹体验区、生态缓冲控制区。下面仅就需进行生态恢复与土地整治的三个重点区域进行介绍。

1）生态恢复体验区。包括矸石砖厂以东和电缆厂以西的重叠式矸石山。利用矿山生态恢复工程，将生态治理和景观建设相结合，形成多模式、多层次的矿山生态恢复治理示范点。游人可通过参观游览体验，了解生态环境保护和恢复治理的科普知识，领略生态工程的魅力，同时也警醒世人，提高人们的环保意识。

2）矿山遗迹体验区。矿山遗迹体验区包括煤矿井上、井下两部分，配套建设矿业博物馆、矿山铁路终点站等设施，充分展示了我国西南山区煤炭开采历史。

3）生态缓冲控制区。该区是公园中面积最大，也是非常重要的区域，它一方面维持着公园自身的发展，提高公园的自然生态环境容量，另一方面也是矿山公园环境治理后最为有效的表达方式。该区域的规划应以保持其自然的表征作用为主，通过该区在不同时期的自然形态来表明人们对矿山的治理与改造成就。

矿山公园的建设，既不同于传统的风景建造，也不同于城市公园的建设，矿山公园景观独特，最为突出的就是其矿业遗迹景观。因此，总体规划设计应本着全面规划、分步实施、滚动发展、逐步完善的原则，既要突出重点，保证重点项目建设，又要重全局，整体推进，使矿山能够持续、协调、健康发展。

5.5　矿区生态风险过程防范与分级防范

5.5.1　生态风险的过程防范

5.5.1.1　过程防范内涵与适用范围

过程防范是风险管理的重要内容，体现了风险防范中"事前预防优于事后治理"的原则。矿区生态风险的过程防范是针对矿业开采全部生产周期中各阶段不同生态风险的防范，过程防范具有动态性的特征，是一种基于生态风险预测性评估开展的防范模式。重点根据各阶段风险类型提出分阶段的防范策略，旨在降低各矿业开发扰动过程对生态环境的破坏。

由于过程防范是针对整个矿业发展周期的防范模式，其分析及防范技术提出宜在矿业开发之前或初期进行；加之并不对同一时期的不同等级风险提出防范措施，适用于自然条件较为均质（地形、植被、土壤等空间分布均质），风险等级比较均等的矿区。

5.5.1.2　技术框架

基于矿山开采工艺流程与生产周期分析，明晰矿山开采的基本作业过程，针对不同作业过程提出生态风险规避、减缓与适应等不同风险管理手段；基于生态风险防范与策略的适用性分析，选择与风险管理手段相对应的风险防范技术与主导策略，综合形成矿区土地破坏生态风险的过程防范（图5-7）。

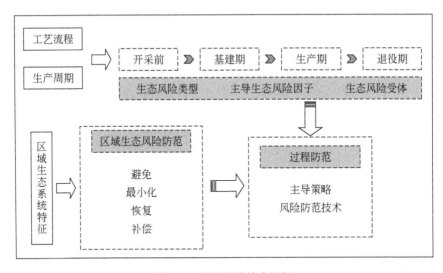

图5-7　过程防范技术框架

5.5.1.3　案例

选择位于内蒙古自治区锡林郭勒盟锡林浩特市西北部宝力根苏木境内的胜利东二号露天煤矿作为研究区，以原地貌状态下的2006年为研究期初，以煤矿退役期的2135年为研究期末，运用灰色综合评价法评估基建期、生产期和退役期胜利东二号露天矿的生态风险评价变化，技术路线如图 5-8 所示。

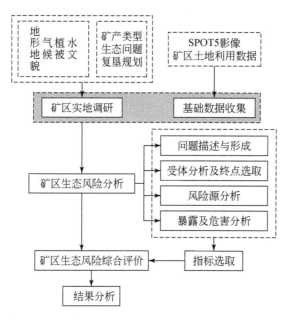

图 5-8 胜利东二号露天煤矿生态风险评价技术路线图

以矿区开采范围为研究区，以矿区生态系统作为受体，生态系统服务功能的丧失为生态终点，风险源为矿业活动开发，通过土地利用方式与景观格局特征加以表征；暴露响应分析通过土地利用方式的改变对生态系统服务功能的影响机理表现矿业开发活动下生态风险的变化（图 5-9）。

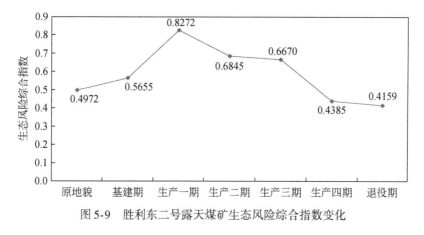

图 5-9 胜利东二号露天煤矿生态风险综合指数变化

结果表明，矿区开采区域，生态风险性明显增大，风险指数明显提高；采用土地复垦后的矿区风险性较复垦前的生态风险性有所降低；从基建期开始，人为扰动活动已经对矿区的生态环境造成一定的不利影响，使得矿区生态风险程度有所增加。生产一期较之基建期，生态风险指数增加剧烈；生产二期中有一部分排土场进行了复垦措施，生态环境有所改善，因此生态风险低于生产一期；生产三期因为首采区、二采区的同时开采以及内排土场的使用，南面排土场已经在此时通过土地复垦措施进行了生态恢复，三期的生态风险略低于二期；在生产四期末，排土场已经完全复垦完毕，采掘场除三采区开采完毕遗留的采坑外，其他均已复垦完毕，生态恢复措施对研究区生态环境的有利干预，已经完全凸显，生态风险值比其他三期有显著的下降。

通过灰色评价模型中的关联度分析可以提炼不同时期矿区生态风险的主导贡献因子，依据主导生态风险因子提出各阶段的防范策略。

1）原地貌期土地利用类型以草地为主，景观多样性是研究区生态风险的重要来源之一，主要表现在生态系统服务中原材料供给功能的变化，防范模式主要为防止草原景观的破碎化；

2）基建期中土地利用变化主要为剥离采掘场地表，剥离土岩排至南沿帮排土场、西沿帮排土场和南排土机排土场，期间土地利用结构是最为重要的风险源，与原地貌相比发生较大程度改变，生态风险的状态以原材料损耗和土壤侵蚀为主，风险防范模式主要为排土场边坡设计和种植防护林草，减少地表径流量和风沙对土壤的侵蚀作用；

3）生产一期的风险源主要为土地利用结构，风险表现在废物处理压力加大、原材料供给下降、多样性增大、土壤侵蚀，风险防范模式主要为充分利用矸石等开采废料进行发电、水泥制造等回收利用，减少矸石排放对生态系统的影响；

4）生产二期的风险源主要为土地利用结构，风险状态的主导表征指标是矿区内部景观格局破碎化程度的加剧，以及植被覆盖的破坏，风险防范模式主要为实行边开采边复垦的模式，重建矿区植被；

5）生产三期的风险源主要来自于大规模生产下已开采区的破坏作用，风险状态的主导表征为植被资源的破坏和废物处理压力的加大，风险防范模式进行矿区景观规划设计，通过复垦区植被重建构建矿区生态安全格局；

6）生产四期的风险源主要来源于土地利用结构变化，随着排土场的扩张，风险状态的主导表征表现为土壤侵蚀和植被资源数量的下降，应加快复垦力度；

7）退役期的生态风险综合值有所下降，恢复为原地貌期由土地利用结构和景观多样性为主要诱因的状况，持续进行退役后矿区的植被重建与景观恢复。

5.5.2 生态风险的分级防范

5.5.2.1 分级防范内涵与适用范围

分级防范是差异性风险管理的重要手段，体现了"重点防范生态风险主导因子"的防范原则。矿区生态风险的分级防范是针对开采工艺造成不同等级的生态风险提出的，分级防范具有差异性的特征，建立在风险等级分区基础上。重点根据特定时期内生态风险的等级提出不同程度的防范策略，旨在优化防范技术的空间配置，重点防范高等级风险造成的不可扭转后果。

分级防范针对矿业开发全部影响范围内产生的生态风险，防范技术的提出宜综合考虑矿区周边区域，适用于生态风险异质性较高的区域，尤其是开采过程中及开采完毕的矿区。

5.5.2.2 技术框架

分级防范以典型矿区土地破坏生态风险评估为基础，形成风险等级分区，并分析脆弱性与危险性对风险等级的贡献程度，确定风险类型。基于适用性分析，针对高、中、低等不同等级生态风险区域提出各自适用的风险防范技术与主导策略，形成矿区土地破坏生态风险的分级防范（图5-10）。

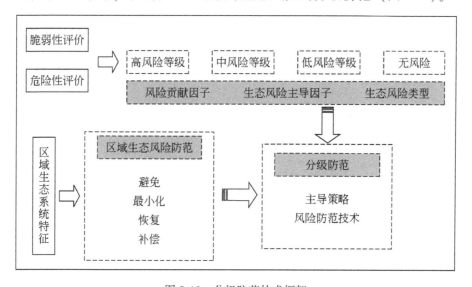

图5-10　分级防范技术框架

5.5.2.3 案例

生态风险分级防范是建立在生态风险评估基础之上的，目的在于针对不同的风险等级调控风险防范的级别，设定不同的预警级别，用以提高风险防范的反应速度与有效性。

本研究在吉林辽源矿区的土地破坏生态风险评价基础上，针对辽源矿区的高、中、低生态风险区开展生态风险分级防范研究，如图 5-11 所示。

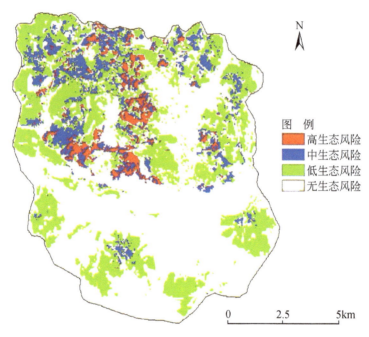

图 5-11　辽源矿区生态风险分级图

1）高生态风险区。矿区生态风险评价中涉及的因素包括土地破坏程度与生态风险受体等方面的指标，生态风险高值区往往对应着生态系统的高脆弱性或本区域的高扰动性，即危险度较高。针对这两种情况，生态风险防范采取的策略各有差异。以辽源矿区为例，高风险地区包括距离风险源较近的有林地，区域生态脆弱度指数较高，对各类风险源坏的抵抗能力低，极易受到土地破坏的影响，并且受到破坏后不易恢复，针对这一区域采用防护网、防护林带、地形地貌改造等手段规避矿业开发对生态系统的破坏，建立植被保护机制保护现有植被。另一类区域位于矿业开采扰动聚集区内，暴露于风险源的概率大，风险源在此的累积作用也很强, 此区域内适宜采取最小化和恢复措施, 采取降噪除尘、分区开采等方式降低对生态环境的影响。在矿业工程结束后开展土地复垦工程, 恢复生态系统功能, 表5-2为生态风险分级防范。

表5-2 生态风险分级防范

风险等级	风险等级贡献类型	风险防范层次	风险防范策略
高风险	高脆弱性	避免	采取选址替代方案, 避免矿业开发对高脆弱性地区的影响
	高危险性	最小化/恢复	矿业开发过程中采取降噪除尘、分区开采等方式降低对生态环境的影响; 采取土地复垦工程恢复生态系统功能
中风险			
低风险	低脆弱性	补偿	采取功能置换方式进行生态功能的补偿
	高稳定性	避免	保育具有较高生态稳定性的区域

2) 中生态风险区: 生态风险中等地区是生态脆弱性状况与暴露危险均处于中等水平的区域, 生态系统具有一定的抵抗力, 未完全暴露于矿业开发扰动的范围内。此区域的生态风险防范策略适宜选取最小化和恢复的策略, 减少矿业开发扰动对生态系统功能的影响, 并在开采同时对有条件地区进行土地复垦与生态重建, 减少生态系统功能损失。在辽源矿区, 生态风险中等地区主要为河流水库周围以及距离风险源较近的旱地、水田等耕地, 此区域中的土地破坏类型以塌陷地为主, 针对稳定期的塌陷地建立 "渔–果–粮或菜" 的生态农业系统, 促进经济的可持续发展, 对于尚不稳定的塌陷地实行地基加固、移民安置等措施, 减少地表塌陷的负面影响。

3) 低生态风险区: 生态风险低值区是生态系统具有较低的脆弱性, 不易受到干扰, 或距离风险源较远的高稳定性生态系统区域。以辽源矿区为例, 生态脆弱性较低的区域主要包括北部建设用地, 针对这一区域的风险防范策略是进行破坏后补偿的方式, 即评估暴露风险前后生态系统功能的差异, 通过其他用地补偿与置换提供等量的生态功能。另有分布于研究区南面边缘的有林地, 暴露于风险源的概率低, 此区域具有较高的稳定性, 对区域生态系统整体性的维护具有重要价值, 应予以保育。

不同生态风险的分层防范途径见表5-3。

表5-3 不同生态风险的分层防范途径

风险源类型 \ 生态风险防范层次		避免	最小化	恢复	补偿
土地塌陷	过度开采地下水引发地面沉陷	开采沉陷治理模式	截流减源避免积水	疏排法复垦；裂隙填充；梯田（或台田）式复垦	对土地损毁区域进行无害化处理后，利用塌陷积水区修建人造水体景观
	采空区塌陷	分层采煤+充填；覆岩离层带充填+土地复垦	分层回填避免不均匀沉降；边采边复		
	回填物松散引发地面沉陷	基于稳定性测试的回填方案	充填物压实处理技术		
土地挖损	露采场的表土剥离	生态高敏感区实行井工开采	表土剥离后分层储存；种子库保护	剥离物回填；植被重建	利用矿坑等构建工业遗迹景观，建设矿山公园进行旅游开发与环保教育；按照等面积等功能的标准对损毁生态系统进行异地重建
	露采场岩层爆破	封闭尘源	防尘抑尘技术	粉尘吸附技术	
	矿产资源挖掘	生态高敏感区实行井工开采	分区开采，形成内排土场；完善排灌体系修建排水沟和引流渠	地貌重塑；修复水系	
土地压占	排土场	排土场边坡避免水土流失处理	回填物加隔离层	交错回填法；圆锥堆整排列法	利用矿坑等构建工业遗迹景观，建设矿山公园进行旅游开发与环保教育排土场、矸石堆场
	煤矸石压占	煤矸石资源化	煤矸石回填塌陷地和挖损地；分层回填分层振压技术	煤矸石山复绿	
	建筑物构筑物压占	景观生态安全格局优化	厂区绿化	土壤重构、植被重建	
土地污染	水环境污染	矿井水无害化处理；地球化学阻隔技术	洗水闭路循环利用；建立事故池	污水处理	按照等面积等功能的标准对损毁生态系统进行异地重建
	土壤污染	表土剥离与储存；种子库资源保护	隔离有毒有害物质工程	土壤改良与修复	

6　全国矿区生态风险类型与防范

我国矿产资源分布范围较广，由于矿产资源的地质成因特点、开采方式和所处自然环境条件不同，矿业开发与管理水平也存在差异，因而造成生态风险也复杂多样。因此，开展矿区生态风险防范，协调矿业开发与生态环境保护，从而促进矿区可持续发展，必须深入分析我国矿区的生态风险类型与程度。本章以我国的主要矿区为研究对象，结合区域生态脆弱性分析与矿业生产的压力格局开展我国矿区生态风险分析，作为风险防范策略制定的基础。

6.1　矿区基本情况

6.1.1　矿产资源分布概况

矿产资源开发对其支撑区域乃至全国经济社会的发展具有重大作用，受矿产资源的分布和生态环境等因素的影响，我国主要根据东、中、西及东北地区划分不同矿产资源重点开发区，从全国分区来看，煤炭开采主要集中在中西部地区，石油和天然气主要集中在西部和东北地区，黑色金属矿主要集中在中东部地区，有色金属矿主要集中在中西部地区，非金属矿主要集中在中西部地区。其中，铁主要分布在东北、华北和西南地区；铜主要分布在西南、西北、华东地区。铅锌矿遍布全国；钨、锡、钼、锑、稀土矿主要分布在华南、华北地区；金银矿遍布全国（我国的台湾地区也有重要产地）；磷矿以华南地区为主。

6.1.1.1　煤炭资源

中国煤炭储量居世界第一位。全国已探明的保有煤炭储量为 10 000 亿 t，主要分布在华北、西北地区，以山西、陕西、内蒙古等省区的储量最为丰富。煤炭在地域分布上呈现西多东少，北多南少的格局（图 6-1），以大兴安岭—太行山—雪峰山为界，以西地区查明资源储量约占全国的 87%，以昆仑山—秦岭—大别山为界，以北地区的查明资源量约占全国的 90.5%（孙仕敏等，2006）。山西、陕西、内蒙古相邻的鄂尔多斯盆地区是我国煤炭、油气等能源资源最富集的地区，煤炭基础储量约占全国的 45%。华东地区的煤炭资源储量的 87% 集中在安徽、山东，中南地区煤炭资源的 72% 集中在河南，西南煤炭资源的 67% 集中在贵州，东北地区相对平均一些，但也有 52% 的煤炭资源集中在北部黑龙江（第三次全国煤田预测）。

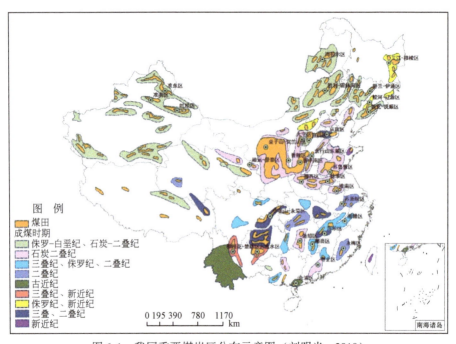

图 6-1　我国重要煤炭区分布示意图（刘明光，2010）

中国在地质历史上的成煤期共有 14 个，其中有 4 个最主要的成煤期，即广泛分布在华北一带的晚炭纪—早二叠纪，广泛分布在南方各省的晚二叠纪，分布在华北北部、东北南部和西北地区的早中侏罗纪以及分布在东北地区、内蒙古东部的晚侏罗纪—早白垩纪。它们所赋存的煤炭资源量分别占中国煤炭资源总量的 26%、5%、60% 和 7%，合计占总资源量的 98%。

从煤炭质量的分布区看，我国的煤炭质量较好，且北方煤田优于南方煤田。形成这一现象的主要原因是两者的沉积环境不同，北方煤田多为陆相沉积，其煤炭质量较好，如黑龙江省鸡西、鹤岗、双鸭山等矿区煤炭灰分一般小于 20%，含硫量在 0.5% 以下，京西的无烟煤硫分仅在 0.25% 左右；南方煤田多为海陆相沉积，其煤炭的质量普遍较差，灰分、硫分等指标一般较高。例如，四川省的芙蓉、松藻、达竹、南桐、华蓥山等矿区的含硫量在 6% 左右，广西合山矿务局所产煤炭含硫量高达6%～8%（在全国煤炭保有储量中万硫分小于1%的煤占67%，硫分小于2%的煤约占85%，硫分大于4%的特高硫煤约占3%）。

6.1.1.2 金属矿资源

我国金属矿产种类齐全，资源丰富，特点鲜明。截至2002年年底，我国探明储量的金属矿产总共54种，其中包括黑色金属5种，有色金属13种，贵金属8种，稀有、稀土和稀散金属28种。黑色金属矿产中，铁、锰矿资源较丰富，但都以贫矿为主；钛矿、钒矿探明储量多，居世界前列；铬铁矿严重短缺。主要有色金属矿中，钨、锡、钼、锑等资源优势明显；铝、铅、锌和锶矿资源较丰富，但铝土矿以一水型为主；铜、镍、钴相对短缺，且以贫矿为主。贵金属矿产中，金银矿探明储量较多，资源远景较大，铂族矿产却十分短缺。稀有、稀土和稀散金属种类很多，以稀土金属资源最为丰富。

金属矿产中铁矿和铜矿主要分布在华北地台北缘铁矿带（铁矿储量约占全国一半）、长江中下游铁（铜）矿带、川西滇东铁（铜）矿带、华南沉积型铁矿区、东疆甘西北铁矿带、金川–白银铜矿区、西藏昌都铜矿区等。铝土矿主要分布在晋中–晋北区、豫西–晋南区、黔北–黔中区和桂西–滇东区。铅锌矿主要集中分布在南岭地区，如图6-2所示。

6.1.1.3 非金属矿资源

中国是世界上非金属矿产品种比较齐全的少数国家之一，全国现有探明储量的非金属矿产产地5000多处。大多数非金属矿产资源探明储量丰富，其中菱镁矿、石墨、萤石、滑石、石棉、石膏、重晶石、硅灰石、明矾石、膨润土、岩盐等矿产的探明储量居世界前列；磷、高岭土、硫铁矿、芒硝、硅藻土、沸石、珍珠岩、水泥灰岩等矿产的探明储量在世界上占有重要地位；大理石、花岗石等天然石材，品质优良，蕴藏量丰富；钾盐、硼矿资源短缺。

非金属矿产资源中钾盐97%以上的资源储量分布在青海柴达木盆地和新疆罗布泊地区。磷矿主要分布在昆仑山—秦岭—大别山以南地区，其查明的可利用资源储量占全国的82%。全国80%以上的菱镁矿储量集中于辽东半岛，以营口大石桥矿区最为著名。硫矿则主要分布在粤、蒙、皖、蜀、滇，如图6-3所示。

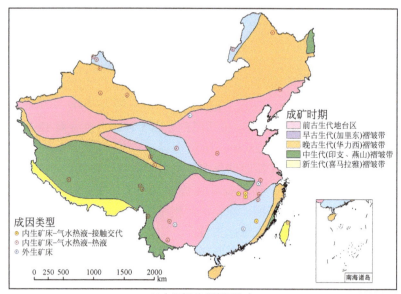

(a)中国铜矿产资源分布

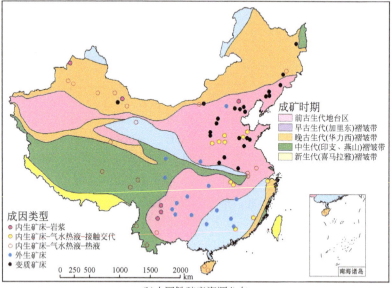

(b)中国铁矿产资源分布

图6-2 我国主要金属矿分布示意图（刘明光，2010）

6.1.1.4　油气田资源

我国石油、天然气资源比较丰富，已发现的含油、气盆地 340 多个，在 15 个盆地内共发现油、气田 440 多个。据 1994 年公布的全国第二次油气资源评价数据显示，我国石油总资源量为 $890 \times 10^8 t$，天然气总资源量为 40×10^{12} m³，仅次于原苏联和美国，但人均储量仅为世界人均量的 1/9。

石油天然气的富集受沉积岩和沉积盆地的控制，根据我国大地构造位置的特征，主要的含油气区分为北部、中部、南方、西南和海域 5 个部分。东部主要集中分布在大庆油田、扶余油田、辽河油田、大港油田、任丘油田、中原油田、胜利油田、珠江口油田。(沿海大陆架油气资源主要分布在渤海、黄海、东海、北部湾、莺歌海等)。西部主要分布在塔里木、柴达木和准噶尔三大盆地及吐鲁番-哈密盆地，如图 6-4 所示。从目前的勘探成果看，我国大陆上最大的含油气盆地（塔里木盆地）的资源前景良好，石油资源量约占全国的 1/7，天然气资源约占全国的 1/4。四川的天然气预测资源量约占全国的 1/5 ~ 1/4。

6.1.2　矿产资源开采现状

经济的快速发展离不开原料和能源，采掘工业提供了能源、原材料，对国民经济发展起了重要作用。人类每年从地壳中开采出 4km³ 的矿石，炼制成各种金属 8 亿 t，施用矿物肥料达 4 亿 t 以上，中国 95% 左右的一次能源、80% 的工业原材料、70% 以上的农业生产资料以及 1/3 的饮用水都来自于矿产资源（赵昉，2003）。矿产资源的开发可以增加就业，缓解人口众多带来的压力。近几年我国每年新增劳动力达 1200 万以上，农村和边远地区累计剩余劳动力数量巨大（陆大道和陈明显，2015）。而直接从事矿业的人员达 1061.4 万人，另外还在矿区附近提供了大量学校、医院、商店、食堂等就业场所。并且矿产资源的开发可以发展区域经济，带动地方经济前进步伐。我国发现的矿产地有 20 多万处，现有开发的矿产地共 1.8 万处（关凤峻和刘法宪，2001），大部分位于欠发达的农村和边远地区。按照固体矿物开采方法分类，矿产资源开采主要分为露天开采和井工开采两大类。

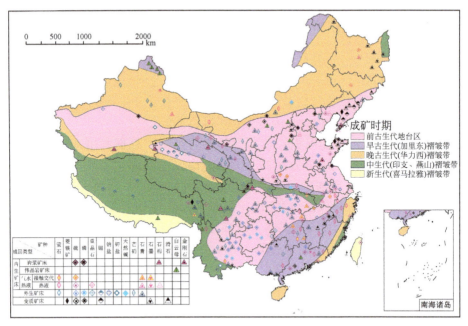

图 6-3　我国主要非金属矿分布示意图（刘明光，2010）

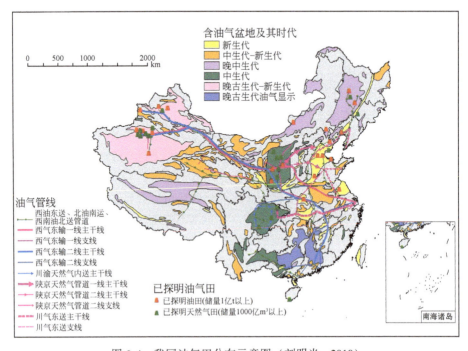

图 6-4　我国油气田分布示意图（刘明光，2010）

6.1.2.1 露天开采

在我国固体矿产资源中，露天开采占很大的比重，如建筑材料、石料等几乎全部由露天开采方法采出，化工原料矿石70%以上用露天开采方法采出，黑色冶金辅助矿石露天开采比重达到90%以上，铁矿石90%以上、有色金属矿石30%以上由露天开采方法采出（骆中洲，1986）。

目前，露天煤矿常用的开采工艺系统主要根据开采的物料流是否连续进行划分，分为间断式（亦称周期式）、连续式和半连续式3种，也有将其分为间断式和连续式2种的分类方法（如美国露天采煤工艺分类法）；也有根据开采工艺的主要环节（采掘、运输、排卸）是否由不同设备完成分为独立式开采与合并式开采工艺系统两类。

以1987年平朔安太堡露天煤矿建成投产为标志，国内首个产量过千万吨的特大型露天煤矿问世，露天煤矿开采工艺转向剥离以单斗汽车工艺为主，进而转向采煤半连续开采工艺、全矿综合开采工艺为主导的露天煤矿开采工艺系统。1980年以来我国新建的大型露天煤矿开采工艺多采用单斗汽车工艺进行剥离，5大露天煤矿（伊敏河、霍林河、安太堡、黑岱沟、元宝山）均采用了此类工艺，后续建设的露天煤矿也纷纷采用单斗汽车工艺系统用于剥离（姬长生，2008），表土剥离在条件适宜的矿山采用了连续工艺系统，如黑岱沟、元宝山、哈尔乌素，布沼坝。煤炭开采生产能力在百万吨以上、开采深度超过100 m的露天煤矿的煤炭开采以半连续工艺系统为主。大型矿山均采用了综合开采工艺系统，即单一矿山采用两种或两种以上开采工艺系统同时运行，具备条件的矿山开始考虑引进大型拉斗铲倒堆工艺，如黑岱沟、哈尔乌素等煤矿。

我国现阶段金属露天矿山虽不多，但露天采矿产量较大。露天开采工艺与装备技术得到了迅速发展，采矿工艺实现了连续化或半连续化，可移式破碎站的应用，使汽车运输始终处于最佳运距；陡坡铁路运输的研究应用也取得了相当进展，50%~55%坡度的工业试验已经开展；振动给矿机转载站在深凹露天矿汽车-铁路联合运输系统中得到较好的应用；高陡边坡加固技术已得到成功应用。

6.1.2.2 井工开采

随着浅部资源的逐渐消耗，矿床开采将向深部发展，安全高效的深井采矿技术的重要性将显突出。井下长壁开采是一种最新经济的井工采煤方法，目前壁式采煤法在全球井工开采中普遍应用，占据了核心地位。长壁采煤工艺主要针对缓倾斜、倾斜煤层。目前采用的采煤方法与工艺有缓倾斜薄及中厚煤层单一长壁综采、缓倾斜厚煤层倾斜分层长壁综采、缓倾斜厚煤层一次采全高长壁综采、缓倾斜厚煤层放顶煤长壁综采等。我国是世界上应用水平采煤最早国家之一，产量占世界前列，在倾角10°以上、煤层中厚以上，顶底板稳定的低瓦斯矿井有较好的应用前景，特别是煤层厚度、倾角变化较大的不规则煤层中应用更能发挥其能力。

我国现阶段的金属矿山的开采深度一般都不超过700~800 m，也有少量深度超过1000 m的深井矿山（李红零和吴仲雄，2009）。地下开采主要运用了矿块采准、切割及回采等步骤来实现。开采方式包括充填开采法、崩落采矿法及溶浸采矿法。

6.1.2.3 露井联采

单一露天矿开采势必会造成边坡及排土场下煤炭资源损失，露井联采最大限度地发挥露天与井工开采的优点，用少量的投资和工程将露天生产压占的煤炭资源同时采出。针对露井联采矿区要寻找露天转地下开采的合理方法和途径，主要涉及露天–地下联合开采工艺系统研究、露天与地下合理开采范围与条件的界定、联合开采运输系统的衔接、保持采场稳定的开采隔离层厚度、露天与地下采场爆破的影响关系、岩体位移的分析和预报，以及露天–地下开采的排水、通风防尘等技术问题。

作为首座进行露井联采的矿区，中煤平朔集团有限公司井工一矿投资5.5亿元，用时16个月形成井工矿的生产系统，用以开采露天排土场及端帮压覆的煤炭资源。产生的资源效益：回收排土场下压煤4500万t，井工工作面回采率达到88%以上，采区回采率达到78%以上。经济效益：当年井工工作面单面产量达到430万t，2006年单面产量达到930万t，2007年、2008年单面产量均达到1000万t以上，2007年、2008年连续两年被评为全国特级安全高效生产矿井。井工二矿投资4.5亿元，用时17个月形成井工矿的生产系统，用以开采露天排土场及端帮压覆的煤炭资源。产生的资源效益：回收露天排土场下压煤累计9800万t；工作面回采率达88%以上，采区回采率78%以上。经济效益：井工二矿地面为安太堡、安家岭露天矿的排土场，利用该排土场，两露天矿缩短外排运距，节省运费2.27亿元。2005年，实施露井联采的安家岭井工二矿原煤产量15.0094Mt，实现利润11亿元，其中，井工生产原煤344.65万t，实现利润9.02亿元。

6.1.3 矿区生态环境问题

由于传统的高投入、高消耗、粗放型经营为特征的发展战略，导致矿区在煤炭资源的开发利用过程中，重开发利用，轻恢复保护；重扩大生产规模、增加生产数量和速度，轻质量和效益。矿山成为巨大的污染源，在采矿、选矿、运输或冶炼的过程中，产生大量废石、尾矿和金属废料，排放出大量废水、废气，甚至是放射性物质，不仅严重污染、破坏了矿区生态环境，而且也阻碍了矿区经济的持续、高速增长，阻碍了矿区居民生活质量的提高。矿业开发导致的环境污染与生态退化，引起了世界各国的普遍关注。

从环境要素来看，采矿活动及其废弃物的排放不仅占用甚至破坏土地资源，而且也引起当地地貌、土壤、水文、微气候、生物多样性与景观等环境要素发生变化，并威胁人体健康，带来一系列资源环境问题（彭建等，2005）。

6.1.3.1 地形地貌

（1）地貌重塑，景观破坏

矿山开采包括露天开采和地下开采两类采矿方式：露天开采以剥离挖损土地为主，明显改变了采矿场的地表景观；地下开采将矿物从地下采出后，其上覆岩层失去支撑，岩体内部的原有应力平衡状态受到破坏，引起岩体内应力重新分布，从而导致采空区上覆岩层乃至地表产生位移、变形直至破坏，主要表现为塌陷、裂缝、坡地等新地貌形态的出现，直接影响地表原始的地形地貌，影响建（构）筑物基础和水位。排土场、尾矿场均导致数倍于开采范围的区域地貌重塑。

同时，矿山开采前一般多为森林、草地或植被覆盖的山体。一旦开采后，砍伐森林，压覆、毁坏土地，山体遭破坏，矿渣与垃圾堆置等现象将会严重破坏地貌景观，往往形成一个与周围环境完全不同甚至极不协调的外观，必然造成景观破坏。随着矿区社会经济的发展与生活条件的改善，当地社区公众对景观破坏的反应将越来越强烈。

（2）诱发次生地质灾害

矿山生产诱发的次生地质灾害种类多、分布广、危害大，主要表现为地面塌陷、滑坡、崩塌、泥石流和地震等。据不完全统计，仅采矿塌陷、崩塌、滑坡和水土流失等破坏土地面积就达 10 亿 m^2 以上，每年经济损失达几十亿元（武强和陈奇，2008）。

由于地下采空，地面及边坡开挖影响了山体、斜坡稳定，导致地面塌陷、开裂、崩塌和滑坡等频繁发生，如广东如凡口铅锌矿因疏干产生地表塌陷1982个，范围达675km²，受损农田约66.7km²，建筑物撤迁7km²，河流中断，矿坑涌水加剧。2004年11月6日，河北邢台尚汪庄康立石膏矿发生坍塌事故，造成太行、林旺两矿生活区部分房屋倒塌，33人死亡、4人失踪，直接经济损失达744万元（宫凤强等，2008）。大同煤矿因采空区顶板冒落导致地震发生几十次，最大达到里氏3.4级（杨晓艳等，2008）。辽宁抚顺西露天采坑深300m，曾发生滑坡60次（张应红和文志岳，2002）。地面塌陷是造成矿区生态环境急剧恶化并难以治理的主要灾害类型。据不完全统计，目前我国煤矿开采沉陷面积近40万hm²，平均每开采万t煤地面塌陷0.2hm²，塌陷造成矿区内地表排水系统破坏、水土流失、沙漠化加剧、植被退化，同时还诱发滑坡、崩塌和泥石流等灾害。滑坡、崩塌和泥石流灾害多是因为矿区不合理的人类工程活动与过度垦荒和滥砍滥伐造成的，如开采中无防护措施，大型综采工作面的推进也造成了大规模山体崩裂发生的必然性（刘晓琼等，2010）。据不完全统计，煤炭行业每年用于此类灾害的治理费在2000万元以上，而其经济损失则以亿元计（杨梅忠，2011）。

矿山排放的废渣堆积在山坡或沟谷，废石与泥土混合堆放，使废石的摩擦力减小，透水性变小，进而出现溃水，在暴雨诱发下极易发生泥石流。例如，河南小秦岭西峪沟金矿，将数万m³的矿渣堆放在沟底使河道严重受阻，1994年7月，暴雨形成泥石流沿沟下泄，道路及生产、生活设施遭到严重破坏，并造成51人死亡（张应红和文志岳，2002）。

矿山开采闭坑后形成巨大的采空区，地下水涌入后会形成人工湖，几亿或上十亿吨水量的涌入将导致采场周围边坡岩体内的地应力重新分布。由于矿体地层多为沉积岩系地层，采场边坡岩体多为层状岩体，地下水浸入后，会使岩体内软弱夹层的力学强度降低。这些因素的变化将造成采场边坡的大规模滑坡。2011年3月22日，广元市旺苍县梦铭矿区边坡处发生的大型高滑坡事故中，滑坡物体从高程约610~660m的陡坡上快速滑移，主要滑坡方向为148°，造成6人死亡，约39.2万m³的滑坡物质堆积于滑坡体前缘，阻断五权公路的正常运行，并有大量大块碎石滚入前方冲沟，影响五郎河的正常泄洪（牟今容，2012）。滑坡会在采场周围地区诱发一系列地质活动和规模不等的地震。对露天矿周围地区的公共设施及各类地面建筑物构成损害，造成巨大的经济损失，严重影响矿区人民的正常生活和生产活动及经济发展，如大同煤矿，由于地下矿顶板崩塌、采空区围岩变形等作用，自1956年以来出现顶板塌落而引起的较大地震41次，最高震级里氏3.4级（张应红和文志岳，2002）。

6.1.3.2　水资源水环境

(1) 水文、水资源破坏

矿山开采对水文、水资源的破坏主要包括两方面的内容：一是对矿区地表水、地下水径流水文过程的干扰；二是对矿区径流水质的污染。

矿山开采对矿区地表水、地下水径流水文过程的干扰，由于采空区的塌陷和裂缝与矿井疏干排水，使开采地段以上的所有储水构造发生变化，破坏了矿区水文的自然平衡，一方面改变了地下水的水文条件，导致地下水系的枯竭或转移，使地下水沿裂隙不断涌入矿井中形成矿井水排出地面，地下水位下降、井泉干涸。一些地方地下水位下降十几米甚至几十米，形成大面积的疏干漏斗，致使水资源短缺，威胁当地群众的生产与生活，影响了当地社会经济的可持续发展。疏干排水使水环境发生变化，地表、地下水系统失衡，形成大面积疏干漏斗、泉水干枯、水资源逐步枯竭、河水断流、地表水入渗或经塌陷灌入地下，影响了矿区的生态环境。例如，山西省因采煤造成18个县26万人吃水困难，2亿 m^2 水田变成旱地，井泉减少3000多处（武强和陈奇，2008）。

另一方面导致地表水径流的变更，使水源枯竭或河水断流，或使水利设施丧失原有功能，或形成水淹地和季节性水淹地，直接影响农作物的耕种。同时，有些未经设计开采的小矿，随意排放废石、废砂，往往造成河道弃土（石）堆积量大，淤积严重，以至行洪能力锐减、河川改道，危及矿区及沿岸安全。据典型资料估计，陕西渭北矿区每采1t煤平均破坏水资源5t左右，对此不得不引起人们的高度重视（杨梅忠，2011）。

(2) 水环境

在矿山开采、选矿或洗矿过程中产生大量废水，包括矿坑水、废石淋滤水、选矿水及尾矿坝废水等，这些废水很少达到"工业废水排放标准"，绝大部分都受到不同程度的污染，其中30%左右经处理使用，其他都是自然排放。据统计，2000年全国煤矿的废污水排放量达到 $27.5 \times 10^8 t$，其中矿井水为 $23 \times 10^8 t$，工业废水为 $3.5 \times 10^8 t$，洗煤废水为 $5000 \times 10^4 t$，其他废水为 $4500 \times 10^4 t$。这些废水的排放对矿区及周边河流、湖泊水域造成严重的污染，抑制了水生生物的生长和繁殖，进而影响到矿区生态系统健康和人类及动植物的生存（范英宏等，2003）。当这些废水排入矿区地表、地下水体后，直接造成水体的有机物污染、酸碱性污染和重金属污染，增加水体的混浊度、破坏水体的自净能力，并且部分矿井水 pH 很小，酸性很大，严重影响水生生物的生存与繁衍；这些矿井水排入环境中，对矿区水环境质量和土壤环境造成严重污染，导致矿区水环境质量下降，影响居民生活饮用；腐蚀生产设备，缩减设备的生命周期，造成经济损失；污染土壤，土壤功能破坏，影响农业生产，并进一步污染了农作物；尤其是金属矿坑和选矿尾水往往含有对生物有害的元素，即使含量不高，但经多年累积到一定程度，也会造成水生生物的灭绝，这也是某些矿区癌症发病率居高不下的主要原因（孙庆先和胡振琪，2003）。例如，在美国 Ely Creek 流域的水体因受煤矿影响，pH 在 2.7~5.2，其沉积物中含有 Fe（约 10 000mg/kg）、Al（约 1500 mg/kg）和 Mn（约 150 mg/kg）等（Cherry et al.，2001）；攀枝花钢铁基地采矿产生的废石和尾矿多处原地堆放，使原地地质、水文地球化学遭到破坏，氧化作用加剧。尾矿、废石中的硫化物经淋滤迁移等作用，使地下水的硫酸盐增高，浅层地下水受污染程度较深层地下水严重（Cherry DS. et. al，2001）。尾矿坝区泉水中的许多元素超过饮用水标准，尾矿地下水的硫酸盐含量、水的硬度及矿化度增高（滕彦国等，2000）；山东省新汶矿区内主要有两条河流（牟汶河和柴汶河）流过，矿区矿井水和其他废水全部排入两河，导致两河水质变坏。据矿区地面监测资料显示，两河中 COD、BOD_5、F 化物、NH_3-N、挥发酚、石油类等污染指标均超标严重（姜军和程建光，2001）；小秦岭金矿田的乱采乱挖导致方圆几千平方公里内受到重金属及其他有毒物质的污染，其流域内所生产的农作物有毒物质含量严重超标。沿海地区一些矿山因疏干排水导致海水入侵，破坏了当地淡水资源。例如，位于辽东半岛南端的金州石棉矿，开采近 30 年，已达高程-400m 水平，随着开采深度增加，海水混入率不断升高（武强和陈奇，2008）。

6.1.3.3 气候与大气

(1) 大气污染

矿业开发造成的大气环境影响类型多样，主要包括以下两种类型。

一是采矿、爆破、运输、冶炼等过程中造成的烟尘、粉尘污染，以及矿业活动等物理污染。矸石山组成物质粗疏松散，又暴露于开阔空间，在风力吹扬下，细小物质飘入空中，增加了大气中粉尘以及其他化学成分的含量，污染大气。在严重地区，会出现能见度不足 10m 的现象，给周边环境带来极为不利的影响。据研究，一个大型尾矿场扬出的粉尘可以飘浮到 10~12km 之外，降尘量达 300t/hm²，粉尘污染可使谷物损失达 27%~29%，土豆、甜菜减产 5%~10%，人畜也受粉尘之害（张一江和李根福，1996；束文圣等，2000）。如大石桥市辖区内的陈家村有将近 2/3 的土地遭受到粉尘污染，1/4 的耕地不能耕种，

3/4 的耕地出现了不同程度的减产（姜洋，2010）。

二是采矿、炼焦等过程中有机、有毒、有害及酸性气体物质释放造成的化学污染，极易引发温室效应、酸雨、光化学烟雾等一系列大气环境问题。据不完全统计，煤炭采矿行业工业废气每年排放量约 4000 亿 m^3，其中每年由燃烧排入大气中的废气估计在 1700 亿 m^3，烟尘 30 万 t 以上，二氧化硫 32 万 t，甲烷 90~100 亿 m^3，使大气环境遭受一定程度污染，因二氧化硫污染导致的我国酸雨区面积占陆地面积的 30% 以上（张应红和文志岳，2002）。酸性气体经过雨水的淋洗，降落到地表，地表水酸化的同时，浸到土壤中使矿区周围土壤和地下水也不断酸化，严重影响农作物及水生动植物的生长。（刘晓琼等，2010）

此外，煤矸石自燃产生的大量的烟尘及 SO_2、H_2S、CO、CO_2 等有毒气体，也造成了严重的大气污染。煤矸石是与煤伴生的岩石，在煤炭采掘和洗选过程中都有煤矸石排出。目前我国煤矸石利用率小于 20%，大部分露天堆积储存，在地表形成大大小小的矸石山。星罗棋布的矸石山长期露天堆放，在外力作用下发生氧化、风化和自燃。目前全国有矸石山自燃的有 300 余座，经治理仍有百余座在自燃（张增凤等，2002）。据监测，自燃的矸石山附近，SO_2 的浓度高达 2.2056mg/Nm^3，超标 30 倍。周围居民区低空大气中 SO_2 的浓度为 0.26mg/Nm^3，总悬浮微粒浓度达 0.8mg/Nm^3，超标 1.7 倍。矿区空气环境质量较差，周围居民长期生活在不良环境中，致使呼吸系统疾病发病率增高，严重影响身心健康（姜军和程建光，2001）。矸石山自燃造成内部温度过高引发崩塌，进一步恶化矿区生态环境（段志鹏等，2009）。

（2）微气候扰动

矿山植被的破坏常常导致地表干燥、热容量降低和反射率增加，形成区域热岛和干热风害，导致矿区微气候的恶化。露天煤矿开采过程中剥离岩石和土壤，压占、堆积和采掘等扰动过程影响了地表水分蒸发蒸腾循环及地表热容量状况，从而强烈地影响了地表温度，引起矿区及周边地区微气候变化。联合国政府间气候变化专门委员会在第四次评估报告中将煤矸石自燃和低温氧化列为温室气体的来源之一，地表温度的升高会导致煤矸石自燃、低温氧化释放温室气体量的增加，更加速了区域气候变暖趋势。

研究表明露天采坑和工业场地具有明显的增温效应，其地表平均温度高出矿区最低温度 5~10℃。未复垦排土场的地表温度处于中等水平，由于排土场的物质组成与堆置结构差异较大，地表温度存在较高的时空异质性，在矿业开发初期具有较高的增温效应，此后对增温的贡献大幅降低。剥离区和已复垦排土场具有较低的地表温度，复垦过程可以调控矿区植被覆盖与土壤水分状况，有效降低地表温度,减少矿区对区域升温的影响,但降温效果受到煤矸石自燃、复垦阶段等因素的影响出现相应变化。

6.1.3.4 土地资源

(1) 土地资源破坏与占用

矿产资源开发最直接的资源环境效应就是对土地资源的破坏与占用。一方面,矿山开采过程中产生大量的固体废弃物(尾矿、矸石、废土石等),占我国每年工业固体废弃物排放量的80%以上(常前发,2000),需要大面积的堆存场地,一般而言,露天采矿所占用土地面积大约相当于采矿场面积的5倍以上,从而导致对土地的大量占用和区域生态系统的破坏。因采矿及各类废渣、废石堆置等,全国累计占用土地达 $5.86\times10^4\,\mathrm{km}^2$,破坏森林达 $1.06\times10^4\,\mathrm{km}^2$,破坏草地达 $2360\mathrm{km}^2$。我国固体采矿、选矿每年产生的尾矿和排弃物超过 $5\times10^8\,\mathrm{t}$,各类固体废弃物累计约 $70\times10^4\,\mathrm{t}$,直接占用和破坏土地 $1.7\times10^4\sim2.3\times10^4\,\mathrm{km}^2$,并以每年 $200\sim300\,\mathrm{km}^2$ 的速度增加(武强和陈奇,2008)。据不完全统计,全国历年煤矸石累计存量约30亿t,年平均排放煤矸石1.5亿t,矸石堆放占地 $5500\mathrm{hm}^2$(姜军和程建光,2001)。由于煤矸石等固体废弃物中含有多种有害成分,会对周围环境产生不同程度的污染,从而造成对土地生态系统的破坏,主要表现在平时煤矸石粉尘对空气的污染;降水时固体废弃物中的有害成分通过雨水入渗到土壤中,造成土壤和地下水污染;当降雨强度较大时,雨水不能及时入渗而产生地面径流,有害成分随地面径流流入江河,造成更大范围的水体污染。

另一方面,矿业开发过程中对土地资源的破坏十分严重,除了在勘查过程中和矿山工业及民用建筑设施对土地资源的占用破坏外,矿山开采过程中的破坏最为普遍。露天矿开采要挖损大量土地,井工开采则会导致大面积的土地沉陷。据测算,全国采矿业破坏的土地面积为 15 万 ~20 万 km^2,并以 $200\,\mathrm{km}^2/\mathrm{a}$ 的速度增加。井工开采常常造成地面塌陷,据统计,每采1万t煤炭造成地表塌陷平均为 $0.2\sim0.33\mathrm{hm}^2$。露天矿对土地的破坏就更直接、更严重,露天矿每采1万t煤炭需要挖损土地平均约 $0.12\,\mathrm{hm}^2$,外排土压占土地平均 $0.10\mathrm{hm}^2$。另外废水和弃油对土地的破坏有时是毁灭性的和灾难性的,某些矿产如金、铀、汞等开采过程中的矿坑水和选冶水含有有毒矿物和放射性,其危害是潜在而深远的。

矿山开采造成了矿区农用土地资源的大幅减少,并且地面沉降、塌陷引起一系列地表变形和破坏,特别是对耕地的破坏,往往使连续成片的耕地变成分割破碎的地块,几年内不能利用,同时造成表土层性状改变,加速土壤侵蚀。据对典型矿山调查,在冶金矿山占地中,占用耕地的比例为20%,在煤炭矿山占地中,占用耕地的比例高达70%。以此推算，全国因矿山开采而减少的耕地约为133万hm^2。由于现有矿山多在农业生产较发达的东、中部地区，人口密度大，可耕地的锐减问题突出。徐州市现塌陷区人均耕地仅0.5亩，比塌陷前平均减少0.8亩，一些村庄已无地可种；安徽全省因采矿、加工而破坏、占压的土地资源累计达56.55万亩，其中80%以上为农用地，淮南、淮北地区有90%以上为耕地，现在还以每年3万亩的速度在增加（孙习稳，2002）。据统计，全国煤炭开采历年形成的沉陷区已达0.14×10^{6}hm^2，平均每年形成沉陷土地15 000～20 000hm^2，其中耕地占30%（范英宏等，2003）加上挖损和压占土地中的可耕地，全国范围内损毁耕地的数量是惊人的。考虑到我国土地资源匮乏，人均耕地只有0.12hm^2，不到世界人均耕地面积的1/2，更加剧了我国的人地矛盾。

（2）土壤退化与污染

矿业开发破坏土地质量，导致土壤的承载能力降低，主要体现在土壤板结与土壤养分和水分流失等土壤理化性质的退化，以及土壤污染两方面。

一方面，矿山开采常常导致矿区土壤结构变差，水分和养分缺乏。矿区的表土总是被清除或挖走，采矿后留下的通常是新土或矿渣，加上汽车和大型采矿设备的重压，结果所暴露出的往往是坚硬、板结的基质，增加土壤密实度，导致土壤重度加大，养分和水分都很缺乏，极不利于植物生长，也不利于动物定居。对于含有硫铁矿的矿地，如果还含有白云石等含Ca矿石，就很可能会因前者的氧化和后者的风化淋溶而形成一层石膏沉积，从而使矿区植被恢复变得更加困难。据测定，不同矿区土壤中有机质、N、P的含量均很低，只有正常植被覆盖土壤平均背景值的20%～30%（黄铭洪和骆永明，2003）。

地面塌陷形成大面积的下沉盆地，因潜水位相对提高，极易引起土壤次生盐渍化。固体排弃物在风雨的侵蚀下，其中的Ca、Mg、K、Na等单一元素和重碳酸等盐类成分淋失，溶解于地表和地下径流中汇集到低洼处，再经过蒸发作用使周围土壤盐渍化。另外，由于外土场堆垒承压，抬高了地下水位，增加了矿化度，也加剧了土壤的盐渍化。土壤盐渍化以排土场为中心呈辐射状向外扩展，距排土场越近盐分越高，在垂面上自下而上盐分逐渐增多。

同时，地面塌陷导致地下水位下降、土壤中裂隙产生，这不仅使因毛细现象而使土壤返湿非常困难，也大大加强了风力挟走土壤水分的能力（蒸发作用），因此土壤湿度大幅下降，农作物减产。土壤中的营养元素也随着裂隙、地表径流流入采空区或洼地，造成许多地方土壤中养分的短缺，严重影响了农作物的生长。

另一方面，由于种种条件的限制，国内许多矿山废弃物未经任何处理就任意排放与堆置，固体废渣（如煤矸石、粉煤灰等）在堆积过程中，经降水的冲刷、淋溶，极易将废弃物中的有毒有害成分渗入土壤中，造成土壤污染，包括土壤的酸碱污染、土壤的有机毒物污染，以及土壤的重金属污染等，其中重金属毒害是矿区普遍存在且最为严重的问题之一。矿区废弃地如果存在不利的 pH 条件、盐浓度或者高浓度毒性的重金属离子，即使对废弃土地添加各种主要养分（N、P、K）也不能促进植物生长。同时，这些污染在地表径流和其他地质、地球化学作用下还会发生迁移，危害毗邻地区的环境质量，导致生态系统退化，生物多样性丧失，农作物减产，而且受污染的农产品将通过食物链危害人体健康。固体废渣中含有 Cd、Pb、Hg、As 等有毒元素，它们不但不能被生物降解，相反，却能在生物放大作用下，大量富集，沿食物链最后进入人体，引起急、慢性中毒，造成肝、肾、肺、骨等组织的损坏，甚至能够致癌、致畸、致死（范英宏等，2003）。

　　土壤具有吸收和储存各种物质的能力，但土壤的纳污和自净能力有限。当微量元素进入土壤超过其临界值时，土壤不仅会向环境输出污染物，使其他环境要素受到污染，而且土壤的组成、结构及功能均会发生变化，尤其是对土壤酶的影响，最终导致土壤资源的枯竭与破坏。具有生物活性的土壤酶主要由土壤中的植物根系及残体、土壤动物及遗骸和微生物产生，参与土壤中的各种物质转化过程。当土壤受到重金属等有毒有害物质污染时，由于重金属对土壤酶的抑制作用，影响土壤酶的活性，从而降低土壤的肥力水平，削弱了土壤中 C、N 营养元素循环速率和能量流动，往往影响植物各种代谢途径，抑制植物对营养元素的吸收及根的生长。生产中已发现某些复垦区的水稻、大豆、甘蓝、菠萝等作物受到重金属不同程度的毒害，作物产量低、品质差，农产品中有害物质显著超标（凌乃规，1993；郭炎等，1993；何勇强等，1998）。广东凡口铅锌尾矿 1 号矿的 Pb、Zn 总量分别高达 34 300mg/kg 和 36 500mg/kg，有效态 Zn 亦高达 1963mg/kg（蓝崇钰等，1996），如此高的金属含量对绝大多数植物的生长发育都会产生严重抑制和毒害作用（束文圣等，1997）。张志权和蓝崇钰（1994）实验研究表明，在种子萌发过程中，铅锌矿尾矿对种子的吸水速率及吸水量、萌发早期的呼吸作用以及下胚轴及胚根的伸长有抑制作用，种子萌发后，于早期阶段可以在尾矿上成功定居，但幼苗生长状况与对照相比差得多，株高下降 28.4%，复叶数减少 34.1%，生物量下降 52.6%，而且这种差异随生长时间而变得越来越大。对江西各钨矿附近地区土壤的研究发现，土壤中钼、镉、铜、铁的含量非常高，该区反刍动物钼中毒的现象较为普遍，耕牛发生白皮白毛、腹泻消瘦等综合征，家畜的营养状况和繁殖力均较低，常年生活在这里的人癌症特别是肝癌的发病率很高（陈怀满等，1999；朱利东等，2001）。

　　矿区废弃地另一个常见的污染是极端 pH。高度酸化主要是由于硫铁矿或其他金属硫化物氧化形成硫酸所致,酸化后能使土壤基质的 pH 降至 2.4 左右,渗出液甚至降至 2 左右 (Evangelou, 2001),酸性条件会加剧重金属的溶出和毒害,并导致植物养分不足。高含量的重金属与强的酸度通常是植物在矿地定居的最大限制因子,强碱性也会引起植物的养分不足以及酶的不稳定性等。

(3) 水土流失加剧

矿山开采过程中,矿山开采及配套工矿设施建设都会直接构成对地表形态与地表植被的破坏,露天矿坑和井工矿抽排地下水使矿区地下水位大幅度下降,也会造成土地贫瘠、植被退化,最终导致大面积分散人工裸地的形成,极易被雨水冲刷,而且由于挖掘和排土场尾矿占地,形成地面的起伏及沟槽的分布,使水土更易移动、坡面冲刷强度加大。而新移动的岩土在风雨作用下极易风化成岩屑,为水土流失提供了丰富的物质来源。在塌陷盆地、坑、槽的周边,在沟谷、河岸部位,水蚀和重力侵蚀加剧。暴雨期间,废石场被猛烈冲刷,发生强烈的溅蚀、面蚀和沟蚀,加剧了矿区水土流失,使下游农田砂化减产甚至绝产,还淤塞河道。据调查,平朔安太堡露天煤矿 1991~1995 年,原有植被破坏后不易恢复,土壤侵蚀模数比原地貌大 33% (白中科等, 1998);昆明市东川区千百年来为了采矿冶铜,挖山打洞,伐木烧炭,造成全区水土流失面积占总面积的 68.5% (岳境等, 2006)。截至 2009年,山西省全省水土流失面积达 $10.8 \times 10^8 \mathrm{km}^2$,占土地总面积的 69%,年均输沙量为 $4.56 \times 10^8 \mathrm{t}$,平均输沙模数为 3000 $\mathrm{t/km}^2$,严重地区高达 20 000 $\mathrm{t/km}^2$。全省森林覆盖面积仅 $298.9 \times 10^4 \mathrm{hm}^2$,人均仅 0.096 hm^2,森林覆盖率仅 13.17%。荒漠化约 $80 \times 10^4 \mathrm{hm}^2$,风沙危害耕地约 $1 \times 10^4 \mathrm{hm}^2$。矿山开采引发的采空塌陷等进一步加剧了水土流失、破坏林地、降低森林覆盖面积,导致恶性循环,增大了生态恢复的难度和成本。据调查和测算,采煤造成水土流失的影响面积为其引发的采空塌陷面积的 10%~20%,也就是说全省矿山开采造成水土流失面积约为 276.16~552.316 km^2 (曹金亮, 2009)。

矿区土地塌陷则使地表倾斜、加大了原地面坡度,扰乱了原来相对稳定的土壤结构,增加了地表水 (浇灌水或淋水) 的流速和流量,从而加快了土壤的侵蚀和肥料养分的流失,形成严重的水土流失。由于塌陷区地势四周高、中间低,水土流失只是塌陷区由高处向低处的水土移动,因此不对周围环境造成直接影响。但若水分下渗,会对地下工程造成严重损害。

排土场还发生原地貌上不常见的水土流失形式——地表非均匀沉降,其侵蚀形态有陷坑、陷穴、裂缝、盲沟、穿洞、盲洞等。这主要是由于排土场是在一种高速的采排进度下形成的,加之基底面积大、地形复杂、排弃物堆置厚度在各部位不等,本身又是非均质松散物,各部位受力不均,自然固结速率相差很大,故非均匀沉降严重，沉降过程延续数年。大量地表径流可汇集沉陷裂缝，钻入基底，造成基底超压，小则影响复垦种植，大则影响排土场的整体稳定和矿山生产的安全。

6.1.3.5 生物多样性

（1）植被受损

由于采矿场清除植被，矿业开发使大面积原始森林遭到砍伐，植被减少，矿区森林覆盖率急剧降低。据有关资料，我国因采矿直接破坏的森林面积累计达 106 万 hm^2，破坏草地面积为 263 万 hm^2（张应红和文志岳，2002）。据统计，我国因采煤直接破坏的森林面积累计达 106 万 hm^2，草地面积 26.3 万 hm^2。森林草地的减少引起植物多样性的下降，生物量和生产力减少，引起植被的逆向演替（刘晓琼等，2010）。同时，由于矿业活动产生的工业"三废"，以及其他物理污染，尤其是热污染，对动植物生存造成了严重的威胁。

（2）生物多样性损失

采矿要清除植被，挖走表土，并导致土壤污染和退化，所有这些矿山开采引起的地表、地下扰动对矿区的生物多样性都是致命打击，对生物群落造成很大的危害，并且生物多样性丧失后，受损生态系统的恢复会变得缓慢得多，因此，这种生物多样性损失往往是不可逆的。植物是生态系统的初级生产者，它的破坏使得矿区内生物的生存条件遭到破坏，生物量减少，导致生态系统结构受损、功能及稳定性下降，生物多样性严重减少，甚至种群消亡（夏既胜等，2009）。据可靠资料表明，排放矸石 8 年后物种由原来 7 科 32 种降至 4 科 6 种，30 年后只恢复到 6 科 22 种。煤矿的开采还使水源枯竭或河水断流，水生动植物失去了生存条件，造成了大量水生物种的绝迹（王艳荣和高明娟，2011）。不仅如此，裸露的矿业废弃地继续加强着这种破坏，造成废弃地周围甚至更大范围内生物多样性的减少和生态平衡的失调。由于矿山排水对下游和周围地区产生污染，还影响到周围地区的生物多样性。刁江曾是河池市有名的渔乡，有鱼类 20 多种，由于上游的大厂、车河等选矿废水的污染，导致鱼虾几乎绝迹（宋书巧和周永章，2001）。此外，矿区内重金属复合污染对土壤微生物多样性也有较大的影响。例如，王建坤（2009）对四川省汉源县富泉乡万顺铅锌矿区研究铅锌污染对土壤微生物多样性的影响发现，随着铅锌矿区重金属污染程度的加剧，土壤微生物的总数会下降，主要微生物类群数量明显减少，从而使微生物多样性指数明显降低。

6.2 矿产聚集区生态风险要素分析

6.2.1 区域脆弱性

区域脆弱性分析和危险度评价是进行生态风险识别与评估的基础，其中区域脆弱性分析提炼主要生态环境问题，为生态风险防范适用性评价提供依据。本研究以我国主要的矿产资源聚集区为研究对象（图 6-1），分析其生态脆弱本底条件，以及面临的生态环境问题（附表 1）。

6.2.1.1 三江–穆棱区

三江–穆棱区包括鹤岗、双鸭山、七台河、鸡西等矿区，位于黑龙江伊兰和富锦地区。本区位于东部低地区内的三江湖积冲积平原区和东北东部山地区，属中温带湿润气候，年干燥度系数≤1.0，年积温 2500～2700℃，主要土壤类型为白浆土、草甸土、沼泽土和暗棕土，原生植被主要为温带落叶阔叶林、温带落叶阔叶树和常绿针叶树混交林、温带草本沼泽等。本区面临的水土流失和土地地荒漠化风险较为轻微，由于处于季节性积水或淹没形成的沼泽化区域，采煤塌陷带来的土壤沼泽化风险较大，暴雨洪水灾害较为严重。由于水系丰富，矿业开采对地下水和地表水污染存在潜在风险，属于工业三废污染较重区域。

6.2.1.2 海拉尔区

海拉尔区包括扎赉诺尔、大雁、伊敏等矿区，位于内蒙古呼伦贝尔地区。本区位于内蒙古高平原的呼伦贝尔高平原区，属于中温带亚干旱区气候，年干燥系数为 1.6～3.5，年积温 1930℃，主要土壤类型为栗钙土、草甸土、黑钙土和风沙土，原生植被以草原和疏林灌木草原为主，包括小部分的温带落叶灌丛。本区属干旱风沙地区，水土流失风险次严重，土地荒漠化风险等级属于正在发展中的荒漠化和潜在中的荒漠化，部分地区存在盐渍化土。干旱灾害程度属于轻旱区域，易发生黑灾。

6.2.1.3 胜利–霍林河区

胜利–霍林河区包括胜利、霍林河等矿区，位于内蒙古锡林浩特和霍林格勒地区。本区位于内蒙古锡林郭勒高平原与丘陵区，属于中温带极干旱大区，年干燥系数≥16.0，年积温 2600～2700℃，主要土壤类型为栗钙土，原生植被为温带丛生禾草草原。本区属干旱风沙地区,水土流失风险次严重,区内大部分地区遭受潜在中的荒漠化风险,部分区域为正在发展中的荒漠化和强烈发展中的荒漠化,盐渍化土有零星分布。干旱灾害程度属于轻旱和中旱区域,易发生黑灾。

6.2.1.4 舒兰-伊通区

舒兰-伊通区包括舒兰矿区,位于吉林省北部。本区属兴安岭及东北东部山地山麓冲积洪积平原,属于中温带亚湿润气候,年干燥系数为 1.0~1.5,年积温 2900~3000℃,主要土壤类型为白浆土和水稻土,多种植一年一熟粮食作物和耐寒经济作物。本区属暴雨型泥石流轻微地区,水土流失严重(东北漫岗丘陵山地),邻近水污染治理的重点河流蛟河,属于暴雨洪水灾害较重地区,干旱灾害发生程度为中旱,易发生春旱。

6.2.1.5 蛟河-辽源区

蛟河-辽源区包括蛟河矿区、辽源矿区等,位于吉林省东南部辽源地区与东部蛟河地区。本区属吉林东部低山与丘陵区和辽东丘陵区,属于中温带湿润气候,年干燥度系数≤1.0,年积温 2300~2800℃,主要土壤类型为暗棕壤和白浆土,原生植被为温带落叶阔叶林,多种植一年一熟粮食作物及耐寒经济作物。本区属暴雨型泥石流轻微地区和较严重地区,以及东北漫岗丘陵水土流失严重地区,邻近蛟河水污染治理重点区域,暴雨洪水灾害较轻,干旱灾害程度为中旱。

6.2.1.6 敦化-抚顺区

敦化-抚顺区包括抚顺、通化等矿区,位于辽宁省与吉林省东部交界处。本区位于东北东部辽东丘陵区,属于中温带湿润地区,年干燥度系数≤1.0,年积温 2400~3200℃,主要土壤类型为暗棕壤,原生植被为寒温带、温带山地常绿针叶林和温带落叶阔叶林。本区属暴雨型泥石流较严重地区,以及东北漫岗丘陵山地水土流失严重地区,工业"三废"污染严重,紧邻水污染治理重点的辽河流域,暴雨洪水灾害较轻,干旱灾害程度属于轻旱和中旱。

6.2.1.7 京唐区

京唐区主要包括开滦及周边矿区,位于河北唐山市。本区位于华北冲积平原区,属于暖温带亚湿润气候,年干燥系数为 1.0~1.6,积温为 3200~3400℃,主要土壤类型为褐土,耕作土壤为潮土,种植一年两熟或两年三熟连作和落叶果树。本区属平原水土流失轻微地区,以及土地盐渍化潜在威胁区,工业"三废"污染较重,紧邻水污染治理重点的海河流域,暴雨洪水灾害较重,干旱灾害程度属于中旱，多为春旱。

6.2.1.8 宣蔚区

宣蔚区主要包括张家口西部宣化和蔚县的矿区。本区位于晋东北冀西和冀北中山区，属于中温带极干旱大区，年干燥度系数≥16.0，年积温 2200~3300℃，土壤类型主要为褐土和栗钙土，原生植被主要为温带禾草、杂类草草原。本区属暴雨型泥石流轻微地区，滑坡和崩塌多发区，属于北方土石山地丘陵水土流失严重地区，紧邻水污染治理的重点区域海河流域，暴雨洪水灾害较轻，干旱灾害程度为重旱，多发生春旱。

6.2.1.9 大宁区

大宁区主要包括山西大同、平朔、宁武等矿区，位于山西北部。本区位于晋西中山区和陕北黄土高原与丘陵区，属于中温带极干旱和暖温带亚湿润气候，土壤类型主要为栗钙土和褐土，原生植被主要为温带禾草、杂类草草原，种植一年一熟粮食作物和耐寒经济作物。本区属暴雨型泥石流轻微地区，滑坡、崩塌多发，属于西北黄土高原丘陵和北方土石山地丘陵水土流失严重地区，暴雨洪水污染灾害较轻，干旱灾害程度为重旱，多发生春旱。

6.2.1.10 晋中南区

晋中南区包括临汾、沁水等矿区。本区位于晋陕中部盆地和晋东南中山与高原区，属于暖温带亚湿润气候，土壤类型主要为褐土，包括少部分耕作土壤潮土，原生植被为温带落叶阔叶林、温带落叶灌丛，种植一年两熟或两年三熟连作。本区属暴雨型泥石流轻微地区，滑坡和崩塌多发，区内西北黄土高原丘陵水土流失严重区和平原水土流失轻微区并存，暴雨洪水灾害较轻，干旱程度为极旱和重旱并存，多发春旱。工业"三废"污染较重。

6.2.1.11 晋陕区

晋陕区包括东胜、神府、准格尔等矿区，位于山西、陕西与内蒙古交界处。本区位于陕北黄土高原与丘陵区和鄂尔多斯高原区，属于暖温带干旱和亚湿润气候，土壤类型包括栗钙土、棕钙土，耕作土壤主要为绵土，原生植被类型为温带灌木、半灌木荒漠植被及温带丛生禾草草原。本区属暴雨型泥石流严重地区，滑坡崩塌多发区，区内包括西北黄土高原丘陵水土流失严重地区和干旱风沙水土流失次严重地区，区内面临荒漠化风险较为明显，包括严重荒漠化、强烈发展中的荒漠化和潜在中的荒漠化地区，存有部分盐渍化土，暴雨灾害风险较轻，干旱灾害程度为重旱，多发春旱。邻近水污染治理重点区域的黄河干流。

6.2.1.12 桌子山-贺兰山区

桌子山-贺兰山区包括桌子山、石炭井和石嘴山等矿区。本区位于蒙陕平原与丘陵的贺兰山和桌子山地貌区，属于中温带干旱气候，土壤类型主要为风沙土、灰漠土和灰钙土，原生植被主要为温带矮半灌木荒漠植被和温带丛生禾草草原。本区属暴雨型泥石流轻微地区，区内平原水土流失轻微区和干旱风沙水土流失次严重区并存，包含土地盐渍化潜在威胁区，暴雨洪水灾害较重，干旱灾害程度为重旱。邻近水污染治理重点区域的黄河干流。

6.2.1.13 太行山东麓区

太行山东麓区包括邢台、峰峰等矿区。本区位于太行山秦岭东麓洪积冲积扇形平原和晋东南中山与高原地貌区，属于暖温带亚湿润气候，土壤类型主要包括褐土，耕作土壤类型为潮土，中山地貌类型区内原生植被为温带落叶灌丛，农作物主要为一年两熟连作作物和落叶果树。本区中山地区属暴雨型泥石流较严重地区，以及平原水土流失轻微地区，包含部分潜在中的风沙化地区，暴雨洪水灾害较重，干旱程度为重旱，春旱和春夏旱并存。工业"三废"污染严重。

6.2.1.14 豫西区

豫西区包括河南中西部的义马、新密、平顶山等矿区。本区位于秦岭中山区和豫西低山与丘陵区，属于暖温带亚湿润气候，土壤类型主要为棕壤和褐土，原生植被为温带落叶灌丛，种植一年两熟或两年三熟连作和落叶果树。本区属暴雨型泥石流轻微地区，丘陵区属北方土石山地丘陵水土流失严重地区，平原区水土流失轻微，区域内部分地区存在潜在中的风沙化，暴雨洪水灾害严重，干旱灾害程度为重旱，多为伏旱。工业"三废"污染较重。

6.2.1.15 苏鲁豫区

苏鲁豫区包括肥城、新汶、兖州和枣庄等矿区。本区位于鲁中南低山与丘陵区，属于暖温带亚湿润气候，土壤类型主要为褐土和棕壤，原生植被为温带落叶阔叶林，种植一年两熟或两年三熟连作和落叶果树。本区属暴雨型泥石流轻微地区，以及北方土石山地丘陵水土流失严重地区，暴雨洪水灾害严重，干旱灾害程度为极旱，初夏旱与伏旱交迭。工业"三废"污染严重。

6.2.1.16 徐淮区

徐淮区包括徐州、淮北等矿区。本区位于苏北黄淮冲积平原区和鲁中南低山丘陵区，属于暖温带亚湿润气候，耕作土壤类型主要为潮土，有部分沼泽土分布，原生植被为温带落叶阔叶林。本区属平原水土流失轻微地区和北方土石山地丘陵水土流失严重地区，部分区域位于正在发展中的风沙化地区内，存有部分土地盐渍化潜在威胁区，暴雨洪水灾害较重，干旱灾害程度为重旱。

6.2.1.17 淮南区

淮南区包括淮南地区矿区。本区位于太行山秦岭东麓洪积冲积扇形平原区，属于北亚热带湿润气候，耕作土壤主要为水稻土，种植水旱一年两熟连作作物。本区位于平原水土流失轻微地区，暴雨洪水灾害较重，干旱灾害程度为重旱。紧邻水污染治理重点的淮河流域。

6.2.1.18 苏浙皖区

苏浙皖区包括南京、常州、苏州等矿区。本区位于江汉湖积冲积平原和长江三角洲，属于北亚热带湿润气候，耕作土壤主要为水稻土，种植双季稻连作喜凉作物、亚热带常绿果树和经济林。本区位于平原水土流失轻微地区，暴雨洪水灾害较重，干旱灾害程度为极旱，多为伏旱，存在酸雨风险。工业"三废"污染较重，邻近水污染重点治理的太湖流域。

6.2.1.19 浙赣区

浙赣区包括丰城、南昌等矿区。本区位于鄱阳湖湖积冲积平原，属于中亚热带湿润性气候，耕作土壤主要为水稻土，种植双季稻连作喜凉作物、亚热带常绿果树和经济林。本区位于平原水土流失轻微区，暴雨洪水灾害较重，干旱灾害程度为极旱，多为伏旱。邻近水污染重点治理的赣江和鄱阳湖流域，存在酸雨风险，工业"三废"污染较轻。

6.2.1.20 华蓥山-永荣区

华蓥山-永荣区包括华蓥山矿区等。本区位于四川盆地川中方山丘陵区，属于中亚热带湿润性气候，土壤类型主要为紫色土，种植水旱一年两熟连作、常绿落叶果树和经济林等。本区属暴雨型泥石流轻微地区，以及南方丘陵山地水土流失严重地区，大部分区域处于正在发展中的荒漠化地区，暴雨洪水灾害较重，干旱程度为轻旱，多为伏旱。邻近水污染重点治理的嘉陵江流域。

6.2.1.21 攀枝花-楚雄区

攀枝花-楚雄区包括宝顶矿区等。本区位于川西南高山区,属于中亚热带湿润性气候,土壤类型主要为红壤和燥红土,原生植被为亚热带、热带常绿针叶林,包括部分亚热带、热带常绿、落叶阔叶灌丛与农业植被结合区域。本区属暴雨型泥石流极严重地区,滑坡、崩塌高频次多发,同时也是西南峡谷高山水土流失次严重地区,暴雨洪水灾害较轻,干旱灾害程度为中旱,多为春旱,存在酸雨风险。

6.2.1.22 六盘水区

六盘水区包括六枝、盘县和水城等矿区。位于黔中山原区,属于北亚热带和中亚热带湿润性气候,土壤类型主要为红壤,原生植被为亚热带、热带常绿针叶林,以及亚热带石灰岩落叶阔叶树和常绿阔叶树混交林。本区位于暴雨型泥石流严重地区,滑坡、崩塌多发,属西南峡谷高山水土流失次严重地区,暴雨洪水危害较轻,干旱灾害程度为中旱,多为初夏旱,存在酸雨风险危害。

6.2.1.23 涟绍区

涟绍区包括涟源、邵阳等矿区。本区位于湘西低山与丘陵区和湘中丘陵区的交界地带,属于中亚热带湿润性气候,土壤类型主要为红壤,原生植被为亚热带、热带常绿针叶林,种植水旱一年两熟连作作物。本区属暴雨型泥石流轻微地区,滑坡和崩塌多发,同时也是南方丘陵山地水土流失严重地区,存在正在发展中的荒漠化风险,暴雨洪水灾害较重,干旱灾害程度为中旱,伏旱和秋旱交迭,存在酸雨风险危害,工业"三废"污染较重。

6.2.1.24 郴资区

郴资区包括资兴、郴州等矿区。本区位于湘赣鄂边区低山与中山区,属于中亚热带湿润性气候,土壤类型主要为黄壤和红壤,原生植被主要为亚热带、热带常绿针叶林,以及少部分亚热带石灰岩落叶阔叶树和常绿阔叶树混交林。本区属暴雨型泥石流轻微地区,以及南方丘陵山地水土流失严重地区,暴雨洪水灾害较重,干旱灾害程度为重旱,多为伏旱,存在酸雨风险危害。

6.2.1.25 萍乐区

萍乐区包括萍乡等矿区。本区位于湘赣边区低山与丘陵区,属于中亚热带湿润性气候,土壤类型主要为红壤,耕作土壤为水稻土,原生植被为亚热带常绿阔叶林，种植水旱一年两熟连作及常绿、落叶果树和经济林。本区属暴雨型泥石流较严重地区，滑坡和崩塌多发，同时也是南方丘陵山地水土流失严重地区，暴雨洪水灾害较重，干旱灾害程度为极旱，多发伏旱和秋旱，存在酸雨风险危害。

6.2.1.26 永梅区

永梅区位于福建省西南部。本区位于闽浙流纹岩低山与中山区、闽西南中山与低山区，属于南亚热带湿润性气候，土壤类型主要为红壤，原生植被为亚热带、热带常绿针叶林，种植双季稻连作喜凉作物和亚热带常绿果树和经济林。本区属暴雨型泥石流轻微地区，以及南方丘陵山地水土流失严重地区，暴雨洪水灾害较重，干旱灾害程度为重旱，存在酸雨风险危害。

6.2.1.27 粤北区

粤北区位于湘赣边区低山与中山、粤东中山低山与丘陵地貌区，属于南亚热带湿润性气候，土壤类型主要为赤红壤，主要植被类型为亚热带、热带常绿、落叶阔叶灌丛与农业植被结合。本区为暴雨型泥石流轻微地区，属南方丘陵山地水土流失严重地区，暴雨洪水灾害较重，干旱灾害程度为重旱，多为冬旱，存在酸雨风险危害。

6.2.1.28 合浦区

合浦区位于广东广西南部的交界处，属于粤桂低山丘陵地貌区，为南亚热带湿润性气候，土壤类型主要为赤红壤和砖红壤，主要植被类型热带半常绿阔叶季雨林，以及亚热带、热带常绿、落叶阔叶灌丛与农业植被结合。本区包含南方丘陵山地水土流失严重地区和平原水土流失轻微地区，暴雨洪水灾害严重，干旱灾害程度为重旱，多为春旱与冬旱，存在酸雨风险危害。

6.2.1.29 准东区

准东区包括北塔山矿区等。本区位于准格尔东部高原与盆地地貌区，属于中温带干旱性气候，土壤类型主要为灰棕漠土，植被类型为温带矮半灌木荒漠植被。本区包括部分多种成因型泥石流轻微地区，为干旱风沙水土流失严重地区，多分布岩漠戈壁，干旱灾害程度为轻旱，多发黑灾。

6.2.1.30 准南区

准南区位于乌鲁木齐西北部。本区属于准格尔南部平原地貌类型区，为中温带干旱性气候，土壤类型主要为栗钙土和棕漠土，原生植被类型为温带矮半灌木

荒漠植被，种植一年两熟连作和落叶果树。本区属干旱风沙地区水土流失次严重
地区，有部分慢速移动沙丘，干旱灾害程度为轻旱，工业"三废"污染较轻。

6.2.1.31 土哈区

土哈区包括哈密、大南湖等矿区。本区域位于哈密吐鲁番盆地地貌类型区，
为暖温带极干旱性气候，土壤类型为棕漠土和盐土，原生植被为温带矮半灌木荒
漠植被，以及温带灌木、半灌木荒漠植被。本区包含部分多种成因泥石流轻微地
区，属干旱风沙水土流失次严重地区，多为砾漠戈壁，存有部分盐土和碱土，干
旱灾害程度为轻旱。

6.2.1.32 靖远-景泰区

靖远-景泰区包括靖远矿区等。本区位于甘肃中山与黄土丘陵区，为暖温带
干旱性气候，土壤类型为灰钙土，原生植被为温带丛生矮禾草、矮半灌木草原
等。本区为暴雨型泥石流轻微地区，滑坡和崩塌多发，属于干旱风沙水土流失次
严重地区，暴雨洪水灾害较重，干旱灾害程度为中旱，多发春旱。

6.2.2　土地损毁危险度

矿区土地破坏生态风险中的危险度指的是矿区生态系统受到煤炭资源开发压
力的影响状况，往往受到开采工艺、开采规模、开采年限、生态环境保护完备程
度等多种因素影响。2006 年我国已探明的煤炭总储量为 30 000 亿 t，其中适合于
露天开采的矿区煤炭储量为 1700 亿 t，主要分布在内蒙古西、中、东部，山西的
平朔地区，陕西的神木地区，辽宁的阜新、抚顺地区，河南的义马地区，新疆的
哈密地区，宁夏石嘴山、石炭井，云南小龙潭地区等（宋子岭和马云东，2008）。
以下以部分煤炭聚集区为例分析其各自的土地破坏危险度。

6.2.2.1 三江-穆棱河

三江-穆棱河区为牡丹江深断裂以东地区，早白垩世含煤地层主要分布在鸡
西、勃利、双鸭山、双桦、集贤-绥滨、鹤岗、虎林、密山等地。鸡西群是该区
主要含煤地层，是以陆相为主的海陆交互相沉积。鸡西群自下而上由滴道组、城
子河组和穆棱组组成，以城子河组煤层发育最好，其次是穆棱组，滴道组一般不
含煤或含局部可采煤层。城子河组在鸡西煤田共含煤 40 余层，可采和局部可采
3～17 层；双鸭山煤田含煤 70 层，可采和局部可采 8～16 层；勃利煤田含可采和
局部可采煤层达 40 余层；集贤煤田东荣矿区含可采和局部可采煤层 15 层，以不

稳定煤层为多。穆棱组在勃利煤田发育较好，含可采煤层9层，鸡西煤田2~7层，双鸭山煤田均为不可采薄煤层。鸡西群各组煤层的煤种从长焰煤到无烟煤均有，其中以气煤、焦煤为主。主要包括鸡西、勃利、双鸭山、双桦、集贤-绥滨、鹤岗、七台河、虎林、密山等矿区。

6.2.2.2　海拉尔区

海拉尔区区内构造形态总体为北东走向的断陷型向斜盆地，地表倾角平缓，受断层控制和影响，盆地内局部地段隆起，断层稀少，构造复杂程度为中等。区内发育的含煤地层为白垩系大磨拐河组和伊敏组。伊敏组含煤地层厚度为33.6~591.4m，平均为334.28m；发育16个煤层，煤层总厚为1.6~121.9m，平均为37.05m；单孔可采煤层总厚最大为114.5m；含煤系数为11.08%；含煤性较好。大磨拐河组含煤地层厚度为184.4~394.554m，平均为309.29m，发育12个煤层，煤层总厚为5.07~34.89m，平均为19.88m；含煤系数为6.43%，含煤性较好。全区主要可采煤层4层，主要为中灰-低灰、低硫-特低硫、低-特低磷、高热值褐煤和长焰煤。共获煤炭总资源量761 371.1万t，其中推断的资源量239 128.6万t（褐煤），预测的资源量为522 242.5万t（褐煤732 640.4万t，长焰煤28 730.7万t）。海拉尔区包括扎赉诺尔、大雁、伊敏等矿区，总储量为181亿t，产能为4100万t。

6.2.2.3　胜利-霍林河区

胜利-霍林河区主要包括胜利、霍林河等矿区。霍林河储量为105亿t，产能为4200万t，胜利煤矿储量为224亿t，产能共3000万t。生产的煤炭主要为褐煤，该地区煤炭以低质低硫为主，主要开采方式为露天开采。

6.2.2.4　舒兰-伊通区

舒兰-伊通区主要包括舒兰矿区，位于吉林省北部舒兰县和永吉县境内。向东北可延展到黑龙江省。在吉林省境内西南以第二松花江为界，呈北东—南西向的条带状，走向长约80km，宽5km，面积约400km^2，区内地形南高北低，海拔为220~275m，属平缓丘陵地区。舒兰矿区煤田为新生代古近纪和新近纪褐煤，煤岩层属松软岩层，即松散、破碎和软弱等岩体，大都是2.0m左右的薄煤层，1998年年底探明的保有储量为32 887.9万t。舒兰矿区现有5个可采煤层，1#、13#、15#、26#煤层的平均厚度分别为1.94m、1.35m、1.03m、0.01m，煤层结构较稳定，含硫量均为23%；19#煤层的平均厚度1.29m。其煤层结构复杂，不太稳定，含硫量为20%。

6.2.2.5 蛟河-辽源区

蛟河-辽源区位于吉林省东北部蛟河县境内。北起拉法，南到平安堡，西至河西断层，东止于二叠系变质岩和海期花岗岩。南北长为40km，东西宽为15km，面积约600km²。本区地势四周高，中间低。蛟河矿区奶子山组含可采煤8~9层，总厚为10.33m。为长焰煤，局部为气煤。辽源矿区位于吉林省南部辽源市境内，呈北西向扇面形分布，总面积约400km²。矿区范围内属低山丘陵地形。辽源矿区包括仙人沟组、辽源组和金州岗组，分别与平岗区的长安组、安民组、久大组相对比。仙人沟组煤层呈鸡窝状，煤厚为0~0.60m，最厚为14.97m。辽源组含可采煤1~2层，厚为5~10m，最厚达40m，为辽源矿区主要开采煤层。金州岗组含局部可采煤层1~3层，总厚为5.80m。大部分为气煤。蛟河矿区有矿产资源20余种，矿产储量潜在价值为105亿元，其中金属矿主要有镍、铜、铁、钨、铅等，非金属矿主要有花岗岩、硅石、长石、石灰石、硅藻土、蓝晶石、橄榄石、矿泉水、煤、草炭、砖瓦黏土等。体现出明显优势的矿产主要有镍、花岗岩、橄榄绿宝石、泥炭等。

6.2.2.6 敦化-抚顺区

敦化-抚顺区包括抚顺、敦化矿区。其中，通化矿区位于吉林省东南部的长白山脚下，原煤生产能力250万t/a，主要煤种有焦煤、瘦煤、贫煤及无烟煤。

通化区为石炭二叠系，分布于浑江一带，为海陆交互相沉积，太原组含煤2~3层，可采2层，厚为5~10m；山西组含可采或局部可采煤层2~3层，可采总厚为10~15m。上三叠统不营子组：分布于浑江地区东段。由粗、细碎悄岩夹凝灰岩和煤层组成，含煤2层，厚度变化大，可采总厚为0.88~4.90m。为肥气煤。上侏罗统石人组：含煤1~10层，可采1~2层，可采总厚为11.79m，为气煤。

通化矿现有两座选煤厂，年生产能力为190万t，可生产八级至十二级精煤，主要产品有冶炼精煤、洗中煤、煤泥等。抚顺有金属、非金属、煤矿三大类矿产资源34种。矿产有煤、铁、铜、锌、铅、金、银、镍、铂、钯、硫化铁矿及云母、油母页岩、蛭石、硅石、草炭、建筑材料、建筑装饰材料、水泥和石灰原料等共34种，占全省已发现矿种的47.3%。现已开发矿种有22种，优势矿种18种，大型矿床3处，中型矿床3处，矿点和矿化点700多处。矿产总量约54.97亿t，保有总量约43.32亿t，占全省保有总量的16.74%。红透山铜锌矿的规模和储量居全省前列。金属、非金属储量累计达5亿t以上。通化矿产资源丰富，地质储量较大，非金属矿、有色金属、黑色金属和建筑材料等都有较大储量。目前已经探明的矿种已达 50 余种，具有工业价值且已开发的主要矿种有煤、铁、铜、铅、锌、金、镍、石膏、硼、石墨、云母、火山渣等矿，其中镍保有储量约占吉林省的 23%；火山渣远景储量为 5 亿~6 亿 t；大理石花岗岩建筑装饰材料储量达 10 亿 m³ 左右。

抚顺矿区有三个煤层，即本层煤、A 层煤和 B 层煤。其中本层煤为本区主要煤层，其顶板为油页岩，底板为炭质泥岩或砂质泥岩、凝灰岩，煤层结构复杂，西部（F6 以西）可分为五个自然分层，煤层最大厚度为 79.93m，中部（老虎台区）为四个自然分层，煤厚为 38~97m，一般为 55m。东部（龙凤区）为三个自然分层，煤厚为 0.61~51.30m，平均为 19.25m。本区除煤层外，还有储量丰富的油页岩，含油率为 2%~10%，厚度一般为 95m 以上，亦为本区重要矿产。A 层煤夹于凝灰岩及砂岩段中，和 B 层煤相距 30~80m，煤层顶底板多为褐色页岩，煤层结构复杂，厚度变化大。在煤田西部为 0.26~10.89m，平均为 3.61m，在龙凤井田厚度为 1~4m，向东则尖灭。B 层煤位于下部含煤段的中部，煤层极不稳定，并受玄武岩破坏，仅局部可采。B 层煤由西下而上分为 B1、B2、B3、B4 四个分煤层，其中 B2、B3 分叉尖灭现象严重；B1 在煤田西部较发育，最大厚度达 27.34m，一般为 7.52m；B4 在煤田西部为 18.87m，一般为 7.76m，在煤田中部为 16.77m，一般为 4m；在煤田东部为 4.12m，一般为 0~7.0m。

抚顺矿区主要开采层本层煤，其顶底板岩石大部分不稳定。顶板油页岩节理发育，易于剥落，底板为炭质泥岩和凝灰岩，其中凝灰岩易吸水膨胀，是露天开采中造成滑坡的不利因素。本区各矿井皆为超级瓦斯矿井，瓦斯主要集中于本层煤中，瓦斯含量随着开采深度的增加而增加，在-580m 水平，瓦斯含量为 30m³/t，深度每增加 100m，瓦斯含量增加 10 m³/t。本层煤性脆易碎，所以煤尘含量甚高，爆炸指数超过 10%，有煤尘爆炸危险。本区煤易风化破碎，燃点低，有自燃特点，极易引起井下火灾。

6.2.2.7　京唐区

京唐区主要包括北京，唐山两地。北京市矿产资源种类丰富，截至 2004 年年底，全市煤炭储量为 2.23 亿 t，基础储量为 5.73 亿 t，资源量为 17.81 亿 t，资源储量为 23.54 亿 t。新兴枣园煤矿位于京西百花山下，井田面积为 10.62km²，可采储量约 4800 万 t/a，设计生产能力 35 万 t/a。矿井穿石炭纪、侏罗纪两个含煤地层，现有可采煤层 5 层，生产高热量、低灰、低硫、优质无烟煤，并在良乡建有生产能力 10 万 t 的煤场；开滦煤矿位于河北省唐山市境内，开采的煤田是含水层掩盖下的隐伏煤田。煤田的冲击层为砂层、黏土层和砾石层等松散性多层结构，下部有一层厚 10~50m 的砾石层，含水极为丰富，对煤系地层进行长期补给。煤系地层的基底为厚约 600m 的奥陶石灰岩，岩溶比较发育，除在北部基岩裸露区长期接受大气降水的补给外，与冲击层底部即砾石层还存在着极为广阔的互补关系。矿区内地质构造比较复杂，主向斜东南翼张性断裂比较发育，有些断层的导水性极强。

6.2.2.8　宣蔚区

宣蔚区主要包括张家口西部宣化和蔚县的煤矿。宣化煤田宣东煤矿位于河北省张家口市宣化区东南，距城区 8km。矿井年设计生产能力为 90 万 t，矿井通风系统及生产按煤田地质勘探报告提供的矿井相对瓦斯涌出量 5.54m³/t 设计。该矿于 1997 年 6 月投产，自 1999 年矿井进入采区煤层巷道掘进施工后，矿井瓦斯呈历年增高的趋势，至今矿井瓦斯等级鉴定结果均为高瓦斯矿井，曾多次出现工作面片帮瓦斯涌出现象，给矿井正常生产衔接造成极大困难和损失。宣东煤矿地处宣化–下花园内陆半地堑型断陷盆地北部的宣化煤田西部，属宣后向斜西北翼，煤系地层厚度北厚南薄，厚度为 128～142m，平均为 293m。岩性组合粉砂岩、泥岩为主，约占 57%，中粗砂岩、砾岩次之，相变较复杂。现生产的宣东煤矿年设计生产能力为 90 万 t，立井开拓方式，矿井通风方式为中央边界抽出式，采用仰斜长壁综合机械化采煤方法，该矿井自试生产后鉴定均为高瓦斯矿井，矿井相对瓦斯涌出量最高达 85m³/t，矿井自投产后分为两个采区。

6.2.2.9　大宁区

大宁区主要包括大同、平朔、宁武等矿区。大同煤田目前以生产侏罗纪煤为主，现有大同煤矿集团公司大同矿区所属煤矿 15 个，年产量 5000 万 t 左右，地市营煤矿 7 个，年产量 500 万 t 以上，乡镇煤矿产量近 3900 余万 t。截至 1996 年年底，大同矿区保有探明储量为 386.43 亿 t（侏罗纪为 76.63 亿 t，石炭二叠纪为 309.8 亿 t），其中生产矿井保有储量为 77.41 亿 t（侏罗纪为 51.19 亿 t，石炭二叠纪为 26.22 亿 t），按现有产量仅可开采 20 余年。本区中侏罗统大同组共含煤 20 余层，其中主要可采煤层为 2、3、4、7、8、9、10、11、12、13、14、15 号煤，煤层总厚为 16～20m，含煤地层一般厚约 180m，含煤系数为 9%～11%。

宁武煤田主要包括左权武乡矿区、平朔矿区、轩岗矿区、朔州矿区、岚县矿区等，左权武乡矿区位于沁水煤田东部，跨长治市武乡县和晋中市左权县。北起左权县城南清漳河西源与和顺矿区相接，南至武乡县温庄与襄垣矿区毗邻，区内地层一般倾角为 12°～28°，局部达 30°，南北长约 33km，东西宽约 4～8km，面积约 150km²。主要含煤地层为太原组和山西组，厚约 198m，共含煤 16 层，煤层总厚约 16m，含煤系数 8%。各煤层以半亮型煤和半暗型煤为主，3 号煤含有较多的暗淡型煤，15 号煤好友光亮型煤透镜体。

平朔矿区是宁武煤田最北端的一个矿区。跨朔州市区及其平鲁县境，矿区东、北、西三边均为煤层露头，南以担水沟断层与朔州矿区分开。东西宽为20km，南北长为 19 km，面积约 380 km²。矿区位于宁武–静乐拗陷最北端，为夹在黑驼山、洪涛山两个复背斜间的复向斜，区内构造简单。太原组和山西组为主要含煤地层，总厚为 130m，含煤系数为 23%。山西组煤以半暗型和暗淡型煤为主，线理状结构，少量为均匀状结构；轩岗矿区含煤地层为侏罗系大同组（J_2d）、二叠系山西组（p_1s）和石炭系太原组（C_3t）。矿区位于宁武–静乐拗陷中部，呈轴向北北东向的向斜。上煤系大同组（J_2d）含煤 10 余层，总厚约6.5m，含煤地层总厚为 364m，含煤系数为 1.79%。朔州矿区位于雁北地区南部，矿区范围在朔州市区境内。东西以煤层露头线为界，北以担水沟断层与平朔州矿区相邻，南界以王万庄断层为界，与轩岗矿区相邻。本区主要含煤地层为山西组及太原组，地层总厚为 154m，煤层总厚为 29.5m，含煤系数为 19.1%。岚县矿区位于宁武–静乐拗陷南部，由于芦芽山隆起和龙门–吕梁隆起的影响，在东西两侧形成逆断层，控制了矿区的基本构造形态。上煤系大同组（J_2d）含煤10 余层，总厚约 6.5m，含煤地层总厚为 364m，含煤系数为 1.79%。下煤系太原组和山西组为主要含煤地层，地层总厚为 154m，共含煤 11～15 层，区内 3-1、3、4-1、4 为中灰至富灰、特低硫的气煤，7、8、9、9-1 为特低灰至中灰，低硫至富硫的气煤或肥煤，可作动力用煤。

6.2.2.10　晋中南区

晋中南区主要为临汾、沁水等矿区。沁水煤田煤炭资源量约 300Gt，1989 年年底已探明煤炭储量为 86Gt，占全国煤炭储量的 9.58%，在尚未探明的预测煤炭资源中，绝大部分属可靠级，且埋深大部分小于 1000m。煤种以无烟煤为主，东、西、北边缘部分的浅部，有少量焦煤、瘦煤和贫煤，煤田的深部全为无烟煤。沁水煤田为中生代末形成的构造盆地，元古界、太古界为盆地基底；古生界、中生界组成盆地的构造层，包括震旦纪，寒武纪，奥陶纪下、中统，石炭纪上统，二叠纪，三叠纪及局部残存的侏罗纪；新生界不整合覆盖于盆地之上。盆地最深处奥陶纪顶面深约 2500m。沁水煤田的煤系属华北型石炭二叠纪煤系，含煤地层包括晚石炭世本溪组、太原组及早二叠世山西组、下石盒子组。本溪组由海陆交替相泥岩、砂质泥岩、黏土岩、石灰岩、褐铁矿层夹煤线组成，组厚为 10～50m。太原组由海陆交替相砂岩、泥岩、石灰岩和煤层组成，组厚为 50～150m。一般含煤层 7～10 层，其中 3～5 层可采，可采煤层总厚度为 4～10m，北厚南薄。山西组由陆相及滨海相砂岩、泥岩夹煤层及薄层石灰岩组成，组厚为 40～110m。

含煤层 3~6 层，其中为 2~4 层可采，可采煤层总厚度为 2~7m。下石盒子组由陆相砂岩、泥岩，底部夹煤线 1~2 层缓成，组厚为 90~214m。

临汾市目前已探明的矿种有 38 余种，其中燃料矿产 2 种、金属矿产 12 种、非金属矿产 24 种，煤、铁、石膏、石灰岩、白云岩、膨润土、花岗石、大理石、油页岩、耐火黏土等在省内及全国均占重要地位，矿产资源综合优势度为 0.73，在全省 11 个市中位居第二位。煤炭是全市第一大矿产资源，探明储量为 398 亿 t，占全省的 14%。主要煤种有主焦煤、气肥煤、贫煤、瘦煤、无烟煤等，其中乡宁为全国三大主焦煤基地之一，且煤层厚、埋藏浅、易开采。铁矿是临汾市的第二大矿产资源，总储量为 4.2 亿 t，其中磁铁矿储量为 1.8 亿 t，富矿比例高，占全省富矿的 70% 以上。大理石储量为 1.5 亿 m³，石英石储量为 2000 万 t，石膏的远景储量为 234 亿 t，被誉为"有千种用途黏土"的膨润土分布在本市永和县、大宁县和吉县。2011 年，全市原煤产量为 4813 万 t，占全省的 5%；焦炭产量为 1920 万 t，占全省的 21.2%；生铁产量为 1053.7 万 t，占全省的 27.96%；钢产量为 864.4 万 t，占全省的 24.77%；钢材产量为 943 万 t，占全省的 27.99%。

6.2.2.11 晋陕区

晋陕区主要包括东胜、神府、准格尔等矿区。东胜区所处的地质构造位置是一个长期稳定发展的大型沉积盆地，境内自上古生代至中生代的地层发育齐全，构造简单，无岩浆活动，矿产均为沉积矿产。储量最多的是煤，其次有油页岩、天然气、黄铁矿、泥炭、软质耐火黏土、石英砂、石灰石等矿产资源，已探明的矿种 30 多种，共有矿床、矿点 24 处。煤炭为弱黏结煤二号至褐煤，多为不黏结煤，有部分长烟煤。煤中硫、磷、腐殖酸含量均低。除用作民用燃料外，亦可用于发电或气化，以获得二次能源和化工原料。作为一般工业锅炉用煤，发热量和灰熔点略低。从煤灰中可回收锗、镓分散元素。油页岩境内油页岩储量逊于煤炭，但在蕴藏层为上，它往往与煤层互变，含油变化较大，并伴有锗、镓等稀有元素。

神府煤矿，全区煤炭保有储量为 235 亿 t，开发占用 27 亿 t。煤层均赋存于侏罗统延安组，组内含煤 14 层，主要可采者 5 层，局部可采者 4 层。煤种牌号均为长焰煤和不黏煤，基本上均属特低灰、特低硫的煤，发热量在 28MJ/kg 左右。

准格尔旗煤炭探明储量为 544 亿 t，远景储量为 1000 亿 t，且地质构造简单、埋藏浅、煤层厚、低瓦斯、易开采，发热量均在 6000cal/kg 以上，为优质的动力煤和化工煤；石灰石总储量为 50 亿 t，品位高，氧化钙含量达 52.92%；铝矾土总储量为 1 亿 t，矿层稳定，品位呈现铝高硅低的特征；此外，高岭土、硫铁矿、白云岩、石英砂的储量也相当大，特别是煤层气的储量十分可观，属国内罕见的煤化工资源。

6.2.2.12 桌子山-贺兰山区

桌子山-贺兰山区主要为海陆交互相石炭-二叠系含煤地层，包括桌子山、石炭井和石嘴山等矿区。桌子山煤田位于乌海市与鄂尔多斯市交界处，探明地质储量为29亿t，煤种以肥煤和焦煤为主，是内蒙古最重要的炼焦煤基地。

石嘴山市煤炭资源主要分布在汝箕沟、石炭井、马莲滩、李家沟、惠农区、正义关、沙巴台等地，共有矿区27处，全市已累计查明煤炭储量为24.3亿t，目前已开采4.49亿t，保有储量为19.81亿t〔其中资源量为6.73亿t，基础储量（经济）为13.07亿t〕。其中，无烟煤累计查明储量为7.06亿t，目前已开采1.94亿t，保有储量为3.97亿t（其中，资源量为0.16亿t，基础储量为3.81亿t）。主要分布在汝箕沟矿区白芨沟井田、大峰井田等。烟煤（动力用煤）累计查明储量为17.24亿t，目前已开采2.55亿t，保有储量为15.83亿t（其中，资源量为6.57亿t，基础储量为9.26亿t）。主要分布在石炭井矿区和石嘴山矿区一、二、三矿井田；石嘴山矿区一、二、三矿井田；沙巴台矿区、正谊关-红果子井田等地。

煤炭是石嘴山得天独厚的优势矿产资源，其特点如下：①储量丰富，分布广泛。主要分布在汝箕沟、石炭井、马莲滩、李家沟、石嘴山、正义关、沙巴台等地，共有矿区27处。②煤种齐全。石嘴山煤炭资源种类齐全，12大类煤种中石嘴山有11种。石嘴山煤种有三个显著的特点：a. 煤的变质程度较高，主要是硬煤（烟煤和无烟煤）；b. 不黏结煤和低变质烟煤在硬煤中的比例大（87.39%）；c. 褐煤相对储量极少。③煤质优良，具有三低六高的特点。三低：a. 灰分低，1.76%～3.06%（精煤）；b. 硫分低，0.19%～0.37%（精煤）；c. 磷分低，0.026%～0.053%（精煤）；六高：a. 原煤发热量高，7920～7960cal/g，精煤发热量8680～8720cal/g；b. 比电阻率高，10.9Ω/cm，比一般无烟煤高1000～10 000倍，实属罕见；c. 机械强度高，经转鼓实验，>25mm的块煤率为74%～86%；d. 精煤回收率高，一般为88.1%，精煤灰分<5%，精煤灰分为1.76%～1.81%，精煤回收率为36.72%～44.65%；e. 原煤块煤率高，为70.68%；f. 化学活性高，在1100℃时，CO_2分解率为51.8%～78.4%，与冶金焦相差无几。此外，石嘴山煤炭资源埋藏浅，水文地质条件简单，采运条件较好，便于开发利用。

石嘴山现已探明有煤炭、硅石、方解石、石灰石、石灰岩、辉绿岩、白砂岩、白云母、黏土、金、铜、铝、铁等10余种矿藏，尤以煤、硅石、黏土等非金属矿藏蕴藏量大。煤炭储量为 25 亿 t，全国 12 煤种中该市就有 11 种；被誉为"太西乌金"的太西煤储量达 6.55 亿 t，是世界煤炭珍品，具有"三低、六高"（低灰、低硫、低磷，高发热量、高比电阻率、高机械强度、高精煤回收率、高块煤率、高化学活性）的特点；被广泛用于冶金、化工、建材等行业。硅石储量为 5 亿 t，是硅系产品和玻璃工业的优质原料。

6.2.2.13　太行山东麓区

太行山东麓区主要包括的矿区有邢台、峰峰等。邢台矿区位于华北平原西缘，区内地形平坦，地面高程为 70 ~ 100m，矿区属于地震活动区，历史上曾多次发生地震。矿区为新生界第四系松散沉积层覆盖，第四系与下伏各地层是不整合接触。与铁路下开采有关的地层自上而下为二叠系山西组、下石盒子组、上石盒子组和新生界第四系。二叠系山西组主要由深灰粉砂岩、砂质泥岩、灰白色砂岩组成，平均厚度为 60.0m；下石盒子组主要岩性为浅黄中细粒砂岩、粉砂岩、泥岩、夹土黄、紫红花斑状铝土质泥岩，平均厚为 77.2m；上石盒子组主要为灰绿色砂岩、粉砂岩、泥岩，平均厚为 84.0m；石千峰组主要岩性为暗紫色砂岩、粉砂岩、泥岩，区域厚为 246.0m；新生界第四系为坡积、洪积冲积物松散沉积，以杂色土为主，平均厚 189.7m，与下伏各地层呈不整合接触，而煤层厚为 6.0m，采深平均为 450.0m；峰峰煤矿位于河北省南部，邯郸市西南 35km，在太行山支脉九山东麓，京广铁路西侧，矿区地跨峰峰、磁县、武安等县市；南北长为 45km，东西宽为 28km，矿区总面积为 1250km²。其中含煤地层面积约 562km²，地面标高为 105 ~ 280m，共有 13 对矿井，总设计能力为 645 万 t，核定能力为 615 万 t，2005 年实际生产能力为 1266 万 t。其中，羊渠河矿、薛村矿、小屯矿、黄沙矿、万年矿、九龙矿、梧桐庄矿、大淑村、和新三矿 9 对矿井为生产矿井，牛儿庄矿、五矿、通二矿和孙庄矿 4 对矿井已核销生产能力，核销生产能力矿井仍在生产。

6.2.2.14　豫西区

豫西区包括河南中西部的义马、新密、平顶山等煤矿。河南省 18 个煤田和 5 个含煤区共查明煤矿区（井田）305 个，截至 2007 年年底，600 ~ 1000m 埋深以浅累计查明煤炭资源储量为 310.61 亿 t，保有量为 265.97 亿 t。煤资源潜力评价表明，全省埋深 2000m 以浅资源潜力为 661.8 亿 t，其中 0 ~ 600m 预测资源量为 14.7 亿 t，600 ~ 1000m 预测资源量为 47.1 亿 t，1000 ~ 1500m 预测资源量为 258.6 亿 t，1500 ~ 2000m 预测资源量为 341.4 亿 t。在 1500m 埋深以浅，以勘查面积与预测含煤面积、查明资源储量与预测资源总量为指标评价，全省煤炭资源查明程度仅有49%。

6.2.2.15　苏鲁豫区

苏鲁豫区主要包括肥城、新汶、兖州和枣庄等矿区。枣庄矿务局太原群各煤层都属于含硫量2.5%以上的高硫煤层。含硫成分中，硫化铁硫占60%，有机硫占40%。正在开采的5个高硫煤层中，14层煤夹矸以硫化铁为主，呈结核状非连续分布，硫化铁最小块度为50 mm，最大块度为30 mm，一般在10 mm左右，16层煤的硫化铁以少量星点状、片状存在；17层和18层以星点状存在。高硫煤层均为厚度1.3m以下的薄煤层，采用走向长壁式方法开采，原煤生产能力按110万t/a、年产硫量22.5万t计，年产硫铁精矿可达1.8万t。

6.2.2.16　徐淮区

徐淮区包括徐州、淮北等矿区。淮北市煤炭资源储量为44.7亿t，占淮北煤田资源储量的54.4%，占全省煤炭资源储量的17.6%。潜在煤炭资源达149亿t，煤炭勘探控制深度在1200m以内，未利用矿产地有13处，其中大型矿产地有8处。淮北矿区截至1992年年底保有储量为983 605.99万t，另有表外储量348 036.0万t。共含煤13～46层，含可采及局关可采煤3～12层，总厚为14.99m。其中滩肖矿区含可采及局部可采煤3～5层，厚为5.8～8.4m；宿县矿区含可采及局部可采煤6～12层，厚为12.09～18.48m；临焕矿区含可采及局部可采煤6～9层，厚为9.07～13.44m；涡阳矿区含可采及局部可采煤4～6层，厚为4.74～7.90m。上石炭统太原组含煤大多不可采，仅在淮肖矿区有1～2层煤局部可采，二叠纪煤层自北而南、由西向东层数增多，厚度增大。本区煤种复合，气煤–无烟煤均有，以气煤、肥煤及无烟煤为主。二叠纪煤层为低–中灰、低硫、低磷煤、上石炭统太原组煤层为低灰、高硫煤。淮北煤田滩肖矿区岩浆活动比较强烈，煤的变技主要受岩浆接触变质及岩浆热力变质作用的影响，煤质变化大，煤类复杂，以贫煤、无烟煤、天然气、高变质煤为主，约占66%。煤的变质程度有由北向南增高的趋势。宿县矿区以气煤为主，临焕矿区以气煤、肥灯为主，涡阳矿区以焦煤、瘦煤为主，在有岩浆活动的区段，常有少量的贫煤、无烟煤和天然焦，煤的变质程度似有由东向西增高的趋势。淮北矿区由于采煤塌陷形成了大面积的浅洼、沼泽、荒地。采煤塌陷不仅引起了土地肥力，水文、状况的改变，使得土地质量下降，塌陷区土地类型产生较大变化，给传统的土地利用方式带来了很大困难。

徐州矿区位于江苏省北部，处于陇海、津浦铁路干线交点，京杭运河流经矿区，交通发达，煤炭储量较丰，品种较全，是年产原煤千万吨以上的大型煤矿区，也是中国重点煤炭基地之一。主要可采煤层 7、8 号煤位于山西组底部，可采煤层 17、21 及局部可采煤层 16、18 号煤位于太原组中、下部。7 号煤层为 5 中厚—厚煤层，全区稳定，8 号煤层为中厚煤层，较稳定，局部沉积缺失。自西和向东，7、8 号煤层间距逐渐变小，其间岩性粒度由粗变细。16、17、18、21 号煤层为江煤层，层位一般较稳定，结构简单，常以泥岩、粉砂岩或灰岩为顶板，石灰岩或泥岩为底板。山西组 7、8 号煤层煤质为低-中灰、低硫、的气煤和 1/3 焦煤，太原组 17、21 号煤层煤质为中灰、中-高硫、低磷的气煤和气肥煤。自上而下发分产率增高，硫分增高，灰分略有增高。7、8 号煤的灰分、硫分变化中等，17、21 号煤层的灰分、硫分变化较大，孔庄井田 9 线以西 7、8 号煤层大部分为天然焦，17、21 号煤层大部分为天然焦。姚焦井田 F14 断层附近有天然焦。矿区天然焦由于焦化严重失去工业利用价值，7、8 号煤用于和动力用煤，17、21 号煤也可用于煤油焦和动力用煤，但由于含硫高，需采取脱硫措施。已有 100 多年开采历史。1949 年以前仅有两处矿井，最高年产量 50 万 t。1953 ~ 1958 年大规模建设新矿井，1958 年原煤产量达到 345 万 t，20 世纪 60 年代和 70 年代又相继建成 10 处矿井，设计能力 426 万 t，同时对有条件的矿井进行改造扩建，使煤炭产量大幅度地提高。1977 年原煤产量突破 1000 万 t，1978 ~ 1981 年平均每年产煤达 1232 万 t。1981 年这个局拥有矿井 16 处，核定生产能力 1040 万 t/a，洗煤厂 4 座，年入洗原煤近 400 万 t，拥有综采设备 19 套，综采队 12 个，采煤机械化程度达 44.9%，其中，综采机械化程度达 39.2%。

6.2.2.17 淮南区

淮南市是安徽省乃至华东地区的煤炭资源大市，其资源量达 173 144 亿 t，占安徽省煤炭潜在资源总量的 70%，占华东地区煤炭潜在资源总量的 31%。煤田内地质构造复杂程度差异大，淮河以南矿区多为急倾斜煤层，采煤塌陷深度大，开采万 t 煤塌陷面积约为 0.11km²；淮河以北主要为缓倾斜煤层，采煤塌陷深度小，开采万 t 煤塌陷土地面积约为 0.27 km²。淮南矿区现有生产矿井 10 对，能力为 1310 万 t/a，另有在建矿井 4 对，能力为 1090 万 t/a，总规模为 2400 万 t/a，为特大型煤炭工业基地。以上 14 对矿井保有储量为 598 027 万 t/a，计算深度一般为 660 m 和 1000 m。

6.2.2.18 苏浙皖区

苏浙皖区煤炭储备较少，煤层主要为中—晚二叠世煤，中二叠世梁山组，其中梁山组含煤性较差，仅含局部可采煤层。皖南铜陵、贵池一带含煤 7 层，均为不稳定薄煤层，其中 A、B、C 三层煤局部厚度可达 1m。

6.2.2.19 浙赣区

浙赣区主要包括丰城、南昌等地的煤矿。主要含煤地层为二叠系上统龙潭组老山下亚段、王潘里段。老山下亚段地层平均厚度为85m，含煤层1~4层，王潘里段地层平均厚度为85m，含煤层可达19层。矿山环境治理恢复和土地复垦速度低于采矿造成的新增土地破坏速度，因采矿造成的土地破坏仍以每年约40km²的速度增加；矿区地质灾害和矿山环境纠纷案件时有发生；"三废"排放达标率偏低，矿山环境保护管理控制指标难以操作；采矿破坏景观、资源开发污染环境、威胁重要基础设施安全的现象依然存在。

6.2.2.20 华蓥山-永荣区

华蓥山中段煤田位于华蓥市和广安县境内，南接重庆合川，北邻渠县，背靠邻水。井田南至溪口，北至龙滩，南北走向，长约68.8km，东西宽约6.5km，面积为450km²。地质储量为5.27亿t，占全省总储量的7%。品种有焦煤、肥煤和瘦煤。发热量为5500~6000cal/kg是较好的工业动力用煤。

6.2.2.21 攀枝花-楚雄区

攀枝花煤炭资源在经过了近40年开采后，浅表资源消耗巨大。截至2002年年底，该市保有资源量仅为43 090万t，基础储量为34 395万t。其中，焦煤资源量为13 120万t，基础储量为10 935万t。大宝顶煤矿位于四川省攀枝花市西区的东南部。以宝顶为起点，南距昆明387km，北距成都770km。1978年经技术改造后核定矿井年设计生产能力为150万t。开采宽度控制在30~35m范围。协调开采方案采用了先薄后厚、先远后近、分区协调的煤层及区段开采顺序。

6.2.2.22 六盘水区

六盘水区位于贵州省西部以六盘水市的六枝、盘县、水城三个特区为中心及毗邻的威宁、纳雍、普定、镇宁、晴隆、普安等县部分地域的中国二叠纪煤田，总面积约10 000km²。煤炭资源量约500亿t，储量为140亿t，年产量约2000万t。为华南最大的煤田、煤炭工业基地。晚二叠世近海型煤系连续沉积在峨眉山玄武岩之上，厚为200~650m。从西部盘县往东至安顺市碎屑粒度变细，石灰岩层数与厚度增加，含煤性变差。盘县一带以过渡相砂泥岩为主，含煤40余层，其中可采煤层20余层，总厚度为30~40m。六枝一带岩性变细，出现多层石灰岩，含煤20余层，可采煤层约10层，总厚度在20m以上。因地为山区，一般采用斜井、平硐进行开采，大部为高瓦斯矿井，并有瓦斯突出及煤尘爆炸危险。

6.2.2.23　涟绍区

涟邵煤田是湖南湘中的主要煤矿聚集区，也是重要的产煤区。上二叠统龙潭组煤层主要在涟源、新化、冷水江、娄底市、邵阳市、新邵县、邵东县、邵阳县、隆回县、武冈市等县市。其中，涟邵含煤 6 层，其中 2 号煤全区稳定可采，厚约 2m。冷水江市渣渡煤矿矿区为一个纺锤形的向斜，呈北东 45°走向长约 8000m，主要由石炭系和二叠系地层组成。含煤地层有石炭系测水组和二叠系龙潭组。测水组分上下两段，上段厚为 70m，不含煤层；下段厚为 80m，含煤 7 层，但仅有 3 煤层和 5 煤层可采。其中 3 煤层厚为 0~7.67m，一般厚为 2.6m，5 煤层厚为 0.24~15.05m，一般厚为 1.5m。冷水江市冷水江煤矿矿区为石炭系地层组成的复式向斜，呈北东走向，煤系地质时代为石炭纪下统测水组，含煤 7 层，南段有 3.5 两层煤可采，2 煤层局部可采。北段有 3 层煤可采。各煤层平均厚度为 1.5~2m，最厚为 7m。多年的煤矿开采造成涟源市伏口镇温泉、易家两村从 2012 年 8 月底至 2013 年 1 月，相继出现 20 余个大小不一的塌陷"天坑"。伏口镇温泉煤矿多年采掘导致地下暗河、溶洞密布的温泉以及两村原有水位水系发生改变，易引发溶洞塌陷。

6.2.2.24　郴资区

郴资区有下石炭统测水煤系和上二叠统斗岭煤系以及上三叠—下侏罗统煤系，其中斗岭煤系的煤层分布广，煤层及煤质较好，是本区找煤的对象，含煤 4~9 层，主要可采 1~2 层，平均煤厚为 0.4~4.0m，局部有煤包，煤层稳定性差。上二叠—下侏罗统煤系主要发育在资兴市和宜章县一带，找煤条件次于斗岭煤系，含煤 7~11 层，可采 1~5 层，一般属薄煤层，在杨梅山矿区有厚煤包，煤层结构由比较复杂到复杂，煤层稳定性，三都矿区 7 个井田的主要可采煤层，可采含煤率为 81%~100%，煤厚变异系数为 5%~50%，属稳定至比较稳定型煤层，其他矿区的煤层均属不稳定型。

6.2.2.25　萍乐区

萍乡市湘东区的共有数十个小型煤矿，主要集中分布于湘东区东北部的大屏山井田以及中部的胡家坊矿区、巨源井田南面，大多已有数十年至近百年的开采历史。主要为上二叠统龙潭组，萍乡、乐平等地含 A、B、C 三个煤组，其中 B 组煤全区发育，C 组煤在赣东上饶发育较好，A 组煤在萍乡一带发育较好，厚约 2m。矿区主要可采煤层为 2、3、4 煤层。平均厚度分别为 1.43m、1.28m、1.40m。矿山经多年开采，引发的主要环境地质问题表现为地面塌陷，其次为堆积于沟谷内或两侧矸石等松散堆积物在强降水的作用下诱发的泥石流灾害, 尤为突出的是采矿活动引起的地面塌陷。采煤方法主要为走向短壁式采煤法。

6.2.2.26 永梅区

永梅区主要包括兴梅煤田等, 地处广东省东北部, 位于兴宁、平远、蕉岭、梅县、五华、大埔等县境内, 东西长约 135km, 南北宽为 73km, 面积约 9000km^2。兴梅煤田发育多个时代的含煤地层, 分别是下石炭统忠信组、上二叠统龙潭组、上三叠统艮口群及下侏罗统金鸡群。其中上二叠统龙潭组为主要含煤地层, 是目前区内唯一的勘探开发对象。龙潭组为一套海陆交互相的含煤碎屑岩沉积, 厚度一般为 206~456m。根据岩性及含煤性可分为三段, 由砂岩、粉砂岩、泥岩构成的多个沉积旋回, 含煤 16~33 层, 煤层总厚度一般为 4.0~18.5m, 其中可采及局部可采煤 4~9 层, 主要集中于下煤段和中煤段, 煤层多属较简单-不稳定类型, 结构简单。煤层倾角以倾斜煤层为主, 局部为急倾斜煤层。四望嶂矿区主要开采中煤段 7、9、10 号煤层。梅县矿区开采中煤段 6、7、9、10 号煤。

龙潭组在煤田内自东向西在地层厚度、含煤性、主要煤层发育层位等方面均有比较明显的变。地层厚度自东向西增厚, 煤层总厚度自东向西增厚。东部丙村、明山、宝坑等矿区的煤层总厚度一般为 4~7m; 西部柱坑、四望嶂、罗岗等矿区的煤层总厚度一般为 5~15m。单煤层最大厚度东薄西厚, 东部丙村矿区最厚煤层为 4.53m, 其他地区仅为 2~3m; 而西部的柱坑、四望嶂及罗岗矿区最厚为 5.58~7.04m。

兴梅煤田龙潭组煤层属中灰、特低硫、中高发热量二号无烟煤, 四望嶂矿区的部分煤类为一号无烟煤, 煤可作动力、建材工业及民用煤; 罗岗矿区的煤能满足煤气发生炉用煤要求, 精煤能满足电石炉用煤要求。

6.2.2.27 粤北区

粤北区主要包括曲仁煤田、连阳煤田等。

曲仁煤田含煤地层有下石炭统测水组、上二叠统龙潭组及上三叠统艮口群。其中龙潭组含煤最好。下石炭统测水组厚度一般为 170~350m, 自东南向西北有变薄的趋势。由砂砾岩、砂岩、粉砂岩、泥岩、灰岩和煤层组成。全组含煤 9~34 层, 平均总厚度为 13.7m, 可采及局部可采煤层共 4 层, 主要分布于下部, 可采系数为 1.3%。煤层厚度变化大, 结构复杂, 多呈层组产出。煤田东南部含煤性优于西北部。上二叠统龙潭组为曲仁煤田最重要的含煤地层, 地层厚度为 765~935m, 平均厚度大于 800m, 含煤 50 余层, 煤层平均总厚度为 17.47m, 含煤系数为 2.1%, 可采及局部可采煤层 5~11 层, 平均总可采厚度为 12.87m, 可采系数为

1.6%。上三叠统艮口群岩性及厚度变化大，地层厚度为488~816m，南厚北薄，主要分布于煤田西部及西南部。艮口群可分为三个组，其中下部的红卫坑组含煤性最好，含煤15层，是勘探和开采的对象。红卫坑组发育最好的地区是曲江县红卫坑区，地层厚度为248~446m，含煤15层，可采及局部可采6层，可采煤层平均总厚度为15.67m；安口区含煤6层，局部可采3层，平均可采总厚度为1.83m；牛牯墩区含煤6~8层，局部可采4层，单层厚度为0~11m。

测水组煤层属富灰、特低—低硫、中等发热量2号无烟煤；龙潭组下含煤段为低—中灰、低硫、高发热量3号无烟煤，上含煤段属中灰、低硫、中高发热量3号无烟煤或贫煤，龙潭组煤的发热量高，是较好的动力用煤，添加沥青后可制焦，以作炼铁及化肥制氮用；艮口群红卫坑组，北部安口区属富灰、中硫、中等发热量焦煤，红卫坑区属富灰、特低硫、中等发热量贫—瘦煤，南部靠近岩体的牛牯墩区为富灰、特低硫、中等发热量无烟煤。连阳煤田南北长为91km，东西宽为49.5km，面积为4504.5km²，位于广东省连县、连南、阳山三县境内。连阳煤田的含煤地层有下石炭统测水组、上二叠统龙潭组，其中龙潭组为主要含煤地层，测水组含煤性差，变化大，很少予以开采。上二叠统龙潭组根据岩性、岩相及含煤性等特征，龙潭组自下而上可分为下含煤段、中部灰岩段和上含煤段，地层总厚度为343.11~613.44m，下含煤段地层厚度为1.23~141m，自西向东由薄到厚，岩性组合有较明显的变异：西部以泥岩为主，夹透镜状灰岩；中部为泥岩、粉砂岩和细砂岩；东部则以粉砂岩、细砂岩、中砂岩为主。本段含煤1~2层，自下而上编号为11号和10号。煤层的发育程度东西各异，其中11号煤层是区内主要的局部可采煤层，厚度最大可达13.74m。10号煤层的可采性相对较差，厚度为0~4.03m，结构复杂，常又分为2~3层，东部发育较好，向西变薄尖灭。10、11号煤层东西方向上互为消长。龙潭组下含煤段煤层变质程度较高，一般为无烟煤（3号、2号）。上含煤段变质程度较低，以气煤、肥煤为主；下含煤段的11号煤层属中灰、高硫、中等发热量无烟煤；10号煤层属富灰、高硫、中等发热量无烟煤。煤层除了可用做建材工业用煤和民用外，可供电站用煤；上含煤段煤层属高灰、高—富硫、中等发热量的气肥煤—肥焦煤，经洗脱硫后可供炼焦。

6.2.2.28　合浦区

合浦县矿产资源丰富。现已探明有开采价值的矿产资源有高岭土、钛铁矿、石膏矿、石灰石、石英砂、硫铁矿、火山灰、釉泥、金矿、花岗岩等30多种，矿产集中连片。高岭土矿区位于合浦县城东15km廉州镇清水江—石康镇十字路一带，即清水江矿区和十字路矿区，面积为35km²。其中清水江矿区总资源量为1.3亿t，已探明的基础储量为4225.94万t（矿石量），折合黏土量为1797.19万

t；十字路矿区矿石储量 1.4 亿 t，折合黏土量为 1898 万 t。矿床储量达到大型规模，为全国第一。钛铁矿矿区位于合浦县官井至老温垌一带，面积为 11km²，钛铁精矿储量为 134.89 万 t。石膏矿矿区位于合浦县城西北约 20km 的星岛湖乡大岭头一带，矿区面积为 9km²。石膏矿储量为 27 129 万 t。为一大型矿床，远景储量达特大型。石灰石分布于闸口镇、公馆镇、白沙镇的沿海一带，地质储量达 3 亿 t。当前开采的有 28 个采石场，年产量约 120 万 t。石英砂县境东西岸广泛分布有第四纪滨海沉积形成的石英砂矿，矿体一般裸露地表，储量在 825 万 t 以上。

6.2.2.29 准东区

准东煤田是全国少有的大型煤田，已查明资源储量达 1056 亿 t。北塔山煤矿建于 1996 年，年生产能力为 200 万 t，系露天开采，位于奇台县北塔山窝头泉煤矿勘查区，距县城东北 206km。矿区煤层赋存浅、开采技术条件好，结构简单、厚度大，煤种适合工业、民用作燃料，煤气化、煤变油和煤电项目。矿山企业要采用先进的采矿方法和选矿工艺，采矿回采率应达到 80% 以上，选矿回收率 70% 以上，贫化率为 5% ~ 10%，综合利用率有望达到 60%。

6.2.2.30 准南区

准噶尔盆地位于新疆北部，面积约 $13 \times 10^4 km^2$，是世界十大聚煤盆地之一，煤炭资源量达 $6000 \times 10^8 t$ 以上，它是我国西北地区中下侏罗统煤系分布最广的煤系，也是厚度最大、煤层总厚最厚、煤层气资源极丰富的盆地，储量大，煤炭资源质量好，露天煤矿易于开采。在准噶尔盆地南缘目标区 2000m 以浅的煤层气总资源量为 $1738.29 \times 10^8 m^3$，平均资源丰度为 $49.01 \times 10^8 m^3/km^2$。可开采煤层为 3、5、6、8、9 层，平均煤层厚度分别为 1.37m、2.54m、22.02m、1.34m、4.34m。含气量高、含气饱和度高，资源量大，资源丰度高，具有良好的煤层气勘探开发前景。煤种为中灰硫长焰煤，热量大，是工业动力的优质煤。

6.2.2.31 吐哈区

吐哈盆地下—中侏罗统含煤沉积被一分为二，西部为吐鲁番凹陷，东部为哈密凹陷。在吐鲁番凹陷中，煤层主要分布在吐鲁番—七克台和艾维尔沟地区，前者煤层最厚达 120 余 m，向四周逐渐变薄。西端艾维尔沟地区含煤 12 ~ 18 层，可采厚度为 6.28 ~ 76.33m，平均可采总厚为 32.2m，以中厚煤层为主，含厚煤层 2 ~ 3 层，煤层结构较简单，平均层间距达 25m。

哈密地区地质勘探程度较高、没有进行过大规模开发的煤田仅为大南湖煤田。大南湖煤矿位于哈密市区以南 84km，行政区划隶属哈密市南湖乡管辖，距离南湖乡约50km。矿区中心地理坐标为北纬42°21′37″，东经92°59′28″。大南湖煤田具有煤炭资源量丰富、煤层赋存简单、埋藏浅、开采技术条件简单等诸多优势，具备建设大型矿区的条件。煤田地质普查储量为167亿t，以优质褐煤和长烟煤为主，是优良的工业及生活用煤。矿山生产规模为95万t/a，占地面积为0.768km²。根据预测，大南湖煤矿一区中29个煤层均被开采后，煤层最大开采厚度为72.34~161.79m，其引起的地表塌陷深度约为50.64~113.25m。一区最大开采井田范围110km²，其引起的最大塌陷面积132km²。且由于大南湖矿区的采空区为长方形，其移动盆地大致呈椭圆形，与采空区的相对位置取决于煤层的倾角。

6.2.2.32 靖远–景泰区

靖远煤矿是甘肃省最大的优质动力煤生产基地，区内资源丰富。多年的采矿活动导致矿区地形破碎，地面裂缝、错落、凹陷十分发育，以地面塌陷为主的地质灾害破坏房屋、耕地严重，危害居民安全，制约当地经济发展，影响矿区社会稳定。开采方式为平硐加暗斜井，工作面多采用走向长壁、水平分层，采用巷道打眼放炮崩落采煤法，煤层顶板裂隙发育，易冒落，在开采过程中未采取人工放顶措施。靖远矿区经历20年生产建设期、10年改造提升期，先后建成宝积山矿、大水头矿、红会一矿、红会三矿、红会四矿、王家山矿及魏家地矿7个矿井（13对井口），形成设计生产能力666万t/a。3个自然煤田的总地质储量为1132Mt，煤质优良。煤系地层为中生代侏罗统窑街组，含煤15层，煤层赋存稳定，结构简单；不同煤田煤层倾角差异较大，大宝煤田深部及红会煤田为缓倾斜煤层，大宝浅部和王家山煤田为倾斜、急倾斜煤层。煤层厚度大宝煤田平均为1014m，红会煤田主采一层煤平均为1515m，王家山煤田二层煤平均为14197m，四层煤平均为15163m，全矿区特厚煤层占90%以上。

6.3 矿区生态风险识别与分区防范

我国的矿产资源地理分布在空间上呈现聚集状态，分布极不平衡，煤炭资源北多南少，西多东少（宋子岭和马云东，2008），金属矿资源分布东多西少，石油和天然气资源主要集中在我国西北与东北。正是由于矿产资源的聚集分布，同一矿产资源聚集区的地质地貌、气候条件、土壤状况与原生植被分布等自然属性具有相似性，承受的生态风险种类与等级呈现趋同。总结重点矿区的生态环境问题，是针对不同生态风险种类与程度设定风险防范策略的基本前提。采用的方法是参照我国环境问题分布图，比照特定矿产资源聚集区面临的环境问题类型与程度，并依据本区域已有的文献资料加以完善补充。

6.3.1 矿区生态风险识别

6.3.1.1 矿区生态风险影响因素

根据各典型矿区生态环境问题的汇总，可初步总结矿区生态破坏的特征受到开采类型（井工、露天）和开采条件（地形地貌、气候区）的影响。由于平原区地下水埋深较浅，表层堆积物较为松散，井工开采容易形成地表下沉盆地、富水地区塌陷坑积水、地表裂隙引起水土流失、地表建筑物破坏等，主要出现此问题的矿区为苏鲁豫区、徐淮区、淮南区、苏浙皖区。分布在丘陵、山地的井工矿影响了地质层序，造成山体滑坡、台阶状塌陷、山体裂缝、水土流失加剧。分布在干旱、半干旱区的井工矿造成地下水系严重受损，加剧干旱化趋势，破坏地貌，加剧水土流失。

露天矿主要分布在我国东北、西北、内蒙古和黄土高原区。平原和高原区的露天矿造成地表水系破坏、地下水含水层破坏，形成深凹露天采坑和平地堆起的排土场，典型矿区为三江-穆棱区、海拉尔区、蛟河-辽源区、敦化-抚顺区、京唐区、晋中南区。分布在丘陵山地的舒兰-伊通区和宣蔚区造成水体破坏，形成深凹露天采坑，同时剥离物和矸石堆积形成人工地貌改变了原有丘陵山地形态，加剧水土流失风险。干旱半干旱区的露天矿分布最为广泛，主要包括胜利-霍林河区、大宁区、晋陕区、桌子山-贺兰山区、准东区、准南区、土哈区等，主要的生态破坏形式为植被覆盖被破坏、水体改变，水土流失风险加剧，表 6-1 为典型矿区的生态破坏特征。

表 6-1　典型矿区的生态破坏特征

开采类型	开采条件	典型矿区	生态破坏特征
井工	平原	苏鲁豫区、徐淮区、淮南区、苏浙皖区	形成地表下沉盆地、富水地区塌陷坑积水、地表裂隙引起水土流失、地表建筑物破坏
	丘陵、山地	太行山东麓区、豫西区、浙赣区、华蓥山-永荣区、攀枝花-楚雄区、六盘水区、涟绍区、郴资区、萍乐区、永梅区、粤北区、合浦区	山体滑坡、台阶状塌陷、山体裂缝、水土流失加剧
	干旱半干旱	靖远-景泰区	水土流失加剧、地下水系被破坏

开采类型	开采条件	典型矿区	生态破坏特征
露天	平原	三江–穆棱区、海拉尔区、蛟河–辽源区、敦化–抚顺区、京唐区、晋中南区	地表水系破坏、地下含水层破坏，形成深凹露天采坑和平地堆起的排土场
	丘陵、山地	舒兰–伊通区、宣蓊区	水体破坏、形成深凹露天采坑、人工堆砌地貌
	干旱半干旱化	胜利–霍林河区、大宁区、晋陕区、桌子山–贺兰山区、准东区、准南区、土哈区等	植被覆盖被破坏、水体改变、水土流失风险加剧

6.3.1.2　矿产聚集区生态风险识别

根据已有研究进展情况，汇总整合典型矿区已有研究中各区面临的生态环境问题。按照破坏类型对生态系统中各个要素的影响进行划分，评价每种土地破坏类型对矿区生态系统的作用特征（附表3）。

以三江–穆棱区为例（表6-2），包括鸡西、勃利、双鸭山、双桦、集贤–绥滨、鹤岗、七台河、虎林、密山等煤矿。本区域主要以露天开采为主，土地破坏的亚类包括矸石山、露天采坑和粉煤灰充填污染。其中矸石山的压占影响了土壤结构，造成土壤被压实、结构丧失、养分贫瘠，并由于人工地貌的形成加剧了水土流失风险。矸石山压占破坏原有土壤种子库，造成种子库资源的流失。露天矿的挖损影响了地表水系，加大了水土流失的风险，在废弃矿区中无植物生长，并且很难恢复。本区的污染主要来源于粉煤灰充填污染，污染物为镉污染。由于利用粉煤灰作为充填物，未经处理，加之雨水的淋溶作用，土壤受到镉污染较为严重，影响了复垦地的农作物生产。

表6-2　三江穆棱区土地破坏的生态环境问题

破坏类型	破坏亚类	气候	水资源	地形地貌	土壤	生物多样性
压占	矸石山				结构丧失养分贫瘠	种子库资源的流失
挖损	露天采坑		水土流失	水土流失		废弃矿区无植物生长
塌陷						
污染	粉煤灰充填污染				镉污染	

将各类区域生态风险设定为以下各等级（附表2）。

1）泥石流风险划分为极严重、严重、较严重和轻微。

2）水土流失分为严重、次严重和轻微。

3）土地荒漠化除沙漠以外划分为严重荒漠化、强烈发展中的荒漠化、正在发展中的荒漠化和潜在中的荒漠化。

4）土地风沙化包括正在发展中的风沙化和潜在中的风沙化。

5）土地盐渍化程度分为盐壳、盐土和碱土、盐渍化土，以及不存在盐渍化风险四个等级。

6）沼泽化程度分为长期积水或淹没形成的沼泽化土壤，以及季节性积水或淹没形成的沼泽化土壤。

7）暴雨洪水灾害分为严重、较重、较轻和无四个等级。

8）干旱灾害分为极旱、重旱、中旱、轻旱和微旱五级。

9）工业三废排放污染环境的程度包括严重、较重和较轻三个等级，并对是否处于酸雨危害区做出判别，指出矿区是否位于水污染治理的重点流域。

6.3.2 矿区生态风险分区

6.3.2.1 分区原则

生态区划是在对生态系统客观认识和研究的基础之上，按自然区域的生态相似性和差异性划分生态区域单元，从而进行整合和分区的过程（陈百明等，2003；傅伯杰等，1999）。矿区生态风险分区旨在将风险较为相似的区域划分出来，提出更加有针对性的风险管理策略，通过差异性管理达到防范风险的目的。本分区针对生态风险的特性与风险防范的需求，在重点矿区脆弱性分析与危险度分析的基础上进行矿区生态风险分区。在遵循诸如"整体性"、"主导性"、"区域共轭性"等普适性分区（区划）原则的基础上，遵循以下原则。

矿区主导生态风险一致性。每个矿区都面临不同的生态风险，出于高效管理的目的，在生态风险分区中以主导风险为重点，关注主导风险的一致性。

分区界限尽量遵循行政边界。矿产资源开发与管理模式在各个行政区有所差异，采矿权的划分也多与行政界限有关，为便利管理，在满足主导风险一致性的前提下，尽量以行政边界作为矿区生态风险的分区界限。

以已有区划方案为参考。由于本研究中的生态风险区划并不涉及定量化区划方法，为提高依据性与精确度，参照已有的自然地理区划及生态区划的方案，体现生态环境本底特征的一致性。

6.3.2.2 分区依据

(1) 综合自然区划

自 20 世纪 50 年代以来，我国地理学家对中国综合自然地理环境采用区划的方法进行了研究。1954 年，林超、冯绳武等为综合大学地理系教学需要，提出了一个以干、湿、温度、地貌等指标划分的东西 2 部分、4 地方、10 地区、31 区、105 亚区的五级区划方案（林超等，1954）。

1959 年，黄秉维发表了中国综合自然区划（草案），该区划方案提出了 3 大区、6 个温度带、18 个地区和亚地区、28 个地带和亚地带、90 个省的 7 级分区方案（黄秉维，1959）。按照地表自然界的相似性与差异性将地域加以划分，并按照划分出的单位来探射自然综合体的特征及其发生、发展与分布的规律性，这就是综合自然区划的内容（黄秉维，1959）。1959 年黄秉维主编的《中国综合自然区划（初稿）》专著，其区划的特点在于它以部门自然区划为基础，明确以农林牧水等事业为服务目标。根据自然地理原理，拟订了适合中国特点又便于与国外相比较的区划原则与方法，按生物气候，即地带性原则，先表现出水平地带性，其次反映出垂直地带性，然后再依下垫面性质来划分。

《中国综合自然区划（初稿)》揭示了我国自然地域分异的基本特点，显著地衬托出自然地理地带性规律，依次表达温度、水分条件和地貌差别，区分人力可以改变和不能或不易改变的因素。例如，三大自然区的划分：①青藏高原以外自然地带的排列先由南向北，后转而由东向西递变；②中国亚热带性特别发达，区分北、中、南三个亚带；③基本上明确中国干旱地区与湿润地区的范围；④大体上了解半干旱地区与亚湿润地区的界限等。在《中国综合自然区划图》中首先将青藏高原单独划出，其余区域依次按温度、水分状况和地形加以划分，以原有的 6 个温度带为基础，划分出赤道热带、中热带、边沿热带、南亚热带、中亚热带、北亚热带、暖温带、中温带和寒温带 9 个温度带，其下划分出 45 个自然区，减少了层次，更便于应用。这是我国最详尽而系统的全国自然区划专著，一直为农林牧交通运输及国防等有关部门作为应用和研究的重要依据（郑度，1992）。

(2) 生态区划

生态功能是指自然生态系统支持人类社会和社会发展的功能。生态功能区划就是根据区域生态环境要素、生态环境敏感性和生态功能的差异，揭示自然生态区域的相似性和差异性规律以及人类活动对生态系统干扰的规律。生态区划既考虑了自然环境特征和过程，也考虑了人类活动的影响，它是特征区划和功能区划的相互统一（刘国华和傅伯杰，1998）。生态功能区划一旦制定，将为制定区域生态环境保护和建设规划、维护区域生态安全、合理利用资源与布局工农业生产提供科学的依据。

傅伯杰等（2001）以我国宏观尺度上的生态系统（生物和环境）为对象，在充分研究我国生态地域、生态服务功能、生态资产、生态敏感性和人类活动对生态环境的胁迫等要素的特点和规律的基础上，建立了我国生态区划的原则、方法和指标体系，对相关的生态地域进行合并和区分，划分出各个生态单元。

在1级区的划分中主要根据我国的气候和地势特点，选取以下两类指标：①水热气候指标，干燥度（年降水量、年蒸发量）与湿润状况、年均温度；②地势差异，大的地势格局和海拔高度。划分出我国主要生态大区，如湿润生态大区、干旱生态大区和高寒生态大区（傅伯杰等，2001）。

在1级区的框架之下，地形和地貌格局进一步影响着大尺度下的水热因子分布，如热量与纬度相关，水分与经度有关。此外，温湿因子的作用导致了区域内的生态类型进一步分异，而地带性植被纬向和经向的分异规律就反映了这种作用的结果。因此，2级区的划分选取以下两类指标：①温湿指标，年均温、≥10°积温、年降水量等；②地带性植被类型，以地带性植被为区域单元划分的主要标志，充分考虑年均温、积温和降水分布的区域差异（傅伯杰等，2001）。

在3级区的划分中应主要考虑以下3类指标：①地貌类型，盆地、平原、河谷、高原及丘陵；②生态系统类型，生态系统结构和物种组成、生态系统服务功能和生态环境敏感性等；③人类活动指标，人口密度、水土流失状况、沙漠化状况及土地利用状况等（傅伯杰等，2001）。

中国生态区划将1级区划分为3个生态大区，即东部湿润、半湿润生态大区，西北干旱、半干旱生态大区和青藏高原高寒生态大区。在此基础上，再逐级划分出13个2级区（生态地区，东部6个、西部4个、青藏高原3个）和57个3级区（生态区，东部35个、西部12个、青藏高原10个）（傅伯杰等，2001）。

(3) 土地资源分区

土地资源分区是区域土地利用宏观调控和土地利用规划的重要基础和依据，也是土地持续利用评价的前提（周生路等，2000；陈百明和张凤荣，2001）。土地资源综合分区是以土地质量特征与现状土地利用特征，以及土地资源所能提供利用的适宜性为基础，结合区域社会经济发展与生态环境保护的需要，为规定土地资源主导用途所作的分区，是地域区划与类型划分的综合，特征区划与功能区划的综合，现状分区与远景分区的结合，即综合土地利用现状分区与潜力分区并结合区域社会经济发展前景所作的分区。

1979年，我国开展全国农业区划，将全国陆地部分分为9个一级区和38个二级区。1991年，林培主编的《土地资源学》将全国分为11个区，1996年修订版分为10个区。2003年，陈百明将全国分为10个土地利用区，包括东北以农林业利用为主——农作物一年一熟的土地利用区、内蒙古高原及长城沿线以农牧交错利用为主——农作物一年一熟的土地利用区、华北以耕地利用为主——农作物一年一熟到二熟的土地利用区、长江中下游以耕地利用为主——农作物一年两熟至三熟的土地利用区、四川盆地及秦巴山地以林农交错利用为主的土地利用区、黄土高原以耕地利用为主——农林牧混合利用的土地利用区、西北以牧草地和绿洲利用为主的土地利用区、云贵高原以林农立体利用为主的土地利用区、华南以农林业利用为主——农作物一年三熟的土地利用区，以及青藏高原以高寒牧业利用为主——农作物一年一熟的土地利用区（林培和朱德举，1991；陈百明等，2003）。

土地利用分区是根据土地资源的地域分异规律，考虑土地资源利用结构与自然环境条件、区位因素与社会经济条件、土地利用现状与发展前景，以最大限度发挥土地潜力，改善土地生态系统的结构与功能，协调国民经济各业用地，对土地资源利用在时空上进行分区（刘黎明，2002）。刘黎明（2002）提出的土地利用分区系统采用二级分区，包括土地利用分区与亚区。一级土地利用分区包括东北山地、平原有林地与干旱–农林用地区，华北平原水浇地、旱地与居民工矿地–农业建设用地区，黄土高原旱地、牧草地与有林地–农牧林业用地区，江南丘陵山地有林地与水田–林农用地区，云贵高原有林地、灌木林地与旱地–林农用地区，东南沿海有林地、水田、园地与居民工矿地–农林渔果建设用地区，长江中下游平原水田、水域与居民工矿地–农渔建设用地区，内蒙古高原牧草地与旱地牧业用地区，西北干旱牧草地、水浇地–牧业与绿洲农业区，青藏高原牧草地–牧业用地区，藏东南、横断山有林地与牧草地–林牧用地区，以及川陕盆地有林地、旱地与水田–林农用地区。

6.3.2.3 分区结果

将我国划分为11个矿业开发生态风险分区（图6-5）。

(1) 东北山丘平原区

东北山丘平原区大型矿区包括鸡西、鹤岗、双鸭山、七台河、阜新、辽源、通化、舒兰、平庄、抚顺、铁法等，主要开采晚侏罗世煤田。主要生态问题是土地沙化、黑土区水土流失严重、湿地萎缩、生态功能衰退、环境污染等。本区域

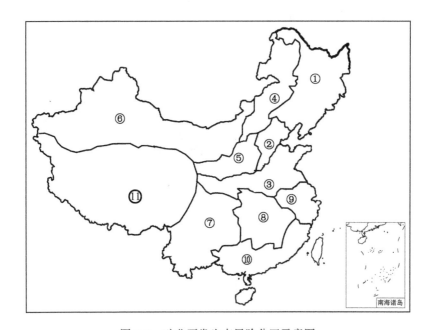

图6-5 矿业开发生态风险分区示意图

①东北山丘平原区；②华北平原区；③黄淮平原区；④内蒙古草原区；⑤黄土高原区；
⑥西北干旱区；⑦西南丘陵高原区；⑧江南丘陵山地区；⑨长江中下游平原区；
⑩东南沿海区；⑪青藏高原与藏东南-横断山区

内煤炭矿区存在大面积采空塌陷地，主要的生态风险是采空区沉陷破坏地表形态，以及矸石堆积受到雨水淋溶造成水污染和土壤污染，从而造成黑土区宝贵的黑土资源受到破坏，水土流失严重。

（2）华北平原区

华北平原区主要包括开滦、峰峰、邢台等矿区。区域生态问题主要包括水资源紧缺、土壤盐碱化、干旱和风沙危害、洪涝频发、地面沉降等。本区域以井工煤矿为主，采空区沉陷比较严重，造成地下水位下降，加剧水资源紧缺；高潜水位地区采煤后造成土壤盐渍化、土壤沼泽化现象严重，中低潜水位地区采煤后造成土壤侵蚀和地表细裂缝水土流失，从而造成地表沙化风险加剧。

（3）黄淮平原区

黄淮平原区包括苏鲁豫区、徐淮区、淮南区和豫西区，主要矿区为徐州、淮南、淮北、兖州、新汶、平顶山等。本区以井工煤矿为主，并且大部分区域为高潜水位区，井工开采造成塌陷地，塌陷地常年积水，开采的矸石压占土地资源，造成水污染和土壤污染，土壤盐渍化风险加剧。

（4）黄土高原区

黄土高原区主要有大同、平朔、西山、阳泉、晋城等矿区。本区生态环境脆弱、煤炭资源丰富，土壤侵蚀和干旱缺水是限制该地区工农业生产的主要因素，也是中国展开水土保持和流域治理研究的重点地区。本区内井工开采和露天开采并存，地表挖损与井工开采造成地表裂缝与塌陷，水土流失加剧，矸石自燃导致地表植被退化与大气污染加剧。

（5）内蒙古草原区

内蒙古草原区位于中国东部边疆，主要矿区包括胜利、霍林河、扎赉诺尔、大雁、伊敏等，以露天开采为主。草原植被受到矿区开采随机排土压占造成风蚀加重，表土遭到严重破坏，草地退化，土地沙化严重。

（6）西北干旱区

西北干旱区主要包括准东区、准南区、吐哈区、桌子山区等矿区，生态环境十分脆弱，气候干旱、土壤发育贫瘠、质地不良、水分缺乏是本区域的主要特征。加上风大沙多、变化剧烈的气候条件，使得地区的土地生态系统的稳定性极差，受到煤炭资源开发影响，地表挖损与塌陷加剧土地荒漠化和植被退化，且恢复难度很大。本区另一严重的问题是地下煤火风险，造成煤炭资源的耗损以及大气污染的加剧。

（7）西南丘陵高原区

西南丘陵高原区主要包括华蓥山、宝顶、六枝、盘县和水城等矿区。本区位于高原边缘和丘陵地区，降水条件和地表喀斯特地貌发育，使得地表流水侵蚀作用显著，地形陡峭、岩体软弱，容易发生滑坡、泥石流等灾害，矿产资源开发造成地表裂缝与塌陷，加剧了滑坡和泥石流风险，喀斯特地貌区煤炭资源开发造成地下水漏失等问题，酸性煤矸石和矿山酸性水排放量较大，污染地下水环境。

（8）长江中下游平原区

长江中下游平原区主要包括苏浙皖区和浙赣区。区域内旱涝灾害多发，主要生态问题还包括洪涝灾害与季节性干旱并存、水域污染和富营养化等。矿产资源开发造成塌陷积水，引发水土酸化与重金属污染。

（9）江南丘陵山地区

江南丘陵山地区主要包括涟绍区、郴资区和萍乐区等矿区，地处丘陵山地，滑坡、泥石流等自然灾害较为多发，煤炭资源开发造成土地塌陷与挖损，引发滑坡风险加剧，矸石淋溶与金属矿洗选废水排放造成水污染与土壤重金属污染。

（10）东南沿海区

东南沿海区的主要矿区包括永梅区、粤北区和合浦区，本区煤炭资源含硫量较高，煤炭资源开发造成大气污染与水污染，加剧了酸雨危害，从而加剧土壤污染与土地退化。

（11）青藏高原与藏东南-横断山区

青藏高原与藏东南-横断山区一直是中国和世界各领域科学家研究全球气候变化、大地构造运动等的关注热点，是对全球环境变化和人类活动干扰极为敏感的地区，主要生态问题包括侵蚀强烈、草地退化和沙化、生物多样性损失等。

6.3.3　矿区生态风险分区防范措施

6.3.3.1　东北山丘平原区

针对本区域黑土表土层破坏与采空区塌陷等生态风险，坚持以预防为主，避让与治理相结合的原则，遵循客观规律，全面规划、合理布局、综合治理，做到统筹规划、重点突出、分步实施，本区域的生态风险防范策略包括防治措施、监测与预报、开采工艺三个方面（苏秀杰等，2011）。

本区域内废弃矿区分布面积较广，大部分矿区地下开采形成采空区，导致上层地表发生大面积沉陷，致使矿区地下水位大幅度、大面积下降，加之煤系地层在煤矿开采过程中遭到破坏，造成地下水资源渗入矿井并被排出，矸石山堆积形成淋溶水排入地表水系，对矿区周边环境又形成新的污染。采用工程措施对地面塌陷点、矸石山及周边区域进行综合治理，改善地质环境，从而避免或减轻地质灾害。开采工艺方面的措施在于：①以避让为主，局部或暂时性采取回填支护等工程措施为辅，减少地表下沉量；②开采时留设保护煤柱，保护煤柱的围护带宽度。

对目前稳定性差、易造成人员伤亡及重大经济损失的重要采空区塌陷灾害隐患点要积极组织对危险区内的居民进行搬迁。对区内的重要工程设施的地质灾害隐患点进行工程治理。逐步落实每个地质灾害隐患点的监测、预报、疏散、应急抢险等措施，完善地质灾害速报制度，增强应急反应能力。一旦遇险情，及时组织对危险区内的居民进行疏散、撤离，确保人民群众生命财产安全。

6.3.3.2 华北平原区

针对华北平原区域采空区塌陷造成的土壤盐碱化与水资源紧缺问题，生态风险防范策略主要包括采用分层回填措施减少地面塌陷，进行采空区治理，利用煤矸石构筑沙河防水堤坝；改进洁净煤技术和煤层瓦斯抽放，减少向大气排放；采用矿区用水闭路循环等措施减少水资源消耗，提高洗选废水回收率，进行水资源综合利用（殷作如和邓智毅，2000）。

6.3.3.3 黄淮平原区

黄淮平原区矿产资源开发的主要生态风险是采煤塌陷、地表裂隙与排土矸石堆积造成水土流失加剧，需采用水土流失防治策略减少风险发生，利用分层回填技术减少塌陷发生概率（袁兴程和胡友彪，2008）；在露采区采用防尘抑尘技术减少地表挖损与运输过程中的扬尘污染。

对矿区进行生态恢复时要对矿井水污染进行重点治理，由采矿而造成的浅层地下水水位降低和水污染能够在较短的时间内恢复，将其修复成湿地生态系统，使其具有净化水源、蓄洪抗旱的作用，并对矿区地表水水质的改善和土壤中重金属的过滤有着积极的作用，通过功能置换防范区域生态风险。

6.3.3.4 内蒙古草原区

针对表土资源严重破坏与土地沙化严重问题，采用封闭尘源方式避免地表扬尘的危害，采用草场修复技术恢复被破坏的草原植被；并在矿区总体规划中明确规定表土管理措施，可以实施"边采边覆"，将剥离的草皮分别铺覆于前面结束整地的内排土场，一方面减少表层土壤的二次搬运，另一方面减少排土场的地面裸露时间，缓解风蚀沙化，保护珍贵的表土资源和土壤种子库资源（刘小翠等，2010）。

6.3.3.5 黄土高原区

黄土高原区矿产资源开发的主要生态风险是采煤塌陷、地表裂隙与排土矸石堆积造成水土流失加剧，需采用水土流失防治策略减少风险发生，利用分层回填技术减少塌陷发生概率；在露采区采用防尘拟尘技术减少地表挖损与运输过程中的扬尘污染。

6.3.3.6　西北干旱区

西北干旱区需采取的水土流失防治策略如下：①利用遥感与地面监测相结合的技术进行煤火监测，对煤火风险进行预警，降低煤火风险；②开展植被重建，提高地表植被覆盖度，加强后期管护，避免土地荒漠化。防治矿区土壤的沙漠化在整个生态风险防范过程中至关重要，可分为生物和工程固沙措施两类。生物固沙措施主要包括营造防护林，西北地区水分条件较差，应选择成活率高、适应能力强、生长快、根系发达的树种，在不行车的地段应种植速生、耐瘠耐旱植被种类。工程固沙措施主要针对矿区边缘流动的蔓延沙丘，主要方法为设置机械固沙障。在堆土过程中及时洒水，分层碾压，增加土壤的内聚力，以防止水土流失。在剥离区周围建一条适当宽度的防护林带，防止内部产生的大量粉尘对外围的影响（张自学等，1990）。

6.3.3.7　西南丘陵高原区

针对西南丘陵区煤炭资源开采造成的地质灾害加剧风险与地下水漏失问题，采用地貌重塑、排水沟渠建设等方式减少滑坡风险，对裂隙进行填充保护地下水资源，通过工程与生物措施进行矿区水土保持是生态风险防范的关键。当塌陷地塌陷深度较深时，可利用开采废石充填后再复垦。在压占地的治理方面，先要弄清废弃物的组成、特点和产生量，再确定处理的方法；应结合采矿考虑堆存、填埋还是提炼，最后进行植被复垦；尤其要注意废石堆放安全，防止引起地下水污染、水土流失、泥石流等地质灾害（周家云等，2005）。

6.3.3.8　江南丘陵山地区

江南丘陵山地区矿业开发引起的生态环境问题多由固体废弃物与废水造成的土壤污染与水污染有关，主要生态风险防范策略为堆积物加隔离层处理，并对污水处理后再排放，以减少淋溶水对水资源和土壤的污染。

在生产过程中，主要以预防为主采取污染防治技术。在尾矿库和废石场上游及两侧修建引水渠，将雨水引至堆场外，力求减少流经矿区范围的地表径流，通过减缓流速来削减形成泥石流的水源和动力；在尾矿库和废石场的下游均修建格栅坝和桩林等工程，以便拦截水流中的石砾等固体物质。由于该区域矿区土地易出现重金属污染，所以可以选取植物修复技术，即利用部分植被能忍耐和超量累积某些重金属的特性，通过植物的提取作用、挥发作用、稳定化作用与根际过滤作用来原位清除、稳定污染土壤中的重金属，减轻重金属污染。

在尾矿库复垦前应做好充分的准备，挖松干涸硬化的表面层，平整尾矿库表面；在挖松表层中撒铺碎粒（粒径不大于6mm）；在尾矿库表面铺盖 15～25 cm 厚的土层；种植前用中和药剂处理播种苗床，并施加足够的肥料。做好以上处理后，即可先种植草本植物，待土质熟化后再种植林木（余光辉等，2010）。

6.3.3.9 长江中下游平原区

针对长江中下游平原区域煤炭资源开采、运输与加工造成的水污染与大气污染问题，进行矿业用水循环利用，减少废水排放；利用有毒气体吸附技术，减少废气污染对生态系统的损伤。该区域矿区土地可以选取植物修复技术，即利用部分植被能忍耐和超量累积某些重金属的特性，通过植物的提取、挥发和稳定化作用与根际过滤作用来原位清除、稳定污染土壤中的重金属，减轻重金属污染（余光辉等，2010）。

6.3.3.10 东南沿海区

东南沿海区城市化水平较高，煤炭资源开发中的废水与固体废弃物排弃增加了人类活动对自然生态系统的压力，进行生态风险防范的关键在于减少污染物排放压力，进行矿业用水循环利用，对固体废弃物进行资源化处理等。

该区域关键在于减轻水土流失，如果水土流失得到控制，一方面可减缓河道拦泥库的淤积，另一方面又减少流入拦泥库的酸性矿水水量，减轻区域酸化危害程度。恢复植被覆盖，改良土壤，降低土壤酸度，降低土壤排出水酸度和重金属元素浓度的作用（林初夏等，2003）。

6.3.3.11 青藏高原与藏东南-横断山区

青藏高原与藏东南-横断山区生态环境极度脆弱，并且由于高寒，不具备煤炭资源开采条件，此区域生态风险防范的主要措施是严格保护、谨慎开发。

6.4 特定矿区生态风险防范技术

6.4.1 防范技术选取流程

针对某一特定矿区，由于受到区域生态脆弱性条件与开采类型与工艺的影响，生态风险的表现形式有所差异。在生态风险防范技术的选择上应该综合考虑生态风险的等级与类型，根据区域自然地理特征选取适用于本区域自然条件的防范技术。就此，制定了特定矿区的生态风险防范技术筛选流程，作为制定矿区生态风险防范策略及筛选相应技术的参考（图6-6）。

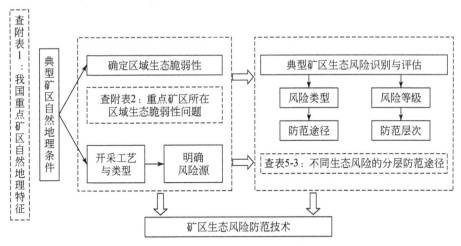

图6-6 特定矿区生态风险防范技术筛选流程图

首先，分析矿区自然地理条件，可参照本研究中的附表1"我国重点矿区自然地理特征"，明确典型矿区在地形地貌、植被、土壤等方面的特征，进而分析矿区的脆弱性本底条件。并根据矿产资源储存条件，分析开采类型与工艺，结合"矿区生态风险分类体系"明确矿业资源开发作为风险源的类型与表现形式。综合区域生态脆弱性条件与风险源分析，确定矿区的风险等级与风险类型。

其次，根据矿区生态风险的等级与发生时段，确定生态风险防范的避免、最小化、恢复与补偿四个层次；根据生态风险类型，明晰在特定的生态风险防范层次中应选择的防范途径，可参照"不同生态风险的分层防范途径"（表5-3）查找各个层次上生态风险防范所需采用的技术途径。

最后，在明确生态风险防范途径之后，结合矿区所属区域自然地理条件，选择适合于本区域的矿区生态风险防范技术。

6.4.2 典型矿区防范技术

6.4.2.1 黄土高原区露天煤矿

平朔露天矿区地处黄土高原东部、山西省北部的朔州市平鲁区境内，与晋陕蒙接壤区、号称黄土高原"黑三角"的世界特大型煤田相连接，对环境改变反应敏感、维持自身稳定的可塑性较小、水土流失严重，属黄土丘陵强烈侵蚀生态脆弱系统，图6-7为平朔露天煤矿位置示意图。

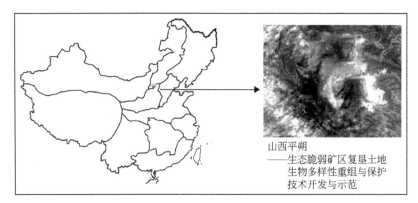

图 6-7 平朔露天煤矿位置示意图

（1）矿区生态风险特征

平朔露天矿中生态风险较为突出的单元为排土场和露天采坑，分别对应压占和挖损两种土地损毁类型。经过露天开采，表土和岩层剥离，原地貌形态、地层结构、生物种群已不复存在。同时留下了巨量的废弃岩土，排土场压占之后，生态系统极度退化。大型机械压实的排土工艺，在原地貌上形成了采掘场，内排土场和外排土场等全新的人工地貌，会出现非均匀沉降和地表严重压实问题，地表覆盖物渗透率低，降水到达地面后迅速起流，并沿裂缝流动，极易造成土壤侵蚀、滑坡等自然灾害。

根据平朔矿区安太堡露天矿的实地调查与已有研究，在排土场新造地貌上，击溅、面蚀、细沟侵蚀、浅沟侵蚀、沉陷侵蚀、沙砾化面蚀、土砾泄流和坡面泥石流等水土流失形式出现频繁和发生程度都明显强于原地貌（吕春娟和白中科，2010）。

（2）生态风险防范的层次与途径

a. 最小化层次

采取排土场微地形改造减少土地压占对水土流失风险的影响，属于生态风险防范中的最小化层次。防范技术可参见《一种黄土区露天采矿排土场微地形改造方法》（王金满等，2013），是黄土区露天采矿排土场地貌重塑的方法，以解决目前黄土区露天采矿排土场构筑工艺中水土保持措施存在的问题。技术要点在于将平台划分若干个大田块，通过对地形的重塑，使大田块地表呈现中间低四周高的起伏，每个大田块相当于一个径流分散单元，各自进行对径流的集中储存下渗。将排土场道路单独划分为若干分散单元，与平台和边坡水力分隔（王金满等，2013）。系统的径流分散措施可以大大减少排土场水蚀、水流灌缝和水的大量损失，同时通过分散单元内的径流调节，为水土保持植被的快速建立提供更好的水分条件（魏忠义和白中科，2003）。

b. 恢复层次

通过地貌重塑、土壤重构、植被恢复、废弃地综合利用等生态系统恢复和重见途径，恢复已被破坏的生态系统功能，规避破坏区域对周边生态系统造成更严重的威胁。采剥区，内排土场、外排土场、工业场地、矿坑等建设活动产生的废弃土地，以及已经进行土地复垦但还需要进行整理、改造和再利用的复垦地。工程复垦技术要求：采剥—分层剥离，排弃—分类排弃，造地—分区整地。植被重建技术：先锋或适生植物的选择，植被优化配置模式，植被抚育管理。

（3）防范技术的适用范围

我国的大型露天煤矿大多处于干旱、半干旱的生态脆弱区，如平朔矿区、准格尔矿区位于黄土高原水土流失严重区，霍林河矿区、伊敏河矿区位于草原风沙区，神府东胜矿区位于毛乌素沙漠和西北黄土高原过渡地带的沙化区。排土场微地形改造与土地复垦技术主要适用黄土高原区，如大同、平朔、西山、阳泉、晋城等。该区生态环境脆弱，煤炭资源丰富，土壤侵蚀和干旱缺水是限制该地区工农业生产的主要因素。其排土场微地形改造同样适用于随机排土压占造成风蚀加重的内蒙古草原区，技术设计过程中减少对草原的压占面积。

6.4.2.2　黄淮平原区井工煤矿

（1）矿区生态风险特征

山东济宁兖州煤矿位于黄淮平原区，是典型的矿粮复合区，山东济宁高潜水位煤炭–粮食复合生产区位置如图 6-8 所示。本区的特征是位于平原高潜水位区，水资源丰富。地下煤炭资源开采后，采空区上覆岩层的原始应力平衡状态受到破坏，依次发生冒落、断裂、弯曲等移动变形，最终设计地表，形成一个比采空区面积大得多的近似椭圆形的下沉盆地，地表产生坡地、积水、凹凸不平、裂缝等（杨光华等，2013）。在雨水、风力等因素的综合作用下，使得地表产生破坏、推移、变形、沉积等情况，并产生坡地、积水、凹凸不平、裂缝等现象，由于地下水埋藏较浅，容易形成深浅不等、大小不一的封闭式塌陷水面，成为常年和季节性积水塌陷地。采煤塌陷同时也造成地下水位的抬升，在土壤毛细管及蒸发作用下，盐分积聚于表土导致土地盐渍化、土壤沼泽化现象严重等一系列问题（胡振琪等，2015）。

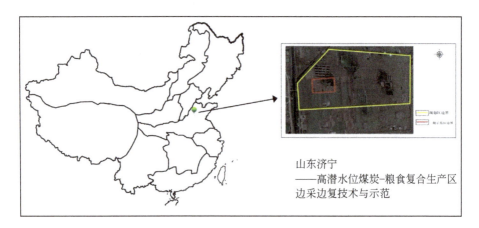

图 6-8 山东济宁高潜水位煤炭–粮食复合生产区位置示意图

（2）生态风险防范途径

边采边复技术采用的是地下开采与地面复垦同步进行的耦合原理与方法，通过合理减轻土地损毁的开采措施和沉陷前或者沉陷过程中的复垦时机与方案的优选，实现采矿与复垦同步进行，属于生态风险防范中的最小化层次，适用于具有较高生态价值且生态风险等级较高的矿区生态风险防范中。

边采边复（concurrent mining and reclamation，CMR）为针对生产建设过程中造成的非稳定破坏土地，采取一定的工程与生物措施，恢复土地期望的利用价值和保护生态环境的活动。本项技术的要点主要包括（胡振琪和肖武，2013）：①确定采煤塌陷耕地损害边界；②进行边采边复的复垦时机选择、标高设计；③研制出滚动式和阶段式采煤塌陷地边采边复技术。

（3）防范技术的适用范围

边采边复技术其研究成果在安徽、山东等地得到应用，取得了较好的应用效果。以安徽淮北恒源煤矿某采区为例，经过分析，边采边复技术，极大地保护了表土资源，提高了耕地恢复率（肖武等，2013）。

边采边复技术理论上适用于所有井工矿山，但对于低潜水位地区，地表沉陷后不积水，土地复垦可以等到沉陷稳定后再开展，对于珍贵表土资源的抢救性剥离就不需要那么紧迫。由于平原区地下水埋深较浅，表层堆积物较为松散，井工开采容易形成地表下沉盆地、塌陷坑积水、地表裂隙引起水土流失和地表建筑物破坏等，边采边复技术在高潜水位地区体现出较大的优越性。通过对相关资料的整理和分析，适用边采边复技术的平原高潜水位地区主要包括华北平原区、黄淮平原区、长江中下游平原区等。

6.4.2.3 西南丘陵高原区采煤塌陷地

（1）矿区生态风险特征

重庆松藻矿区位于西南山地喀斯特地貌区内，降水丰富，地形复杂，土层较薄。由于地下采空，地面及边坡开挖影响了山体、斜坡的稳定，往往导致地面塌陷、开裂、崩塌和滑坡等频繁发生。矿区的建设和生产改变了土地养分的初始条件，使土壤坚硬、板结，有机质、养分与水分缺乏。土壤中的营养元素也随着裂隙、地表径流流失，造成许多地方土地贫瘠、土壤养分短缺、土壤承载力下降、植物难以生存，最终导致矿区大面积人工裸地的形成，极易被雨水冲刷，加速了水土流失的程度（杨光华和李妍均，2011）。西南山地采煤塌陷地位置如图6-9所示。

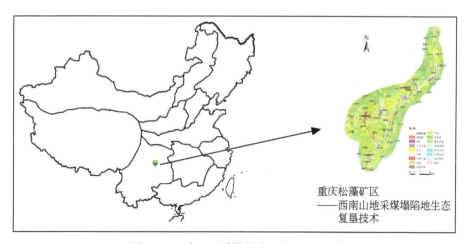

图6-9 西南山地采煤塌陷地位置示意图

同时，一方面矿井废水、矸石淋溶水、生活用水的排放量大不仅直接污染地表水，而且废污水入渗，也会使地下水受到污染。另一方面地下采矿活动中大量矿坑排水，改变了地下水系统自然流场，开采后的矿山又缺乏植被覆盖，地表水入渗少，使得地下水位下降，浅层地下水枯竭，地表泉点流量减少、甚至断流，同时地表蒸发量加大，造成地表水、地下水、大气水"三水循环"失衡（杨光华和李妍均，2011）。

（2）生态风险防范的层次与途径

a. 避免层次

通过生态复垦规划选择具有较高生态功能的区域，在矿业开发中尽量避免对这些区域造成功能损失。通过对松藻矿区采煤塌陷区的生态环境现状、矿区土地利用及其景观格局变化情况分析，结合地形地貌、海拔、坡度、土地主导用途及功能等因素，划分了矿区景观生态功能分区，提出了适宜于研究区的景观生态再造格局（图6-10）（梁海超，2013）。针对重庆市松藻矿区采煤塌陷地的损害进行监测和程度分析，研究景观复垦规划、耕地与非耕地复垦技术和复垦质量检测与评价展开研究，以形成现状监测评估—生态复垦规划—复垦技术—质量检测与评价一体的，具有代表性和普遍实用性的西南山地采煤塌陷地生态复垦技术（梁海超，2013）。

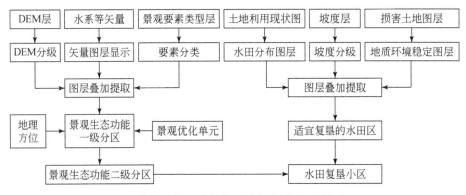

图6-10 松藻矿区景观功能分区技术路线图（梁海超，2013）

李晓静等（2012）针对重庆市綦江县赶水镇的龙仓村土地复垦工程中的土地平整工程，田间道路工程以及灌溉排水工程三大重点工程，实现了土地复垦工程质量的无损探测实验，并研究提出了西南山地采煤塌陷地复垦质量检测与评价技术。其设计了基于开采沉陷预计和探地雷达技术，包括水田内地表裂缝可能区域的初选；探地雷达测线布设；探地雷达天线选择及现场探测；探地雷达采集数据的处理；渗水实验进行地表裂缝的验证及综合分析与诊断；由此确定地表裂缝的分布特征及漏水程度。该发明将探地雷达探测手段应用于山地采煤沉陷水田地表裂缝探测，实现沉陷水田地表裂缝空间位置的准确定位，为山地采煤沉陷水田治理提供技术支撑。

b. 恢复层次

李晓静等（2012）通过对采煤塌陷地的漏水水田的土壤理化性质分析，并在水田裂缝/裂隙、塌陷坑、溶洞及地下水水位等探测的基础上，选取了不同采煤倾角的漏水水田野外试验地进行了恢复耕种试验，监测和收集了多项水田漏水实验指标数据，从漏水水田水量平衡和土壤水文过程两方面进行了分析，进一步明确了塌陷地水田漏水机理，提出了基于不同处理措施下恢复隔水层的综合效益对比优选方案；同时对增加采煤塌陷地的灌溉水源和农业生产设施配套技术进行了分析，为采煤塌陷地漏水地复垦提供了工程技术保障。

针对不同地裂缝/塌陷坑特征及危害，提出了不同规模地裂缝、塌陷坑的修补工程技术。针对矿区温湿多雨、土壤保水性弱、坡耕地比重大等特征，结合水土流失野外试验，初步确定了矿区植被搭配模式。以林地生态功能恢复为目标，以优化矿区生产结构为导向，提出了松藻矿区生态林恢复的造林树种、造林密度、植被配置模式以及经营措施及经济林恢复的适宜树种。

（3）防范技术的适用范围

赵欣（2009）的研究成果适宜于西南高原丘陵区，包括贵州、云南、四川、重庆等地。西南山区地形坡度大，地势高低差别大，对矿区生态破坏类型可综合地貌与气候因子定位为丘陵山地型。西南山地煤矿较平原煤矿有很大不同，一般为中小型煤矿，服务年限相对比较短，山地煤矿开采不会对上方地表造成全部塌陷而是在煤层露头和某些海拔较低的位置造成局部的塌陷和地表裂缝。

6.4.2.4 江南丘陵山地区金属矿

（1）矿区生态风险特征

金属矿业开发所造成的土壤污染，量大面广。江西德兴铜矿是一个世界级的大型斑岩露天铜矿，位于江西省东北部德兴县境内（图 6-11），已探明铜储量 800 万 t 以上，年铜产量约占全国的 1/4。德兴铜矿属于黄铁矿岩体，开采过程中剥离的废石露天堆存于采矿场周围的三个废石场，在雨水淋溶情况下，新鲜废石初期不会形成酸性矿山废水（AMD），随时间延长，会逐渐形成 AMD。德兴铜矿矿山废水主要由采矿场产生的酸性废水和选矿厂产生的碱性废水组成。在中性条件，微生物作用下，黄铁矿和其他的含硫矿物被氧化，产生大量的酸，并释放出 SO_4^{2-}、Fe^{2+}、金属离子和微量元素进入到地表或地下水中（柳建平等，2014）。江西德兴铜矿的开采历史悠久遗留下大量的老窿及废石堆场，产生的酸性废水严重污染了流径矿区的大坞河。矿山酸性水是水、氧气、细菌、矿物质共同作用且随时间推移而酸度增大的结果。

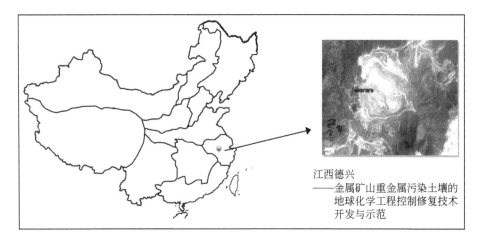

图 6-11　江西德兴铜矿位置示意图

(2) 生态风险防范途径

利用江西德兴铜矿特殊地质体或特殊工业废弃物为基本材料，研究不同土壤类型及其理化性质条件下对复合重金属污染土壤进行区域修复的系列化地球化学工程技术，探索用于土壤重金属污染控制和防治的地球化学新技术，为其他类似地区的污染土壤控制和修复提供技术支撑。采用的技术属于生态风险防范中的恢复层次。主要技术要点如下[1]。

1) 利用地球化学工程技术修复重金属污染土壤的材料和技术研究充分利用自然介质或地质体，依靠自然的或经人工增强的地质-地球化学-生物地球化学作用，依据离解、中和、吸附、固定等地球化学原理，对纳米铁颗粒、凹凸棒石、海泡石、膨润土等材料竞选筛选，有针对性地提出重金属污染土壤修复的材料和解决方法，有效地控制重金属进入生态链的循环，达到最佳修复效果（黄凯等，2014）。

2) 利用地球化学工程技术控制重金属对土壤污染的工艺研究借鉴天然地球化学作用的原理，考虑污染物的特性和天然物料的性能，依据分解、浓集、稀释、隔离等地球化学原理，依靠地球化学过程，解决阻断重金属污染土壤的"地球化学障碍"中的关键工艺问题，达到控制污染的目的。

3) 重金属污染土壤的地球化学工程修复技术与全过程综合控制和防治技术

---

① 国土资源部公益性行业科研专项项目成果。

集成示范研究在江西德兴铜矿区大坞河下游 Cu、Pb 和 Cd 污染土壤区建立地球化学工程控制与修复技术的示范区。研究该区域地质作用过程中元素的活动行为、状态转换、形态变化，根据元素、矿物和有机组分在土壤介质中的属性和迁移转化规律，研究污染链和灾害链的组成，发现灾害发生的途径，探索阻断灾害的措施，完善修复材料和污染控制中的关键工艺技术，建立经济、高效、实用的示范区。

4) 尾矿溢流液处理矿山酸性废水。根据酸碱平衡原理来探讨其中的特性、混合中和方式、比例、pH、水质及混合反应沉淀指标，达到以碱性废水治理酸性废水的目的。矿山碱性废水主要有尾矿溢流水、精矿溢流水和含硫废水。尾矿溢流液与酸性水中和的混合比 4~6 的条件下，中和后上清液 pH 可达 7.0~8.5，沉淀 4h 后，上清液水质澄清，各项指标均达到排放标准。酸碱废水中和反应后，初期为成层沉淀，沉速约为 0.03 mm/s，在开始 3~4h，中和液的沉速较慢，随后比尾矿溢流液沉速快，最终中和渣体积小于尾矿渣体积，因而不会影响尾矿库的固液分离和堆积容积。经过该工艺处理，废水变为可利用的清水（任万古，2002）。

5) 细菌堆浸提铜工艺。废石场在多种自然因素影响下产生大量酸性废水，它不仅含有多种金属离子，而且还含有可观的氧化亚铁硫杆菌，细菌含量约为 104 个/mL。氧化亚铁硫杆菌浸出铜，其机理主要表现为直接和间接二种作用，一是靠细菌细胞内特有的氧化酶氧化催化黄铜矿，破坏矿物的晶格结构，使矿物中的铜酸化呈硫酸铜形式进入浸出液中，二是细菌氧化矿物中的硫和铁，使其形成硫酸与硫酸高铁溶液，从而进一步促使硫化铜氧化和浸出矿物的中铜（任万古，2002）。其反应式为

$$2CuFeS_2 + H_2SO_4 + O_2 \rightarrow 2CuSO_4 + Fe_2(SO_4)_3 + H_2O$$
$$CuFeS_2 + 2Fe_2(SO_4)_3 \rightarrow CuSO_4 + 5FeSO_4 + 2S$$
$$2FeSO_4 + H_2SO_4 + O_2 \rightarrow Fe_2(SO_4)_3 + H_2O$$
$$2S + 2H_2O + 3O_2 \rightarrow 2H_2SO_4$$

(3) 防范技术的适用范围

我国金属矿山遍布全国各地，有形成储量相对集中的分布区。如铁矿，产地几乎全国各地都有，但近 60% 的资源储量集中在辽宁鞍山—本溪、河北迁安—北京密云、四川攀枝花—西昌、湖北宜昌—恩施、山西五台—岚县、江苏南京—安徽马鞍山—庐江、内蒙古包头—白云鄂博及海南石碌等地；铜矿遍布各地，但 77% 的资源储量主要集中于长江中下游，赣东北、甘肃白银和金川、山西中条山、青海、海南、南岭、西昌—滇中、西藏昌都、黑龙江嫩江和内蒙

古阿巴尔虎右旗等地；全国铅锌矿产地广布于 26 个省（区），而全国 76% 的探明储量却集中于滇、内蒙古、湘、粤、甘、赣、桂、川 8 省（区）。本研究中利用地球化学原理进行重金属污染阻隔技术适宜于在江南丘陵与长江中下游地区等水资源丰沛的金属矿生态风险防范中。

6.4.2.5　华北平原区采石场边坡

（1）矿区生态风险特征

千灵山位于北京市丰台区，由于交通设施建设形成了硬质高陡岩石边坡，难以进行生态恢复与绿化。千灵山边坡为过去采石留下的石灰岩高陡硬质边坡，边坡呈东西走向，整个坡底长为 70m，最低处为 2.7m。最高处为 16.5m；工作面坡度两侧稍缓，大致在 65°左右，中间较陡，近乎直立，大约为 85°（张辉旭等，2013）。根据调查及研究，北京山区边坡以岩质边坡为主，其失稳破坏模式较为典型，主要为剥落、落石、崩塌、滑坡等，具有严重的地质灾害隐患，北京千灵山高陡硬质边坡生态恢复示范区区位如图 6-12 所示。

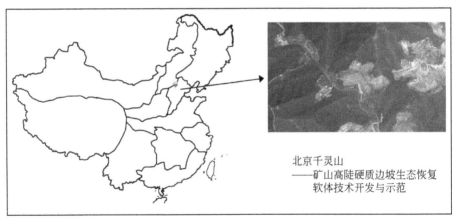

北京千灵山
——矿山高陡硬质边坡生态恢复
软体技术开发与示范

图 6-12　北京千灵山高陡硬质边坡生态恢复示范区区位示意图

（2）生态风险防范途径

通过生态袋、植物与土壤基质等构筑绿色植被边坡结构，解决软体结构护坡体与高陡硬质岩石边坡有机结合的难题，为我国北方矿山高陡硬质边坡的生态恢复提供技术参考。此途径属于生态风险防范中的恢复层次。

针对北方硬质、高陡岩石边坡的特点，研究利用生态袋构筑稳定护坡体技术

（张辉旭等，2013），符合矿山高陡硬质边坡生态恢复软体技术的施工顺序为岩面清理→钢筋混凝土基础处理→生态袋护坡系统→修建排水沟→挂网喷播绿化。针对软体护坡结构与矿山高陡边坡有机结合难题，研究多种地质工程和生物工程解决手段。通过矿山边坡植被配型对比试验成果表明：①生态袋内生长基质应以地表剥离土为首选。②在北京地区高羊茅、早熟禾、黑麦草、披碱草等均可作为护坡草种，而高羊茅的生长发育情况优于其他草种。雨浸模拟试验结果表明采用软体生态袋加固生态边坡在雨浸后泥沙流失率几乎为零，软体生态袋具有极好的水土保持特性。并开展软体带构筑技术、软体结构护坡技术和软体结构施工工艺流程的技术规程研究，研制高陡硬质边坡软体结构生态治理技术规程，为矿山高陡硬质边坡生态治理提供可借鉴的技术标准及规程。

（3）防范技术的适用范围

本课题的研究成果适用于土质、岩质、土石边坡，尤其是岩质边坡，植被覆盖率差，岩土体裸露，极易发生边坡剥落，落石、崩坍等灾害，生态袋技术可以有效防止或减缓边坡岩土体裸露冲刷、风化。考虑到本技术所花费的经济成本较高，方便后续养护，宜选择位于主城区附近、交通便利的区域，便于观测获取实验数据并进行工程施工与后期维护。

参 考 文 献

白中科. 2000. 工矿区土地复垦与生态重建. 北京：中国农业科技出版社.

白中科, 郧文聚. 2008. 矿区土地复垦与复垦土地的再利用——以平朔矿区为例. 资源与产业, 05：32-37.

白中科, 赵景逵, 朱荫湄. 1999. 试论矿区生态重建. 自然资源学报, 14 (1)：35-41.

白中科, 王文英, 李晋川, 等. 1998. 黄土区大型露天煤矿剧烈扰动土地生态重建研究. 应用生态学报, 06：63-68.

曹金亮. 2009. 山西省煤炭资源开发对生态环境损害评估. 地质通报, 28 (5)：685-690.

曹运江, 宋伟, 冯少真, 等. 2010. 贵州广致煤矿矿山环境影响范围与程度界定研究. 湖南科技大学学报 (自然科学版), 25 (3)：36-41.

常前发. 2000. 谈矿产资源的开发利用与可持续发展. 中国矿业, 06：15-19.

常青, 刘丹, 刘晓文. 2013. 矿业城市土地损耗生态风险评价与空间防范策略. 农业工程学报, 29 (20)：245-254.

常青, 邱瑶, 谢苗苗, 等. 2012. 基于土地破坏的矿区生态风险评价. 理论与方法. 生态学报, 32 (16)：5164-5174.

陈百明, 张凤荣. 2001. 中国土地可持续利用指标体系的理论与方法. 自然资源学报, 03：197-203.

陈百明等. 2003. 中国土地利用与生态特征区划. 北京：气象出版社.

陈春丽, 吕永龙, 王铁宇, 等. 2010. 区域生态风险评价的关键问题与展望. 生态学报, 30 (3)：808-816.

陈翠华, 倪师军, 张成江. 2008. 基于GIS技术的江西德兴地区水系沉积物重金属污染的潜在生态危害研究. 地球科学进展, 23 (03)：312-322.

陈峰, 胡振琪, 柏玉, 等. 2006. 矸石山周围土壤重金属污染的生态风险评价. 农业环境科学学报, 25 (Z2)：575-578.

陈怀满, 郑春荣, 涂从, 等. 1999. 中国土壤重金属污染现状与防治对策. AMBIO—人类环境杂志, 02：130-134, 207.

陈辉, 李双成, 郑度. 2005. 基于人工神经网络的青藏公路铁路沿线生态系统风险研究. 北京大学学报 (自然科学版), 41 (4)：586-593.

陈辉, 刘劲松, 曹宇, 等. 2010. 生态风险评价研究进展. 生态学报, 26 (5)：1558-1567.

陈利顶, 王军, 傅伯杰. 2001. 我国西南干热河谷脆弱生态区可持续发展战略. 中国软科学, (6)：95-99.

陈鹏, 潘晓玲. 2003. 干旱区内陆河流域区域景观生态风险分析. 生态学杂志, 22 (4)：

116-120.

陈玉和, 王玉浚, 李堂军. 2000. 矿区的概念与矿区可持续发展的基本问题. 西安科技学院学报, 20 (4): 299-303.

程建龙, 陆兆华, 范英宏. 2004. 露天煤矿区生态风险评价方法. 生态学报, 24 (12): 2945-2950.

党志, 刘丛强, 李忠. 2001. 煤矸石中微量重金属元素化学活性的实验模拟研究. 华南理工大学学报 (自然科学版), 12: 1-5.

窦玥, 戴尔阜, 吴绍洪. 2012. 区域土地利用变化对生态系统脆弱性影响评估——以广州市花都区为例. 地理研究, 31 (2): 311-322.

段志鹏, 王向成, 闫海晶. 2009. 矸石山自燃的防治. 山西焦煤科技, 6: 122-124.

樊文华, 白中科, 李慧峰, 等. 2011. 复垦土壤重金属污染潜在生态风险评价. 农业工程学报, 27 (1): 348-354.

范英宏, 陆兆华, 程建龙, 等. 2003. 中国煤矿区主要生态环境问题及生态重建技术. 生态学报, 23 (10): 2144-2152.

付梅臣, 谢宏全. 2004. 煤矿区生态复垦中表土管理模式研究. 中国矿业, 13 (4): 36-38.

付梅臣, 周锦华, 陈秋计. 2008. 荆各庄矿区景观协同变化研究. 煤炭学报, 33 (10): 1131-1136.

付在毅, 许学工. 2001. 区域生态风险评价. 地球科学进展, 16 (2): 267-271.

付在毅, 许学工, 王宪礼. 2001. 辽河三角洲湿地区域生态风险评价. 生态学报, 21 (03): 365-373.

傅伯杰, 陈利顶, 刘国华. 1999. 中国生态区划的目的、任务及特点. 生态学报, 19 (5): 591-596.

傅伯杰, 刘国华, 陈利顶, 等. 2001. 中国生态区划方案. 生态学报, 21 (1): 1-6.

高宾, 李小玉, 李志刚, 等. 2011. 基于景观格局的锦州湾沿海经济开发区生态风险分析. 生态学报, 31 (12): 3441-3450.

高铁军, 杨克磊, 高博, 等. 2005. 唐山采矿塌陷区生态修复风险识别及分析. 内蒙古农业大学学报 (社会科学版), 7 (4): 354-356.

葛元英, 崔旭, 白中科. 2008. 露天煤矿复垦土壤重金属污染及生态风险评价——以平朔安太堡露天矿区为例. 山西农业大学学报 (自然科学版), 28 (01): 85-88.

宫凤强, 李夕兵, 董陇军, 等. 2008. 基于未确知测度理论的采空区危险性评价研究. 岩石力学与工程学报, 27 (2): 323-330.

顾康康, 刘景双, 王洋, 等. 2008. 辽中地区矿业城市生态系统脆弱性研究. 地理科学, 28 (6): 759-764.

关凤峻, 刘法宪. 2001. 对我国矿业可持续发展问题的思考. 中国人口资源与环境, S1: 147-148.

郭飞, 吴丰昌. 2015-1-8. 借鉴国际经验促进环境风险管理战略转型. 中国环境报, 002 版.

郭平等. 2005. 长春市土壤重金属污染特征及其潜在生态风险评价. 地理科学, 25 (1):

108-112.

郭炎，王凯荣，胡荣桂. 1993. 湘中某锰矿区农田锰污染状况与改良途径. 农业环境科学学报，05：230-232.

国家发改委能源研究所课题组，韩文科，高世宪，等. 2003. 西部可持续发展的能源战略（总报告）. 经济研究参考，50：2-12.

国土资源部土地整理中心与土地整治重点实验室. 2008. 重点煤炭基地土地复垦工程实施方案纲要研究. 北京：地质出版社.

韩丽，戴志军. 2001. 生态风险评价研究. 环境科学动态，（3）：7-10

韩瑞玲，佟连军，佟伟铭，等. 2012. 基于集对分析的鞍山市人地系统脆弱性评估. 地理科学进展，31（3）：344-352.

韩武波，贾薇，孙泰森. 2012. 基于3S的平朔矿区土地利用及景观格局演变研究. 中国土地科学，26（04）：60-65.

韩忆楠，刘小茜，彭建. 2013. 煤炭矿区生态风险识别研究. 资源与产业，15（03）：78-85.

郝蓉，白中科，赵景逵，等. 2003. 黄土区大型露天煤矿废弃地植被恢复过程中的植被动态. 生态学报，08：1470-1476.

何书金，郭焕成，韦朝阳. 1996. 中国煤矿区的土地复垦. 地理研究，15（03）：23-32.

何书金，苏光全. 2002. 中国采矿业的发展与矿区土地损耗预测. 资源科学，24（2）：17-21.

何勇强，陆申年，白厚义，等. 1998. 桂东北某矿区复垦水田土壤重金属污染现状评价初探. 广西农业大学学报，03：241-246.

洪宇. 1999. 安太堡露天煤矿南排土场滑坡治理. 露天采煤技术，01：19-20.

胡和兵，刘红玉，郝敬锋，等. 2011. 流域景观结构的城市化影响与生态风险评价. 生态学报，31（12）：3432-3440.

胡洁. 2012. 唐山南湖：从城市棕地到中央公园的嬗变. 风景园林，04：164-169.

胡学玉，孙宏发，陈德林 2007. 大冶矿区土壤重金属积累对土壤酶活性的影响. 生态环境，16（5）：1421-1423.

胡振琪，戚家忠，司继涛. 2003. 不同复垦时间的粉煤灰充填复垦土壤重金属污染与评价. 农业工程学报，19（02）：214-218.

胡振琪，王培俊，邵芳. 2015. 引黄河泥沙充填复垦采煤沉陷地技术的试验研究. 农业工程学报，03：288-295.

胡振琪，肖武. 2013. 矿山土地复垦的新理念与新技术——边采边复. 煤炭科学技术，09：178-181.

黄秉维. 1959. 中国综合自然区划草案. 科学通报，18：594-602.

黄昌勇. 2000. 土壤学. 北京：中国农业出版社.

黄凯，张杏锋，李丹. 2014. 改良剂修复重金属污染土壤的研究进展. 江苏农业科学，01：292-296.

黄铭洪，骆永明. 2003. 矿区土地修复与生态恢复. 土壤学报，02：161-169.

黄庆享. 2002. 浅埋煤层的矿压特征与浅埋煤层定义. 岩石力学与工程学报，08：1174-1177.

姬长生. 2008. 我国露天煤矿开采工艺发展状况综述. 采矿与安全工程学报, 03: 297-300.
贾媛, 曹玲娴. 2011. 煤炭矿区生态风险评价方法研究. 环境科学与管理, 36 (4): 177-182.
姜军, 程建光. 2001. 煤矿矿区生态恢复与可持续发展. 煤田地质与勘探, 04: 7-9.
姜洋. 2010. 矿业开采对环境的影响及防治对策. 水土保持应用技术, 5: 48-49.
焦锋. 2011. 区域生态风险识别系统构建. 环境科技, 24 (02): 49-53.
康高峰, 卢中正, 李社, 等. 2008. 遥感技术在煤炭资源开发状况监督管理中的应用研究. 中国煤炭地质, 20 (1): 13-16.
孔春燕. 2008. 化学淋洗法修复重金属污染土壤效果研究. 德州学院学报, 06: 50-54.
寇士伟, 蔡素英, 张博, 等. 2011. 云浮矿区土壤Cd、Pb形态分布及潜在生态风险评价. 暨南大学学报: 自然科学与医学版, 32 (1): 48-52.
蓝崇钰, 束文圣, 张志权. 1996. 酸性淋溶对铅锌尾矿金属行为的影响及植物毒性. 中国环境科学, 06: 62-66.
李发斌, 李何超, 周家云. 2006. 矿山土地损毁程度评价方法研究. 采矿技术, 6 (2): 25-28.
李海霞, 胡振琪, 李宁, 等. 2008. 淮南某废弃矿区污染场的土壤重金属污染风险评价. 煤炭学报, 33 (4): 423-426.
李鹤, 张平宁, 程叶青. 2008. 脆弱性的概念及其评价方法. 地理科学进展, 27 (2): 18-25.
李红零, 吴仲雄. 2009. 我国金属矿开采技术发展趋势. 有色金属 (矿山部分), 01: 8-10.
李晋川, 白中科, 王宇宏. 2009. 平朔露天煤矿土地复垦与生态重建技术研究. 科技导报, 27 (17): 30-34.
李晋川, 白中科. 2000. 露天煤矿土地复垦与生态重建——平朔露天矿的研究与实践. 北京: 科学出版社.
李俊杰. 2005. 矿山工程扰动土人工再造的理论、方法与实证研究. 山西农业大学.
李立新, 王兵, 周立波, 等. 2011. 矿产资源开发生态景观风险评价. 矿产保护与利用, 2: 1-5.
李秋元, 郑敏, 王永生. 2002. 我国矿产资源开发对环境的影响. 中国矿业, 11 (2): 47-51.
李三三. 2012. 矿区地质灾害的类型及应对措施. 科技传播, 09: 119-120.
李少朋, 毕银丽, 陈昢圳, 等. 2013. 干旱胁迫下AM真菌对矿区土壤改良与玉米生长的影响. 生态学报, 13: 4181-4188.
李树志. 2000. 中国煤炭开采土地破坏及其复垦利用技术. 资源产业, 07: 7-9.
李晓静, 胡振琪, 赵艳玲, 等. 2012. 我国西南地区采煤塌陷水田漏水探测及机理分析. 煤炭科学技术, 11: 125-128.
李晓燕, 赵广敏, 李宝毅. 2010. 我国东北地区土地资源变化态势分析. 水土保持研究, 17 (5): 68-74.
李谢辉, 李景宜. 2008. 基于GIS的区域景观生态风险分析——以渭河下游河流沿线区域为例. 干旱区研究. 25 (6): 899-903.
李亚峰, 苏永彬. 2002. 混凝沉淀法处理煤泥水的试验研究. 安全与环境学报, 01: 11-13.

李昭阳, 张楠, 刘继莉. 2011. 吉林省煤矿区景观生态风险分析. 吉林大学学报 (地球科学版), 41 (01): 207-214.

梁海超. 2013. 重庆松藻煤矿区生态环境经济补偿研究. 北京: 中国矿业大学 (北京) 博士学位论文.

梁亚林, 王军. 2008. 矿山滑坡的预防与控制. 安全, 03: 29-30.

林初夏, 龙新宪, 童晓立, 等. 2003. 广东大宝山矿区生态环境退化现状及治理途径探讨. 生态科学, 03: 205-208.

林培, 朱德举. 1991. 土地资源学. 北京: 北京农业大学出版社.

凌乃规. 1993. 桂东北地区水果生产基地重金属含量状况调查. 农业环境科学学报, 04: 179-180, 178.

刘常富, 周彬, 何兴元, 等. 2010. 沈阳城市森林景观连接度距离阈值选择. 应用生态学报, 21 (10): 2508-2516.

刘翠娜, 李晓玮, 郑秀华. 2012. 金矿区泥石流治理对策. 中国水土保持, 02: 29-31.

刘国华, 傅伯杰. 1998. 生态区划的原则及其特征. 环境科学进展, 06: 68-73.

刘敬勇. 2006. 矿区土壤重金属污染及生态修复. 中国矿业, 12: 66-69.

刘黎明. 2002. 土地资源学. 北京: 中国农业大学出版社.

刘立艳. 2012. 矿山废弃地生态修复技术研究. 研究探讨, (10): 146-148.

刘梅, 曾勇. 2005. 矿区开采沉陷地质灾害与防治对策研究. 江苏环境科技, 03: 29-32.

刘明光. 2010. 中国自然地理图集. 北京: 中国地图出版社.

刘小翠, 白中科, 包妮沙, 等. 2010. 草原露天煤矿土地复垦中表土资源管理研究——以内蒙古呼伦贝尔市伊敏露天矿为例. 山西农业大学学报 (自然科学版), 03: 253-257.

刘晓琼, 刘彦随, 任日照. 2010. 陕西榆林能源重化工基地生态环境问题及防治对策. 灾害学, 25 (2): 129-133.

柳建平, 赵元艺, 薛强, 等. 2014. 江西德兴铜矿大坞河土壤重金属累积特征与成因. 地质通报, 08: 1154-1166.

卢万合, 刘继生, 那伟. 2010. 基于脆弱性分析的资源枯竭型城市接续产业选择研究——以吉林省辽源市为例. 科技进步与对策, 27 (21): 77-80.

卢亚灵, 颜磊, 许学工. 2010. 环渤海地区生态脆弱性评价及其空间自相关分析. 资源科学, 32 (2): 303-308.

陆大道, 陈明星. 2015. 关于 "国家新型城镇化规划 (2014-2020)" 编制大背景的几点认识. 地理学报, 70 (2): 179-185.

骆中洲. 1986. 露天采矿学. 北京: 中国矿业学院出版社.

吕安民, 李成名, 林宗坚, 等. 2002. 中国省级人口增长率及其空间关联性分析. 地理学报, 57 (2): 143-150.

吕春娟, 白中科. 2010. 露天排土场的岩土侵蚀特征及水保效应分析. 水土保持研究, 06: 14-19.

马喜君, 常志华, 程建龙, 等. 2006. 阜新露天煤矿区生态风险分析. 中国矿业, 15 (8):

19-21, 45.

马萧. 2011. 脆弱性矿区生态风险评价——以胜利东二号露天矿为例. 北京：中国地质大学（北京）硕士学位论文.

马晓艳, 田宇, 王寅冬. 2010. 煤矿地下开采引发地面塌陷的危险性评估. 山西建筑, 36（12）：120-121.

马彦卿, 李小平, 冯杰, 等. 2000. 粉煤灰在矿山复垦中用于土壤改良的试验研究. 矿冶, 03：15-19.

梅林, 孙春暖. 2006. 东北地区煤炭资源性城市空间结构的重构. 经济地理, 26（6）：949-956.

孟斌, 王劲峰, 张文忠, 等. 2005. 基于空间分析方法的中国区域差异研究. 地理科学, 25（4）：393-400.

缪协兴, 陈荣华, 白海波. 2007. 保水开采隔水关键层的基本概念及力学分析. 煤炭学报, 06：561-564.

牟今容. 2012. 爆破、降雨联合作用下露天矿边坡成灾过程研究. 成都：成都理工大学硕士学位论文.

宁雄义. 2006. 重金属矿区生态风险评价研究. 杭州：浙江大学硕士学位论文.

欧阳志云, 王效科, 苗鸿. 2000. 中国生态环境敏感性及区域差异规律研究. 生态学报, 20（1）：9-12.

潘雅婧, 王仰麟, 彭建, 等. 2012. 矿区生态风险评价研究评述. 生态学报, 32（20）：6566-6574.

彭建, 蒋一军, 吴健生, 等. 2005. 我国矿山开采的生态环境效应及土地复垦典型技术. 地理科学进展, 24（2），38-48.

彭建, 王仰麟, 吴健生, 等. 2007. 区域生态系统健康评价——研究方法与进展. 生态学报, 27（11）：4877-4885.

彭月, 王建力, 魏虹, 等. 2008. 重庆市岩溶区县土地利用景观破碎化及土壤侵蚀影响评价. 中国岩溶, 27（3）：246-254.

秦文展. 2011. 露天铝土矿生态恢复过程中生物多样性研究. 长沙：中南大学博士学位论文.

邱彭华, 徐颂军, 谢跟踪, 等. 2007. 基于景观格局和生态敏感性的海南西部地区生态脆弱性分析. 生态学报, 27（4）：1257-1264.

邱扬, 张英, 韩静, 等. 2008. 生态退耕与植被演替的时空格局. 生态学杂志, 27（11）：2002-2009.

任万古. 2002. 德兴铜矿酸性废水处理实践. 采矿技术, 02：57-59.

邵华. 1994. 现代土壤科学研究, 中国农业科技出版社, 1994：405-406.

邵霞珍. 2005. 澳大利亚矿区环境管理及对我国的借鉴. 中国矿业, 14（7）：48-50.

石青, 陆兆华, 梁震, 等. 2007. 神东矿区生态环境脆弱性评估. 中国水土保持, （8）：24-26.

束文圣, 蓝崇钰, 张志权. 1997. 凡口铅锌尾矿影响植物定居的主要因素分析. 应用生态学报，03：314-318.

束文圣，张志权，蓝崇钰. 2000. 中国矿业废弃地的复垦对策研究（Ⅰ）. 生态科学，02：24-29.

宋书巧，周永章. 2001. 矿业废弃地及其生态恢复与重建. 矿产保护与利用，05：43-49.

宋子岭，马云东. 2008. 我国露天煤田分类研究（Ⅰ）——分类指标体系的建立. 煤炭学报，33（9）：1002-1005.

苏秀杰，郭华，张肖，等. 2011. 吉林省蛟河矿区地面塌陷及地裂缝的成因与防治. 吉林地质，02：143-146.

孙洪波，杨桂山，苏伟忠，等. 2009. 生态风险评价研究进展. 生态学杂志，28（2）：335-341.

孙军平，修春亮，王忠芝. 2010. 基于PSE模型的矿业城市生态脆弱性的变化研究——以辽宁阜新为例. 经济地理，30（8）：1354-1359.

孙庆先，胡振琪. 2003. 中国矿业的环境影响及可持续发展. 中国矿业，07：24-27.

孙仕敏，吴尚昆，强真. 2006. 我国矿产资源重点开发区的布局. 中国国土资源经济，07：4-6，46.

孙习稳. 2002. 加快矿区土地复垦缩小采矿负面效应. 国土资源，06：36-37.

覃辉煌，周望，肖中林. 2013. 垂直锚杆式钢筋砼挡土墙在深凹露天煤矿边坡滑坡治理中的研究和应用. 科技创业月刊，01：178-181.

汤万金，刘平. 2003. 露天煤矿生态系统脆弱性评价方法研究. 世界标准化与质量管理，（2）：33-37.

滕彦国，倪师军，张成江，等. 2000. 攀枝花钢铁基地矿业开发过程中减轻环境影响的对策. 中国矿业，04：115-118.

滕彦国，倪师军，林学钰，等. 2005. 城市环境地球化学研究综述. 地质论评，01：64-76.

田大平. 2007. 安太堡露天煤矿区生态风险评价. 武汉：武汉理工大学硕士学位论文.

田大平，张世雄，陈联乔，等. 2007. 安太堡露天矿区生态风险分析. 露天采矿技术，（5）：62-64.

田亚平，刘沛林，郑文武. 2005. 南方丘陵区的生态脆弱度评估——以衡阳盆地为例. 地理研究，24（6）：843-852.

童柳华，严家平，徐良骥，等. 2009. 淮南潘集矿区水系分布特点及其恢复治理初探. 煤炭科学技术，09：110-112.

僮祥英，杨玉琼，刘红. 2011. 百里杜鹃矿区附近土壤重金属潜在生态风险及环境容量研究. 安徽农业科学，39（04）：2146-2148.

涂昌鹏，徐升. 2012. 矿山公园规划探析——以重庆江合煤矿矿山公园为例. 安徽农业科学，08：4674-4675.

涂磊，李德成，张国伟，等. 2012. 五沟煤矿含水层下矸石充填开采方案. 煤炭科技，02：66-67，73.

万军，张惠远，王金南，等. 2005. 中国生态补偿政策评估与框架初探. 环境科学研究，

18（2），1-8.

王改玲，白中科．2002．安太堡露天煤矿排土场植被恢复的主要限制因子及对策．水土保持研究，01：38-40.

王根绪，程国栋．1999．荒漠绿洲生态系统的景观格局分析．干旱区研究，16（3）：6-11.

王耕，高红娟，高香玲，等．2010．基于隐患因素的矿业城市生态安全评价研究——以辽宁省为例．资源科学，32（2）：331-337.

王广成，闫旭骞．2006．矿区生态系统健康评价理论及其实证研究．北京：经济科学出版社.

王建坤．2009．铅锌污染对土壤微生物多样性的影响．成都：四川农业大学硕士学位论文.

王金满，白中科，周伟，等．2013．一种黄土区大型露天煤矿排土场微地形改造方法：中国，CN201210400983．9.

王丽婧，席春燕，付青，等．2010．基于景观格局的三峡库区生态脆弱性评价．环境科学研究，23（10）：1268-1273.

王莉，张和生．2013．国内外矿区土地复垦研究进展．水土保持研究，20（01）：294-300.

王世潭．2005．粉尘尘源分布规律初探．矿业快报，08：17-18.

王帅红，孙泰森，周伟，等．2011．黄土丘陵沟壑区煤矿沉陷耕地复垦．农业工程学报，09：299-304.

王双明，范立民，黄庆享，等．2010．基于生态水位保护的陕北煤炭开采条件分区．矿业安全与环保，03：81-83.

王新刚，张龙菊，冯晓腊，等．2011．煤矿采空区塌陷地质灾害评估研究——以乌鲁木齐八道湾地区某煤矿采空区为例．安全与环境工程，18（2）：18-22.

王艳荣，高明娟．2011．矿区生态环境问题及其治理．能源技术与管理，4：154-157.

王仰麟，蒙吉利，军，刘黎明，等．2011．综合风险防范：中国综合生态与食物安全风险．北京：科学出版社.

王英辉，陈学军，赵艳林，等．2007．铅锌矿区土壤重金属污染与优势植物累积特征．中国矿业大学学报，36（4）：487-493.

王莹，董霁红．2009．徐州矿区充填复垦地重金属污染的潜在生态风险评价．煤炭学报，34（5）：650-655.

王玉平，刘相国，赵华锋．2002．煤矸石自燃的危害及治理成效．矿业安全与环保，29（3）：51-53.

韦素琼，张金前，陈建飞．2007．基于空间自相关的闽台城镇建设用地分布研究．地理科学进展，26（3）：11-17.

魏东岩．2003．矿山地质灾害分析．化工矿产地质，02：89-93.

魏也纳．2010．矿山开采土地压占毁损变化检测及分析——以郑州地区为例．矿山测量，3：75-78

魏忠义，白中科．2003．露天矿大型排土场水蚀控制的径流分散概念及其分散措施．煤炭学报，05：486-490.

邬建国．2000．景观生态学格局、过程、尺度与等级．北京：高等教育出版社.

吴家华, 董云中, 刘宝山, 等. 1995. 粉煤灰中有害元素对土壤、粮食影响的初步评价. 土壤学报, 02: 194-201.

吴健生, 宗敏丽, 彭建. 2012. 基于景观格局的矿区生态脆弱性评价——以吉林省辽源市为例, 31 (12): 3213-3220.

吴健生, 乔娜, 彭建, 等. 2013. 露天矿区景观生态风险空间分异. 生态学报, 33 (12): 3816-3824.

吴攀, 刘丛强, 张国平, 等. 2004. 碳酸盐岩矿区河流沉积物中重金属的形态特征及潜在生态风险. 农村生态环境, 20 (3): 28-31.

武强, 陈奇. 2008. 矿山环境问题诱发的环境效应研究. 水文地质工程地质, 5: 81-85.

夏汉平, 蔡锡安. 2002. 采矿地的生态恢复技术. 应用生态学报, 11: 1471-1477.

夏既胜, 刘晓芳, 谈树成. 2009. 露天矿区生态问题及生态重建方法探讨. 金属矿山, 396: 163-167.

肖茜. 2012. 天山东戈壁钼矿成矿的地质特征. 学习月刊, 12: 158.

肖武, 胡振琪, 李太启, 等. 2013. 采区地表动态沉陷模拟与复垦耕地率分析. 煤炭科学技术, 08: 126-128.

谢花林. 2008. 基于景观结构和空间统计学的区域生态风险分析. 生态学报, 28 (10): 5020-5026.

谢苗苗, 李超, 刘喜韬, 等. 2011. 喀斯特地区土地整理中的生物多样性保护. 农业工程学报, 27 (5): 313-319.

徐建智. 2011. 仙亭煤矿通风防尘现状及对策. 中华民居, 11: 127-128.

徐可群, 王超, 管伟. 2011. 煤层注水降尘在厚煤层开采中的应用. 山东煤炭技, 06: 153-154.

徐友宁, 何芳, 陈华清. 2007. 西北地区矿山泥石流及分布特征. 山地学报, 25 (6): 729-73.

徐友宁, 吴贤, 陈华清. 2008. 大柳塔煤矿地面塌陷区的生态地质环境效应分析. 中国矿业, 17 (3): 38-40, 50.

宣国富, 徐建刚, 赵静. 2010. 基于 ESDA 的城市社会空间研究——以上海市中心城区为例. 地理科学, 30 (1): 22-29.

闫永峰, 任培丽, 秦玲玲. 2010. 河南永成煤矿塌陷区水质对鲫鱼形态性状指标和脏器系数的影响. 四川动物, 29 (2): 224-226.

闫永峰, 王兵丽. 2010. 煤矿塌陷区水污染对鱼类肝细胞 DNA 的损伤. 河南农业科学, 4: 109-111.

阎敬, 杨福海, 李富平. 1999. 冶金矿山土地复垦综述. 河北理工学院学报, 21 (增刊): 41-47.

颜磊, 许学工, 谢正磊, 等. 2009. 北京市域生态敏感性综合评价. 生态学报, 29 (6), 3117-3125.

杨歌, 周跃, 寸文娟. 2007. 滇东南矿区河流底泥重金属污染潜在生态风险评价. 环境科学导刊，26（01）：80-82.

杨光华，胡振琪，杨耀淇. 2013. 采煤塌陷积水耕地信息提取方法研究——以山东省济宁市为例. 金属矿山，09：152-157.

杨光华，李妍均. 2011. 松藻矿区采煤塌陷对环境的影响及土地复垦. 安徽农业科学，33：20487-20489，20519.

杨梅忠. 2011. 西部开发中的煤矿区生态环境保护与重建问题. 重庆环境科学，02：24-25，29.

杨晓艳，姬长生，王秀丽. 2008. 我国矿山废弃地的生态修复与重建. 矿业快报，10：22-25.

杨泽元，王文科，黄金廷，等. 2006. 陕北风沙滩地区生态安全地下水位埋深研究. 西北农林科技大学学报（自然科学版），08：67-74.

杨振，胡明安，黄松. 2007. 大宝山矿区河流表层沉积物重金属污染及潜在生态风险评价. 桂林工学院学报，27（1）：44-48.

姚峰，古丽·加帕尔，包安明，等. 2013. 基于遥感技术的干旱荒漠区露天煤矿植被群落受损评估. 中国环境科学，33（4）：707-713.

姚兰. 2010. 洞庭湖区生态环境风险识别与评价. 资源环境与发展，1：23-26.

殷贺，党威雄，刘焱序，等. 2009. 区域生态风险评价研究进展. 生态学杂志，28（5）：969-975.

殷作如，邓智毅. 2000. 开滦矿区采煤塌陷地生态环境综合治理途径. 西安科技学院学报，S1：71-76.

尹仁湛，罗亚平，李金城，等. 2008. 泗顶铅锌矿周边土壤重金属污染潜在生态风险评价及优势植物对重金属累积特征. 农业环境科学学报，27（6）：2158-2165.

余光辉，张勇，张卓，等. 2010. 有色金属矿尾矿库和废石场土壤安全评价及复垦措施——以郴州市宜章长城岭铅锌多金属矿为例. 水土保持通报，03：233-236.

袁兴程，胡友彪. 2008. 淮南煤炭开采土地破坏及其综合治理. 环境科学与管理，02：92-94.

岳境，姜国虎，张元彩. 2006. 矿山开采引发的地质灾害及其治理方案初探，资源环境与工程，20（5）：536-538.

翟丽梅，陈同斌，廖晓勇，等. 2008. 广西环江铅锌矿尾砂坝坍塌对农田土壤的污染及其特征. 环境科学学报，28（6）：1206-1211.

曾辉，刘国军. 1999. 基于景观结构的区域生态风险分析. 中国环境科学. 19（5）：454-457.

张德强，朱玉生，田磊. 2010. 吉林辽源市矿山地质环境问题及对策建议. 城市地质，5（3）：13-16.

张耿杰. 2013. 矿区复垦土地质量监测与评价研究. 北京：中国地质大学（北京）博士学位论文.

张海峰，白永平，陈琼，等. 2009. 基于 ESDA—GIS 的青海省区域经济差异研究. 干旱区地理，32（3）：454-461.

张辉旭，王小烈，王红才，等. 2013. 北京千灵山生态修复边坡稳定性研究. 中国岩溶，04：404-410.

张杰, 马岳谭. 2009. 浅埋煤层保水开采的研究进展. 矿业安全与环保, 04: 26-28, 31, 91.

张明亮, 岳兴玲, 杨淑英. 2011. 煤矸石重金属释放活性及其污染土壤的生态风险评价. 水土保持学报, 25 (4): 249-252.

张思锋, 刘晗梦. 2010. 生态风险评价方法述评. 生态学报, 30 (10): 2735-2744.

张思锋, 张立, 张一恒. 2011. 基于生态梯度风险评价方法的榆林煤炭开采区生态风险评价. 资源科学, 33 (10): 1914-1923.

张巍巍. 2011. 唐山南湖湿地公园生态建设中的问题与对策. 唐山学院学报, 02: 26-28.

张一江, 李根福. 1996. 采取切实措施, 加速矿山土地复垦步伐. 冶金矿山设计与建设, 02: 51-55.

张颖. 2009. 大屯矿区废弃物综合利用的研究与实践. 能源技术与管理, 05: 20-22.

张应红, 文志岳. 2002. 矿山环境综合治理政策研究. 中国矿业, 06: 58-61.

张增凤, 丁慧贤, 赵艳红. 2002. 我国煤矿环境污染的成因与对策. 中国矿业, 04: 44-45, 53.

张志权, 蓝崇钰. 1994. 铅锌矿尾矿场植被重建的生态学研究I. 尾矿对种子萌发的影响. 应用生态学报, 01: 52-56.

张自学, 肖剑民, 孙静萍. 1990. 黑岱沟露天煤矿开发对生态环境的影响及矿区人工生态系统建设方案. 干旱区资源与环境, 04: 102-108.

赵昉. 2003. 我国矿产资源开发与环境探讨. 中国矿业, 6: 8-13.

赵汀. 2007. 基于遥感和 GIS 的矿山环境监测与评价. 北京: 中国地质科学院硕士学位论文.

赵欣. 2009. 贵州普安县煤矿区土地复垦信息系统设计与实现. 河南理工大学硕士学位论文.

郑度. 1992. 谈青藏高原环境变迁. 遥感信息, 03: 4-5.

中国大百科全书编委会. 1984. 中国大百科全书 (矿冶卷). 北京: 中国大百科全书出版社.

中华人民共和国国土资源部. 2004. 地质灾害分类分级 (DZ 0238—2004). 北京: 地质出版社.

中华人民共和国国土资源部. 2010. 吉林辽源市矿山地质环境调查项目成果. http://www.mlr.gov.cn/dzhj/201003/t20100326_142916.htm [2010-03-26].

中华人民共和国水利部. 2005. 地下水监测规范 (SL/T 183—2005). 北京: 中国水利水电出版社.

中华人民共和国国家质量监督检验检疫总局, 中国国家标准化管理委员会. 1993. 区域水文地质工程地质环境地质综合勘查规范 (比例尺 1:50 000) (GB/T14158—1993). 北京: 中国标准出版社.

中华人民共和国国家质量监督检验检疫总局, 中国国家标准化管理委员会. 2007. 土地利用现状分类 (GB/T 21010—2007). 北京: 中国标准出版社.

中华人民共和国国土资源部. 2006. 崩塌、滑坡、泥石流监测规范 (DZ/T 022—2006). 北京：中国标准出版社.

中华人民共和国建设部，中华人民共和国国家质量监督检验检疫总局. 2001. 岩土工程勘察规范（GB 50021—2001）. 北京：中国建筑工业出版社.

周家云，李发斌，朱创业. 2005. 四川省待复垦矿山分类及复垦对策研究. 金属矿山，08：63-66.

周锦华，胡振琪，高荣久. 2007. 矿山土地复垦与生态重建技术研究现状与展望. 金属矿山，10：11-13.

周平，蒙吉军. 2009. 区域生态风险管理研究进展. 生态学报，29（4），2097-2106.

周生路，傅重林，王铁成，等. 2000. 土地利用地域分区方法研究——以桂林市为例. 土壤，01：7-11.

周伟，白中科，袁春，等. 2008. 山西平朔露天煤矿区地形演变分析. 金属矿山，382（4）：80-83.

朱丽，秦富仓. 2008. 露天煤矿开采项目水土流失量预测——以内蒙古锡林郭勒盟胜利矿区一号露天煤矿为例. 水土保持通报，28（4）：111-115，137.

朱利东，林丽，付修根，等. 2001. 矿区生态重建. 成都理工学院学报，03：310-314.

朱卫兵，许家林，赖文奇，等. 2007. 覆岩离层分区隔离注浆充填减沉技术的理论研究. 煤炭学报，05：458-462.

朱祖祥. 1983. 土壤学. 北京：农业出版社.

Anselin L. 1995. Local indicators of spatial association—LISA. Geographical Analysis, 27（2）：93-115.

Caeiro S, Costa M H, Ramos T B, et al. 2005. Assessing heavy metal contamination in Sado Estuary sediment：an index analysis approach. Ecological Indicators, 5（2）：151-169.

Cherry D S, Gurrie R J, Soucek D J, et al. 2001. An integrative assessment of a watershed impacted by abandoned mined land discharges. Environment Pollution, 111（3）：377-388.

EPA. 2003. Framework for Cumulative Risk Assessment. http：//www. epa. gov/raf/publications/pdfs/frmwrk_ cum_ risk_ assmnt. pdf［2009-01-01］.

Evangelou V P. 2001. Pyrite micro encapsulation technologies：Principles and potential field application. Ecological Engineering, 17（2-3）：165-178.

Hakanson L. 1980. An ecological risk index for aquatic pollution control：a sedimentological approach. Water Research, 14（8）：975-1001.

Hattemer-Frey H A, Quinlan R E, Krieger G R. 1995. Ecological risk assessment case study：impacts to aquatic receptors at former metals mining superfund site. Risk Analysis, 15（2）：253-265.

Hunsaker C T, Graham R L, Glenn I I, et al. 1990. Assessing ecological risk on a regional scale. Environment Management, 14：324-332.

Landis W G. 2005. Regional Scale Ecological Risk Assessment：Using the Relative Risk Model. Boca Raton, FL：CRC Press.

Lee S H. 2001. Spatial Association Measures for an ESDA—GIS Framework: Developments, Significance Tests, and Applications to Spatio—Temporal Income Dynamics of United States Labor Market Areas, 1969—1999. Ohio: Ohio State University.

Michalik B. 2008. NORM impacts on the environment: an approach to complete environment risk assessment using the example of areas contaminated due to mining activity. Applied Radiation and Isotopes, 66 (11): 1661-1665.

Moraes R, Molander S. 2004. A procedure for ecological tiered assessment of risks (PETAR). Human and Ecological Risk Assessment: An International Journal, 10 (2): 349-371.

Pereira R, Ribeiroc R, Gonalves F. 2004. Plan for an integrated human and environmental risk assessment in the S. Domingos Mine Area (Portugal). Human and Ecological Risk Assessment: An International Journal, 10 (3): 543-578.

Rosana M, Sverker M. 2004. A Procedure for ecological tiered assessment of risks (PETAR). Human and Ecological Risk Assessment, 10: 349

Xu X G, Lin H P, Fu Z Y. 2004. Probe into the method of regional ecological risk assessment—a case study of wetland in the Yellow River Delta in China. Journal of Environmental Management, 70 (3): 253-262.

附 表

附表 1 我国重点矿区自然地理特征

分区	主要煤矿	地貌	气候	土壤	植被
三江－穆棱区	鸡西、勃利、双鸭山、双桦、集贤－绥滨、鹤岗、七台河、虎林、密山等矿区	东部低地区内的三江湖积冲积平原区和东北东部山地区	中温带湿润气候	白浆土、草甸土、沼泽土和暗棕土	主要为温带落叶阔叶林、温带落叶阔叶树和常绿针叶树混交林、温带草本沼泽等
海拉尔区	扎赉诺尔、大雁、伊敏等矿区	内蒙古高平原的呼伦贝尔高平原区	中温带亚干旱区气候	栗钙土、草甸土、黑钙土和风沙土	以草原和疏林灌木草原为主，包括小部分的温带落叶灌丛
胜利－霍林河区	胜利、霍林河等矿区	内蒙古锡林郭勒高平原与丘陵区	中温带极干旱大区	栗钙土	温带丛生禾草草原
舒兰－伊通区	舒兰矿区	兴安岭及东北东部山地山麓冲积洪积平原	中温带亚湿润气候	白浆土和水稻土	多种植一年一熟粮食作物和耐寒经济作物
蛟河－辽源区	蛟河矿区、辽源矿区	吉林东部低山与丘陵区和辽东丘陵区	中温带湿润气候	暗棕壤和白浆土	温带落叶阔叶林，多种植一年一熟粮食作物及耐寒经济作物
敦化－抚顺区	抚顺、通化等矿区	东北东部辽东丘陵区	中温带湿润大区	暗棕壤	寒温带、温带山地常绿针叶林和温带落叶阔叶林
京唐区	开滦及周边矿区	华北冲积平原区	暖温带亚湿润气候	主要土壤类型为褐土，耕作土壤为潮土	种植一年两熟或两年三熟连作和落叶果树
宣蔚区	张家口西部宣化和蔚县的矿区	晋东北冀西和冀北中山区	中温带极干旱大区	褐土和栗钙土	温带禾草、杂类草草原
大宁区	山西大同、平朔、宁武等矿区	晋西中山区和陕北黄土高原与丘陵区	中温带极干旱和暖温带亚湿润气候	栗钙土和褐土	温带禾草、杂类草草原

续表

分区	主要煤矿	地貌	气候	土壤	植被
晋中南区	临汾、沁水等矿区	晋陕中部盆地和晋东南中山与高原区	暖温带亚湿润气候	褐土，包括少部分耕作土壤潮土	温带落叶阔叶林、温带落叶灌丛，种植一年两熟或两年三熟连作
晋陕区	东胜、神府、准格尔等矿区	陕北黄土高原与丘陵区与鄂尔多斯高平原区	暖温带干旱和亚湿润气候	栗钙土、棕钙土，耕作土壤主要为绵土	温带灌木、半灌木荒漠植被及温带丛生禾草草原
桌子山－贺兰山区	桌子山、石炭井和石嘴山等矿区	蒙陕平原与丘陵的贺兰山和桌子山地貌区	中温带干旱气候	风沙土、灰漠土和灰钙土	温带矮半灌木荒漠植被和温带丛生禾草草原
太行山东麓区	邢台、峰峰等矿区	太行山秦岭东麓洪积冲积扇形平原和晋东南中山与高原地貌区	暖温带亚湿润气候	褐土，耕作土壤类型为潮土	温带落叶灌丛，农作物主要为一年两熟连作作物和落叶果树
豫西区	河南中西部的义马、新密、平顶山等矿区	秦岭中山区和豫西低山与丘陵区	暖温带亚湿润气候	棕壤和褐土	温带落叶灌丛，种植一年两熟或两年三熟连作和落叶果树
苏鲁豫区	肥城、新汶、兖州和枣庄等矿区	鲁中南低山与丘陵区	暖温带亚湿润气候	褐土和棕壤	温带落叶阔叶林，种植一年两熟或两年三熟连作和落叶果树
徐淮区	徐州、淮北等矿区	苏北黄淮冲积平原区和鲁中南低山丘陵区	暖温带亚湿润气候	耕作土壤类型主要为潮土，有部分沼泽土分布	温带落叶阔叶林
淮南区	淮南地区矿区	太行山秦岭东麓洪积冲积扇形平原区	北亚热带湿润气候	耕作土壤主要为水稻土	种植水旱一年两熟连作作物
苏浙皖区	南京、常州、苏州等地矿区	江汉湖积冲积平原和长江三角洲	北亚热带湿润气候	耕作土壤主要为水稻土	种植双季稻连作喜凉作物、亚热带常绿果树和经济林
浙赣区	丰城、南昌等地的矿区	鄱阳湖湖积冲积平原	中亚热带湿润性气候	耕作土壤主要为水稻土	种植双季稻连作喜凉作物、亚热带常绿果树和经济林
华蓥山－永荣区	华蓥山矿区等	四川盆地川中方山丘陵区	中亚热带湿润性气候	紫色土	种植水旱一年两熟连作、常绿落叶果树和经济林等

续表

分区	主要煤矿	地貌	气候	土壤	植被
攀枝花-楚雄区	宝顶矿区等	川西南高山区	中亚热带湿润性气候	红壤和燥红土	亚热带、热带常绿针叶林,包括部分亚热带、热带常绿、落叶阔叶灌丛与农业植被结合区域
六盘水区	六枝、盘县和水城等矿区	黔中山原区	北亚热带和中亚热带湿润性气候	红壤	亚热带、热带常绿针叶林,以及亚热带石灰岩落叶阔叶树和常绿阔叶树混交林
涟绍区	涟源、邵阳等地矿区	湘西低山与丘陵区和湘中丘陵区的交界地带	中亚热带湿润性气候	红壤	亚热带、热带常绿针叶林,种植水旱一年两熟连作作物
郴资区	资兴、郴州等矿区	湘赣鄂边区低山与中山区	中亚热带湿润性气候	黄壤和红壤	亚热带、热带常绿针叶林,以及少部分亚热带石灰岩落叶阔叶树和常绿阔叶树混交林
萍乐区	萍乡等矿区	湘赣边区低山与丘陵区	中亚热带湿润性气候	红壤,耕作土壤为水稻土	亚热带常绿阔叶林,种植水旱一年两熟连作及常绿、落叶果树和经济林
永梅区		闽浙流纹岩低山与中山区、闽西南中山与低山区	南亚热带湿润性气候	红壤	亚热带、热带常绿针叶林,种植双季稻连作喜凉作物和亚热带常绿果树和经济林
粤北区		湘赣边区低山与中山、粤东中山低山与丘陵地貌区	南亚热带湿润性气候	赤红壤	亚热带、热带常绿、落叶阔叶灌丛与农业植被结合
合浦区		粤桂低山丘陵地貌区	南亚热带湿润性气候	赤红壤和砖红壤	热带半常绿阔叶季雨林,以及亚热带、热带常绿、落叶阔叶灌丛与农业植被结合
准东区	北塔山矿区等	准格尔东部高原与盆地地貌区	中温带干旱性气候	灰棕漠土	温带矮半灌木荒漠植被
准南区		准格尔南部平原地貌类型区	中温带干旱性气候	栗钙土和棕漠土	温带矮半灌木荒漠植被,种植一年两熟连作和落叶果树
土哈区	哈密、大南湖等矿区	哈密吐鲁番盆地地貌类型区	暖温带极干旱性气候	棕漠土和盐土	温带矮半灌木荒漠植被,以及温带灌木、半灌木荒漠植被
靖远-景泰区	靖远矿区等	甘肃中山与黄土丘陵区	暖温带干旱性气候	灰钙土	温带丛生矮禾草、矮半灌木草原等

附表 2 重点矿区所在区域生态脆弱性问题

分区	泥石流	水土流失	土地荒漠化	土地风沙化	土地盐渍化	沼泽化	暴雨洪水灾害	干旱灾害	工业"三废"	酸雨	水污染
三江-穆棱区		轻微	轻微			季节性	较重		较重		重点
海拉尔区		次严重	正在发展中和潜在中		盐渍化土			轻旱-黑灾			
胜利-霍林河区		次严重	潜在中、正在发展中和强烈然发展中		盐渍化土			轻旱、中旱-黑灾			
舒兰-伊通区	暴雨型轻微	严重					较重	中旱-春旱			重点
蛟河-辽源区	暴雨型轻微和较重	严重					较轻	中旱			重点
敦化-抚顺区	暴雨型泥石流较严重地区	严重					较轻	轻旱和中旱	严重		重点
京唐区		轻微		潜在威胁区			较重	中旱-春旱	较重		重点
宣蔚区	暴雨型泥石流轻微；滑坡和崩塌多发	严重					较轻	重旱-春旱			重点
大宁区	暴雨型泥石流轻微；滑坡、崩塌多发	严重					较轻	重旱-春旱			

续表

分区	泥石流	水土流失	土地荒漠化	土地风沙化	土地盐渍化	沼泽化	暴雨洪水灾害	干旱灾害	工业"三废"	酸雨	水污染
晋中南区	暴雨型泥石流轻微；滑坡、崩塌多发	严重与轻微并存						极旱、重旱-春旱	较重		
晋陕区	暴雨型泥石流严重；滑坡崩塌多发区	严重与次严重并存	严重、强烈发展和潜在		少量盐渍化土		较轻	重旱-春旱			重点
桌子山-贺兰山区	暴雨型泥石流轻微	轻微和严重并存			土地盐渍化潜在威胁		较重	重旱			重点
太行山东麓区	中山地区属于暴雨型泥石流较严重	轻微		潜在中的风沙化			较重	重旱-春旱、夏旱	严重		
豫西区	暴雨型泥石流轻微	丘陵严重、平原轻微		潜在中的风沙化			严重	重旱-伏旱	严重		
苏鲁豫区	暴雨型泥石流轻微	严重					严重	极旱-初夏旱与伏旱交迭	严重		
徐淮区		平原轻微和丘陵严重		正在发展中的风沙化	部分土地盐渍化潜在威胁		较重	重旱			
淮南区		轻微					较重	重旱	较重		重点
苏浙皖区		轻微					较重	较旱-伏旱	较轻	是	重
浙赣区		轻微					较重	极旱-伏旱	较轻	是	重点
攀枝花-楚雄区	暴雨型泥石流极严重；滑坡、崩塌高频次多发	次严重					较轻	中旱-春旱		是	

续表

分区	泥石流	水土流失	土地荒漠化	土地风沙化	土地盐渍化	沼泽化	暴雨洪水灾害	干旱灾害	工业"三废"	酸雨	水污染
六盘水区	暴雨型泥石流严重;滑坡、崩塌多发	次严重					较轻	中旱-初夏旱		是	
连绍区	暴雨型泥石流轻微地区;滑坡和崩塌多发	严重	正在发展中的荒漠化				较重	中旱-伏旱和秋旱交替	较重	是	
萍乐区	暴雨型泥石流较严重;滑坡和崩塌多发	严重					较重	较旱-伏旱和秋旱		是	
永梅区	暴雨型泥石流轻微	严重					较重	重旱		是	
粤北区	暴雨型泥石流轻微	严重					较重	重旱-冬旱		是	
淮东区	多种成因型泥石流轻微	严重						轻旱-黑灾			
淮南区		次严重						轻旱	较轻		
土哈区	多种成因泥石流轻微	次严重	砾漠戈壁	部分盐土和碱土				轻旱			
靖远-景泰区	暴雨型泥石流轻微;滑坡和崩塌多发	次严重					较重	中旱-春旱			

附表3　我国部分矿区矿业
开采的生态风险识别

附表3-1　三江穆棱区

损毁类型	损毁亚类	气候	水资源	地形地貌	土壤	生物多样性
压占	矸石山				结构破坏养分贫瘠	种子库缺失
挖损	露天采坑		水土流失		水土流失	废弃矿区无植物生长
塌陷						
污染	粉煤灰充填污染				镉污染	
其他						

附表3-2　海拉尔区

损毁类型	损毁亚类	气候	水资源	地形地貌	土壤	生物多样性
压占						
挖损		沙尘暴			表土遭到破坏，沙漠化风险较高	破坏草原
塌陷					地表沉陷积水造成土壤盐碱化	草场被破坏，草地质量下降
污染						
其他						

附表3-3　胜利-霍林河区

损毁类型	损毁亚类	气候	水资源	地形地貌	土壤	生物多样性
压占	露天排土场			水土流失	土壤盐渍化；随机排土造成风蚀严重	草场退化
挖损	露天矿坑					草场退化
塌陷						
污染						
其他						

附表3-4　舒兰-伊通区

损毁类型	损毁亚类	气候	水资源	地形地貌	土壤	生物多样性
压占					土壤质量下降	
挖损						
塌陷					土壤质量下降	
污染		大气环境恶化	地表水污染			
其他						

附表3-5　蛟河-辽源区

损毁类型	损毁亚类	气候	水资源	地形地貌	土壤	生物多样性
压占						
挖损						
塌陷				沉陷区面积较大，塌陷裂缝影响工农生产		
污染						
其他	资源枯竭					

附表 3-6　敦化−抚顺区

损毁类型	损毁亚类	气候/大气	水资源	地形地貌	土壤	生物多样性
压占		矸石自燃造成二氧化硫、二氧化碳和一氧化碳等		排土场边坡较陡加剧水土流失		
挖损				滑坡		土壤生物群落结构遭到破坏
塌陷				深陷、塌陷数十次，沉陷面积达81km²		
污染		降尘、总悬浮颗粒物、二氧化硫	矸石山淋溶水和选煤废水造成河流耗氧量超标，有毒有害成分超标			
其他						

附表 3-7　京唐区

损毁类型	损毁亚类	气候/大气	水资源	地形地貌	土壤	生物多样性
压占						
挖损						
塌陷				采空沉陷，地面塌陷，地裂缝，诱发地质灾害	土壤贫瘠	影响林地植被
污染						
其他						

附表 3-8 宣蔚区

损毁类型	损毁亚类	气候/大气	水资源	地形地貌	土壤	生物多样性
压占				弃渣废石堆积，雨水淋漓，污染土壤和水资源		
挖损				山体受损	地裂缝，岩土崩塌	植被结构损坏
塌陷					泥石流，滑坡	
污染		空气严重污染			土壤层薄弱、贫瘠，重金属污染	
其他						

附表 3-9 大宁区

损毁类型	损毁亚类	气候/大气	水资源	地形地貌	土壤	生物多样性
压占	露天排土场				土壤结构破坏	
挖损	露天矿坑				地表土地完全破坏	地表植被数量急剧减少
塌陷			水土流失		地面裂缝，山体滑坡，崩塌	
污染		空气中产生大量 SO_2、HS_2、CO、烟气等毒害气体	矿区水中含大量硫化物及重金属，呈重酸性			
其他						

附表 3-10 晋中南区

损毁类型	损毁亚类	气候/大气	水资源	地形地貌	土壤	生物多样性
压占					土壤结构发生改变	
挖损			矿区水位大幅下降，水资源枯竭		表土层破坏，地表干旱	损坏植被、破坏森林
塌陷				地形支离破碎、漏水漏肥	水土流失加剧，土壤侵蚀	

续表

损毁类型	损毁亚类	气候/大气	水资源	地形地貌	土壤	生物多样性
污染		SO$_2$、烟气等毒害气体污染大气	淋溶水中的铅、锡、汞、砷等重金属元素污染土壤和地下水		重金属污染	
其他						

附表 3-11　晋陕区

损毁类型	损毁亚类	气候/大气	水资源	地形地貌	土壤	生物多样性
压占				堆积体易发生泥石流、坝体泄漏、坍塌		土地大量荒芜，自然植被毁灭
挖损					土地沙化严重	
塌陷			地下水位下降	地面变形	土壤侵蚀	
污染		粉尘污染				
其他						

附表 3-12　桌子山–贺兰山区

损毁类型	损毁亚类	气候/大气	水资源	地形地貌	土壤	生物多样性
压占						植被覆盖率低，植被种类减少
挖损					水土流失、土壤肥力降低	
塌陷						
污染		硅粉造成严重的大气污染				
其他						

附表 3-13　太行山东麓区

损毁类型	损毁亚类	气候/大气	水资源	地形地貌	土壤	生物多样性
压占						占用大量耕地、森林、造成植被破坏

续表

损毁类型	损毁亚类	气候/大气	水资源	地形地貌	土壤	生物多样性
挖损						
塌陷				诱发滑坡等地质灾害		
污染		Cu、Cr、Zn、Pb、Cd重金属大气污染	水体呈重酸性		土壤极端酸碱性、盐害、干旱、贫瘠	
其他						

附表3-14 豫西区

损毁类型	损毁亚类	气候/大气	水资源	地形地貌	土壤	生物多样性
压占						植被受损、结构破坏
挖损				暴雨型泥石流	风力侵蚀严重，表层土风沙化	
塌陷			地下水位下降，暴雨洪水灾害严重			
污染			采矿废水污染地表水质，地下水重金属含量增加			
其他						

附表3-15 苏鲁豫区

损毁类型	损毁亚类	气候/大气	水资源	地形地貌	土壤	生物多样性
压占						
挖损					水土流失严重	
塌陷				暴雨洪水频发、泥石流灾害严重		

续表

损毁类型	损毁亚类	气候/大气	水资源	地形地貌	土壤	生物多样性
污染					煤矸石中酸溶物和氧化物结合态重金属污染	
其他						

附表 3-16　徐淮区

损毁类型	损毁亚类	气候/大气	水资源	地形地貌	土壤	生物多样性
压占					表层土壤结构破坏	
挖损			暴雨洪水泛滥	丘陵区水土流失严重		
塌陷						
污染		CO、H_2S 等有害气体排放	矸石山淋溶造成的重金属污染		铅镉铜重金属污染	
其他						

附表 3-17　淮南区

损毁类型	损毁亚类	气候/大气	水资源	地形地貌	土壤	生物多样性
压占						
挖损						
塌陷						植被立地条件破坏，生物多样性减少
污染		煤矸石自燃、挥发、扬尘造成严重的空气污染	水体重金属污染严重		沉积物重金属污染	
其他						

附表 3-18　苏浙皖区

损毁类型	损毁亚类	气候/大气	水资源	地形地貌	土壤	生物多样性
压占						
挖损						

续表

损毁类型	损毁亚类	气候/大气	水资源	地形地貌	土壤	生物多样性
塌陷						
污染			淋漓作用下重金属含量进入水体，污染水源		重金属含量严重超标	
其他						

附表3-19　浙赣区

损毁类型	损毁亚类	气候/大气	水资源	地形地貌	土壤	生物多样性
压占				陆表起伏加大		植被覆盖率下降
挖损				土壤侵蚀加重		
塌陷						
污染		煤烟尘无组织排放			土壤中锌铅等重金属严重沉积	
其他						

附表3-20　华蓥山-永荣区

损毁类型	损毁亚类	气候/大气	水资源	地形地貌	土壤	生物多样性
压占				滑坡、泥石流等灾害		
挖损			河床破坏			破坏大量草原地区
塌陷				地表变形、开裂、坍塌		
污染			重金属随地表径流进入水源		尾砂、矿尘、冶金废弃物中铅锌镉等重金属进入土壤，造成严重污染	
其他						

附表 3-21　攀枝花-楚雄区

损毁类型	损毁亚类	气候/大气	水资源	地形地貌	土壤	生物多样性
压占				废石堆放、压占土地	地表挖损	
挖损			河床破坏,阻塞河道			
塌陷			地下水疏干	地表塌陷、开裂,诱发滑坡、泥石流等地质灾害		
污染						
其他						

附表 3-22　六盘水区

损毁类型	损毁亚类	气候/大气	水资源	地形地貌	土壤	生物多样性
压占				煤矸石大量堆积	土壤理化性质发生改变	
挖损				山体滑坡、地表裂缝、泥石流		
塌陷				地面塌陷,造成地表起伏		
污染		矿区烟尘污染	煤层含硫较高,煤中黄铁矿等硫化物氧化使矿井水呈酸性			
其他						

附表 3-23　涟绍区

损毁类型	损毁亚类	气候/大气	水资源	地形地貌	土壤	生物多样性
压占	露天开采外排土场和井工开采形成矸石山				改变地表结构	

损毁类型	损毁亚类	气候/大气	水资源	地形地貌	土壤	生物多样性
挖损				水土流失和沙漠化	损坏大量地表土壤，加重了养分流失	矿区土地及其临近地区的生物生存条件破坏，生物量减少
塌陷				形成地表注陷地带		
污染		矿井瓦斯、地面矸石山自燃和重金属冶炼所释放的气体污染大气	矿井水、矸石堆淋溶水、选煤、矿废水等排放量大且成分复杂，含大量的悬浮物、重金属和放射性物质，危害大		土壤盐碱化、沼泽化	
其他						

附表 3-24　郴资区

损毁类型	损毁亚类	气候/大气	水资源	地形地貌	土壤	生物多样性
压占			河床堵塞	水土流失、滑坡和泥石流，尾砂库溃坝	采矿废石、尾矿、冶炼废渣等固体堆积	
挖损						地表植被破坏
塌陷				地面变形		
污染		矿业废弃排放	矿坑水、选冶废水和尾砂池水污染水源			
其他						

附表 3-25　萍乐区

损毁类型	损毁亚类	气候/大气	水资源	地形地貌	土壤	生物多样性
压占				滑坡、崩塌、泥石流		地表植被和农作物大量破坏

续表

损毁类型	损毁亚类	气候/大气	水资源	地形地貌	土壤	生物多样性
挖损						
塌陷			地下水枯竭	地表裂缝		
污染		粉尘废气排放	矿井废水、矸石淋溶水排放			
其他						

附表 3-26　永梅区

损毁类型	损毁亚类	气候/大气	水资源	地形地貌	土壤	生物多样性
压占						
挖损						地表植被大量损坏
塌陷				地表变形		
污染			淋溶水含有重金属，进入水源		表层土壤沉积物重金属含量较高	
其他						

附表 3-27　粤北区

损毁类型	损毁亚类	气候/大气	水资源	地形地貌	土壤	生物多样性
压占					土壤结构改变，蓄水力极弱	
挖损						地表植被破坏
塌陷						
污染			排放的酸性矿水影响下游水生生态系统		土壤呈酸性	水生生物减少
其他						

附表 3-28　合浦区

损毁类型	损毁亚类	气候/大气	水资源	地形地貌	土壤	生物多样性
压占	排土场					
挖损				表土疏松，无植被覆盖		地表植被破坏严重

续表

损毁类型	损毁亚类	气候/大气	水资源	地形地貌	土壤	生物多样性
塌陷			河道堵塞			
污染					土壤呈酸性，铅镉锰等重金属含量较高	
其他						

附表 3-29 淮东区

损毁类型	损毁亚类	气候/大气	水资源	地形地貌	土壤	生物多样性
压占				露天开采需要占用大面积的土地，开采区的剥离面积远大于开采面积		
挖损			地下水疏干和排泄，导致水位下降，缺水严重		水土流失	矿区周边地下水锐减，导致周围植被成片枯死，生物种类减少
塌陷				泥石流、崩塌、地震和滑坡等地质灾害		
污染		露天开采时爆破产生大量粉尘随着空气漂浮，污染大气			粉尘降落将会给周围的土壤造成严重的污染 煤矸石在降水作用下会浸出重金属离子随地表径流进入土壤	
其他						

附表 3-30　准南区

损毁类型	损毁亚类	气候/大气	水资源	地形地貌	土壤	生物多样性
压占						
挖损				植被稀疏，土地沙化严重	水土流失，土壤侵蚀严重	动植物种类大量减少
塌陷						
污染			高矿化度水排放增加，造成水源污染日趋严重		土地沙化、土壤盐渍化	
其他						

附表 3-31　吐哈区

损毁类型	损毁亚类	气候/大气	水资源	地形地貌	土壤	生物多样性
压占	矸石山堆积					
挖损						植被的大面积损坏
塌陷						
污染		粉尘、废气对大气的影响			废渣、废水污染土壤	
其他						

附表 3-32　靖远–景泰区

损毁类型	损毁亚类	气候/大气	水资源	地形地貌	土壤	生物多样性
压占				暴雨型泥石、滑坡、崩塌频发	煤矸石、锅炉灰渣压占土地	
挖损					干旱风沙，水土流失严重	
塌陷				地形起伏较大		植被破坏

损毁类型	损毁亚类	气候/大气	水资源	地形地貌	土壤	生物多样性
污染		井底瓦斯排放，烟尘污染，矸石山分化扬尘污染	井下工业废水、地面工业广场废水、居民生活区污水及职工医院污水随意排放			
其他						

索　引